福建省高校人文社会科学研究基地——基础教育与教师教育研究中心（福建师范大学）研究项目。

发展与教育心理学

教师教育课程系列教材

余文森 连榕 洪明 总主编

必修模块

连榕 李宏英 等 编著

福建教育出版社

教师教育课程系列教材编委会

主　　任 / 黄汉升
副 主 任 / 余文森　许　明　黄志高
委　　员 / 连　榕　黄宇星　洪　明
　　　　　　叶一舵　黄仁贤　陈伙平
　　　　　　王　晞　谌启标　张荣伟
　　　　　　王伟宜　王东宇　丁革民

序　言

教师教育课程体系的构建和教材的编写是教师教育的基础性工作，是决定教师教育质量和合格教师培养的核心环节。当前，随着教师专业化进程的推进，教师教育课程教材改革迎来了一个全新的时代。那么，如何构建教师教育新的课程体系？如何编写教师教育新的教材？我们的做法是：

一、以新课程为导向，提高教师教育课程教材的针对性和适应性

我国于2001年启动的新一轮基础教育课程改革是新中国成立以来规模最大、最全面、最深刻，也将是最有影响的一次课程改革。教师是课程改革的主力军，"课程改革成也教师，败也教师"。教师的观念态度、业务素质和专业精神是课程改革的根本支撑，是保证课程改革运行的内在动力。作为培养中小学师资的重要基地，如何培养适应新课程的合格教师？这是师范院校面临的重要课题。教育部印发的《基础教育课程改革纲要（试行）》明确要求："师范院校和其他承担基础教育师资培养和培训任务的高等学校和培训机构应根据基础教育课程改革的目标与内容，调整培养目标、专业设置、课程结构，改革教学方法。"师范院校的教师教育要为基础教育课程改革与发展提供良好的师资保证，必须主动实现与基础教育课程改革的对接。这种对接，既是师范院校教师培养的自身改革，也是对基础教育课程改革的主动适应。

本套教师教育课程教材体系特别注重在教育理念、课程内容和专业素养上与基础教育课程改革对接。第一，把新课程倡导的各种新理念特别是新的教育观、学生观、教师观、课程观、教学观、评价观、研究观等作为教师教育课程教材编写的理论导向，从而帮助师范生确立新课程所倡导的教育理念。第二，把新课程改革涉及的新的内容，如课程结构的调整、综合实践活动的设置、学习方式的变革、综合素质的评价、校本教研制度的建设等纳入教师教育课程教材之中。此外，还将综合实践活动作为独立设置的一门教师教育课程（教材），使师范生不仅对本次课程改革的亮点有系统的了解，而且为今后在工作岗位上有效开展综合实践活动奠定坚实的基础。第三，把新课程对教师专业素养提出的新要求，如教师的教育智慧、人文精神、人格修养和研究能力等作为教师教育课程教材编写的依据和内容，既为师范生打下必要的基础，又为师范生指明努力方向。

二、以教师教育课程标准为依据，构建教师教育课程教材新体系

为培养和造就符合时代要求、具有合格专业素养的新型教师，教育部决定调整和改革教师教育课程，以构建体现素质教育理念的新的教师教育课程体系。教师教育课程是指教师教育机构为培养和培训幼儿园、小学和中学教师所开设的教育类课程。教师教育课程标准体现国家对教师教育课程的基本要求，是制订教师教育课程方案、编写教材、积累发掘课程资源，以及开展教学

和评价活动的依据，对规范和促进我国教师教育发展具有重要意义。研制和颁布教师教育课程标准是近年来我国教师教育课程改革和建设的重要举措。

教育部2007年工作要点第30条指出：大力推进教师教育课程与教学改革，颁布和试行《教师教育课程标准》，加强教师培养的专业指导和质量评估，加快教师教育精品课程资源建设。

依据教师教育课程标准的主要精神和基本要求，我们构建以下的教师教育新课程体系（不含见习和实习课程以及学科类的教育课程）：

（一）必修课程（6个模块，每个师范生必修）。模块名称为：《教育基本原理》、《发展与教育心理学》、《课程与教学论》、《课堂教学技能》、《班级管理与班主任工作》、《现代教育技术》。

（二）选修课程（6个模块，每个师范生选修若干模块）。模块名称为：《中外著名教育家简介》、《教师专业发展》、《学生心理健康教育与辅导》、《教育科学研究方法》、《考试与评价》、《综合实践活动课程导论》。

相对而言，必修模块的《教育基本原理》、《发展与教育心理学》、《课程与教学论》三门课程和选修模块的《中外著名教育家简介》、《教师专业发展》两门课程侧重理论，必修模块的《课堂教学技能》、《班级管理与班主任工作》、《现代教育技术》三门课程和选修模块的《学生心理健康教育与辅导》、《教育科学研究方法》、《考试与评价》、《综合实践活动课程导论》四门课程侧重实践。

这一课程体系彻底地走出了传统"老三门"（公共教育学、公共心理学和学科教材教法）的模式，以新时期中小学教师必须具备的各种教育专业素养为核心对教育类课程进行了有机的整合，大大地强化了教师教育课程的内涵和外延，为提升师范生的素质提供了全新的平台。

依据上述课程模块，我们组织编写了相应的教材。本套教材的编写力求反映和体现以下特征：

第一，时代性。传统的教师教育课程教材，大到整个理论体系，小到具体表述，多是老套陈旧的东西，不仅学生学起来不新鲜，就是教师也教得厌烦。本套教材编写则十分注重从当代教育科学和心理科学研究的最新成果中筛选适合"公共课"性质与要求的内容和观点，十分注重反映新课程精神并提供新课程改革所需要的教育学和心理学的内容和观点。这使得本套教材富有时代气息，具有时代特色。

第二，基础性。传统的教师教育课程教材大多只是专业课教育学和心理学教材的简单移植、翻版或综合，很少考虑到"公共课"的性质和特点，致使课程内容大而全、杂而乱。本套教材则以打造未来教师的教育学和心理学基本素养为宗旨，以21世纪中小学教师必须确立的教育教学观念为主线，精选教育学科和心理学科的基础知识和基本理论。不求面面俱到，不在概念和原理上兜圈子、做文章，而是在提高师范生的认识和能力上下功夫。

第三，实践性。传统教师教育课程教材偏重教育学和心理学概念和理论的抽象阐述，片面追求课程教材内容的系统化，偏离了教育学和心理学得以实现生长和发展的生活根基和人文轨道。这种课程教材缺乏感召力，缺乏对实践的有效引领，存在严重的"实践乏力"。本套教材注重实践品质和人文关怀，全书一以贯之地体现以人为本的教育思想和回归生活的教育理念，使教育学和心理学的理论阐述一方面渗透人文精神，另一方面反映教育教学现状和发展要求以及中小学生的心理特征，唯其如此，才有可能让师生真切感受到教育学和心理学的指导意义、真切关怀和现实帮助。

本套教材的编写得到了福建师范大学重点教改项目的资助，福建教育出版社对本套教材的编写也给予了热情的鼓励和具体的帮助。本套教材在编写过程中参阅和引用了大量其他研究人员的成果，在此一并表示深深的谢意。

本套教材只是重写教师教育课程教材的一种尝试。由于编写者认识水平和专业理论水平的局限，这种尝试必定存在诸多缺漏和遗憾，我们恳请同行提出宝贵的批评意见。

教师教育课程系列教材总主编：余文森、连榕、洪明

2011年1月

前　言

在当前素质教育的要求下，尤其是在基础教育新课程改革的要求下，全面提高教师培养质量日益显得重要和紧迫。教师教育已经成为现代专业教育的一个重要组成部分。在高等师范院校开设教师教育的心理学课程，正是在迎接这种挑战，提供教师教育职前培训的根本措施之一。

由于心理学学科涵盖的范围非常广，因此从浩瀚的心理学知识的海洋之中撷取哪些信息形成教材必然是一件审慎之事。我们的目标是编写一本同学们喜爱的、对同学们有意义的教科书，同学们可以通过它了解心理学是一门科学，学到心理学众多领域中的精华，并关注这门科学在教育实践中的应用。最重要的一点是，我们希望通过它能提高身为未来教师的师范生素质，满足促进教师专业化发展的教师教育课程之需。据此，我们编写了这本教材。

为了更好地传达教师教育的心理学理念，我们将本书分为上编和下编两大部分，共十章，将发展心理和教育心理有机地联系起来。在上编的发展心理部分，我们主要介绍有关发展理论、认知发展、智能发展、社会性发展和人格发展的相关理论和应用性研究成果。在下编的教育心理部分，我们主要介绍有关学习理论、学习动机、学习策略、学习风格和学习迁移等相关理论和应用性研究成果。通过上编内容的介绍使同学们了解中小学生心理发展的特点和规律，在此基础上进一步了解教育教学情境中的学与教的心理学原理，最终在融会贯通中领会在心理科学指导下的现代教育艺术和科学。

在每一章的结构安排上，包括内容摘要、学习目标、关键词、正文、主要结论与应用、学习评价、学术动态、参考文献和拓展阅读文献等九个部分。内容摘要部分旨在让学生概要了解本章内容并形成总体知识架构。学习目标部分旨在进一步明确本章学习之重点。关键词部分旨在明确本章内容之核心。在正文部分我们致力于利用坚实的研究对教育中的心理学问题做出科学的分析，传达理论，介绍应用。主要结论与应用部分旨在以要点形式回述本章主要内容，进一步明晰知识架构并促使学以致用。学习评价部分旨在通过具体问题引导对重点知识的掌握。学术动态部分旨在描述本领域当前研究的热点问题的研究现状，追踪前沿、主动探究。参考文献部分提供本文引用内容之来源，以便对各项研究成果可以进一步详细了解或进行重复验证。拓展阅读文献部分列出与本章内容有关的具有价值和影响的中外文献，引发其自主学习意识。

参加本书编写工作的作者均为福建师范大学教育科学与技术学院的教师，分别为：张书帏、连榕（第一章）、连榕（第六章）、李宏英（第二章、第三章）、刘建榕（第四章）、游艳华（第五章、第八章）、罗丽芳（第七章、第九章）和孟迎芳（第十章）。本书稿由连榕负责拟订编写大纲，初审工作由李宏英完成，终审工作由连榕完成。

前言

本书在编写过程中参阅和引用了国内外大量的有关文献,在此对所有的被引用者致以深深的谢意!在本书的编写过程中,我们得到了福建教育出版社的大力支持,得到了本书编辑所提供的大量的宝贵意见,此外我们还得到了其他的很多热情的鼓励和具体的帮助,在此不再一一述举,就在本书完稿付梓之际,一并表示衷心的感谢!

在教师专业化已经成为世界教师教育发展潮流之际,我们期待本书能够满足教师教育专业课程建设的需求。本书不仅可以作为高等师范院校学生的教材,也可以作为各级各类教育学院、教师进修学校接受继续教育的中小学教师,以及接受研究生课程班、心理学函授班培训的学员的教材。最后,我们希望读者喜欢本书,并敬请广大读者批评斧正本书的疏漏偏差之处,也恳请专家学者提出宝贵意见,我们在此深表感谢!

编著者
2011 年 1 月

目 录

上编 发展心理

第一章 发展理论 …………………… (3)
 第一节 身体、脑和神经系统的发展 …… (5)
 第二节 心理发展的实质 ……………… (14)
 第三节 心理发展的理论 ……………… (28)

第二章 认知发展 …………………… (45)
 第一节 认知发展概述 ………………… (47)
 第二节 认知发展理论 ………………… (56)
 第三节 青少年的认知发展与教学设计 (71)

第三章 智能发展 …………………… (94)
 第一节 智能发展概述 ………………… (96)
 第二节 青少年的智力发展 …………… (110)
 第三节 青少年创造力的发展 ………… (120)

第四章 社会性发展 ………………… (141)
 第一节 社会性发展概述 ……………… (143)
 第二节 青少年社会性发展的特点 …… (161)

第三节　青春期心理发展特点与辅导……………………(173)
第五章　人格发展…………………………………………(200)
　第一节　人格发展概述……………………………………(202)
　第二节　人格理论…………………………………………(212)
　第三节　青少年人格发展特点与辅导……………………(227)

下编　教育心理

第六章　学习理论…………………………………………(257)
　第一节　发展、学习与教育………………………………(259)
　第二节　学习的实质………………………………………(263)
　第三节　学习观……………………………………………(272)
第七章　学习动机…………………………………………(299)
　第一节　学习动机概述……………………………………(300)
　第二节　学习动机的理论…………………………………(306)
　第三节　动机激励与自主学习……………………………(325)
第八章　学习策略…………………………………………(339)
　第一节　学习策略概述……………………………………(340)
　第二节　学习策略的构成要素……………………………(352)
　第三节　学习策略和教学训练……………………………(366)
第九章　学习风格…………………………………………(378)
　第一节　学习风格概述……………………………………(379)
　第二节　认知风格的理论…………………………………(387)
　第三节　风格适应与因材施教……………………………(405)
第十章　学习迁移…………………………………………(417)
　第一节　学习迁移概述……………………………………(418)

第二节　学习迁移的理论…………………………………（430）
第三节　迁移教学与知识应用……………………………（451）

上编　发展心理

第一章 发展理论

【内容摘要】

发展贯穿人的终身，指的是人类个体从受精卵到死亡整个过程中的系统的连续性和变化。成熟和学习是导致发展变化的两个重要过程，个体在青春期后生理发育接近成熟，为进一步学习打下了基础，而毕生发展观的提出也掀起了终身学习的热潮。从心理学诞生以来，人类的心理发展受到心理学家持续关注并且热烈讨论，他们不断地提出问题：什么是发展？成熟和学习如何促进了发展？发展的实质是什么？是天性还是教养对人的发展影响更大？不同的心理学流派对发展作出了不同的解释。

【学习目标】

1. 掌握心理发展的概念。

2. 了解男性和女性青少年在青春期身体和外表的变化。

3. 了解男性女性第一性征和第二性征的区别。

4. 理解心理发展的"关键期"及其意义。

5. 了解神经系统的"过度生长—修剪"理论。

6. 了解大脑不同分区的功能和成熟时间。

7. 能够分别阐述"发展的实质是天性还是教养?"的两种不同看法。

8. 掌握心理发展的特点。

9. 能简述毕生发展观与传统心理发展理论之间的区别。

10. 理解各大心理学流派对心理发展的理论的不同阐述,并尝试进行评论。

11. 比较几个流派对心理发展阶段的划分。

【关键词】

发展　成熟　脑与神经系统的发展　毕生发展观　心理发展理论

在谈到"发展"这个词的时候,我们会联想到人在青少年期(adolescence)所经历的生理和心理上暴风骤雨般的剧变:一方面青少年身体外形和神经系统发育接近成人,另一方面青少年社会经验缺乏,言行不成熟,与人打交道笨拙,还需要学习很多东西。发展的过程未必都是一帆风顺和令人喜悦的,它同样也带来矛盾和困惑,这也成为众多心理学家争相关注的领域,到底人的毕生发展中,哪一个时期对人的影响最大?生理成熟和学习哪一个更重要,它们又是如何促进心理发展,让一个个青涩的青少年成为稳重可靠的成年人的?本章拟从生理成熟、心理发展和学习过程三个方面来解答这些问题。

第一节 身体、脑和神经系统的发展

人体从出生到成熟，生理发育的速度是不均衡的，有两个阶段处于生长发育的高峰期（peak period），一次是出生后第一年，一次就是青少年期，女生从十一二岁开始，男生从十三四岁开始，他们的身高、体重、胸围、头围、肩宽、骨盆等都加速增长；神经系统、肌肉力量、肺活量、血压、脉搏、血红蛋白、红细胞等等均开始接近成人；身体素质方面，如速度、耐力、感受性、灵活性、平衡感等均有加强；内分泌方面各种荷尔蒙相继增量；生殖器官及性功能发育成熟，第二性征开始出现。青少年身体上的变化归纳起来主要有三类：一是体型外貌的变化；二是脏器机能的健全；三是性的成熟，此外与心理发展最密切的是脑与神经系统的成熟变化。

一、身体的发展变化

这个阶段的男生体格变得高大，肌肉发达，体表常有多而密的汗毛，长胡须，喉头突出，嗓音低沉；而女生则开始变得骨盆宽大，乳腺发达，由于皮下脂肪多而显得体态丰满，嗓音细润。青少年的身体外形开始摆脱童年期青涩的模样，生理机能开始接近成年人的水准，更值得关注的则是他们在性方面的成熟。

（一）身体外形的改变

由于内分泌的影响，四五年之内，少男少女们的身体外形发生急剧变化，身高、体重、胸围、头围、肩宽、骨盆等都加速增长，骨架粗大，肌肉壮实，外形以及外部行为动作也随之变化。特别是，个子突然蹿高，每年可长 6～8 厘米，多则 10～11 厘米；体重迅速增加，每年可增 5~6 公斤，多则 8~10 公斤。

男女青少年的体重增加都呈现出女生发育较早，而男生在两年之后奋起直追超过女生的现象。不仅在两性间有差异，不同的个体在身体外形的发育上也有快有慢。由于身体发育较早的青少年"看上去更像成人"，身体发育较迟的青少年"看上去更像儿童"，因此他们经常被区别对待，也让他们形成了不同的自我概念，比如早熟的男孩看上去更加阳刚、可靠、能力强，因此他们得到了更多表现的机会，常常被选为领导人，但早熟也有不利的一面：社会给予了他们更多的期待，这些青少年往往要承受超出他们自身能力的压力。而晚熟的男孩虽然能够更安然地享受童年的欢乐，但他们要急于表现自己的时候却常常因为外貌而受人轻视。

（二）生理机能的变化

进入青春期后，心脏的成长速度加快，在 12 岁时达到新生儿心脏大小的 10 倍，接近成人水平，而肺的结构在 7 岁时就已经发育完成，在 12 岁时肺的重量达到出生时的 9 倍。青少年在 11、12 岁时脉搏从新生儿的 140 次/分钟降到 80 次/分钟；血压在 11、12 岁时达到 90~110/60~75mmHG，接近成人的血压指标；而男生到 17、18 岁，女生到 16、17 岁的肺活量就可以达到或接近成年人的标准，这些都说明青少年心肺功能已经接近发育成熟。

随着心肺功能的完善和肌肉力量的不断增长，青少年日益体会到身体中所蕴藏的巨大力量，这使得他们产生"成人感"，渴望自己如同一个成人一样被对待。

（三）性的成熟

当青春期开始的时候，神经突触的修剪导致下丘脑（负责疼痛、快乐和性欲的脑组织）对脑垂体发出启动信号，当脑垂体接收到信号以后，增加了促性腺激素的分泌，就好像裁判扣动了发令枪的扳机，体内荷尔蒙的分泌就开始迅速增加——男性体内释放更多的雄性荷尔蒙，女性则是释放更多的雌性荷尔蒙。荷尔蒙含量的增加引发了第一性征（睾丸或卵巢）以及第二性征（如乳房、阴毛、胡须、喉结等）的发育。

第一性征（睾丸和卵巢）实际上在人出生前就已经基本完备了，但在青春期前仍然处于幼稚状态，青春期带来的性激素分泌让它们加速成长，外生殖器的外形开始产生变化，阴茎变长，阴道深度增加。而第二性征则在青春期后在性激素的作用下才出现，雄性激素能促进体内蛋白质的合成，使人体各个系统向雄性化的方向发展，如可以促进骨骼发育，表现出男性骨骼粗壮；雄激素还促进肌蛋白合成，表现出男子的肌肉发达有力；雄激素促使男子头发稠密，胡须、眉毛、腋毛、腹毛、阴毛生长发育旺盛；雄激素使男子皮肤发育增生而富有色素，汗腺和皮脂腺发育旺盛，分泌物增多，这个年纪的男性容易有粉刺和体臭；雄激素作用于喉结，可使喉结突起，声带增宽，声音变粗钝等。而雌性激素刺激女性阴部及腋窝，可以促使阴毛和腋毛生长；同时也促使脂肪开始沉积在皮下，看上去体态丰满圆润，皮肤细腻，它使乳房发育，骨盆逐渐变宽，臀部变大，有利于日后的生育；同样雌性激素也使声带增长变窄，声音变得尖细。

因此，青春期的男孩女孩不仅要应付学习，也常常要为第二性征的出现而烦恼，男生要对付讨厌的体臭和青春痘，以及越来越多的腋毛；而女生则发现自己突然开始长胖，而且要忍受麻烦的胸罩，而这个时期正是他们最在意外貌的时候。——他们的麻烦还没有结束，当女孩体内的脂肪含量达到17％以上，并且体重达到 48kg 以上的时候,她们就会出现月经初潮,刚开始的月经周期并不规律,这给她们造成了不小的困扰;而男生则在稍晚的十五六岁开始出现遗精。——这个时间在近几年有前移的趋势,女孩的初潮年龄和男孩的遗精年龄都有所提前,而随着国内青春期教育开始逐渐普及,如今许多男孩女孩都能安然面对这一变化,但仍有少部分会感到恐惧和害怕。另外,性的成熟也导致了他们对异性开始产生微妙的感情。

二、脑与神经系统的变化

心理是脑的机能,人类在漫长的进化过程中逐渐形成了发达的神经系统和大脑,从而远远胜过其他生物。

> **资料卡**
>
> 与人类最接近的灵长类动物,都有着较大的脑容量和发达的皮质(又叫灰质,是高级中枢的所在),而人类的大脑无论容积、重量都远远超过了灵长类动物。
>
> | | |
> |---|---|
> | 人类(成人): | 1300~1400g |
> | 人类(新生儿): | 350~400g |
> | 成年黑猩猩: | 420g |
> | 成年大猩猩: | 465~540g |
> | 成年恒河猴: | 90~97g |
> | 成年狒狒: | 137g |
>
> 实际上,人类的新生儿和黑猩猩的新生儿在脑量上差别不大,可是人类的新生儿脑量只有成人的 1/4,而黑猩猩的新生儿脑量已达成年的 80% 以上,这表明人类的大脑主要是在人文环境中随着个体的发展和学习而发育的。
>
> (王道还. 人脑何时成熟 [J]. 台湾科学发展月刊, 2004 (8): 80~82。)

在青春期开始前,12 岁的儿童在重量和容积上均已经接近成人。许多传统观点认为,当儿童到 12 岁时,大脑已经是一件"成品"了,因此 12 岁前才是成才的关键时期,早年的学习将影响他们毕生的成就。这种观念让学龄前和小学生的父母非常紧张,他们害怕错过大脑发育的黄金阶段,因此给自己的子女的日程表上排满了各种学习和培训。然而神经认知科学的研究表明,青少年的脑不仅远没有发育成熟,而且他们大脑中的灰质和白质都在经历着巨大的结构变化,而这种变化将持续到 25 岁或更晚才告一段落。(Giedd,1990)

(一)神经元、树突及突触的过量增长

大脑由两种基本细胞构成——神经元细胞和胶质细胞,胶质细胞占了脑细胞的 90%,它起到的作用是营养、支持和固定,而其余 10%的是神经元细胞,它们以极快速度在脑内传递各种信息。它是我们所有感知、思维、记忆的基础。

神经元细胞由细胞体、树突和轴突组成,树突像分岔的树枝一样从细胞体上发出,负责接受其他神经元的信息,它与其他神经元的轴突接近,形成突触。每当我们产生一种新的体验,接受一种新的信息,都会形成一个新的联结,而如果每个神经元相互独立,学习是不可能形成的。虽然每个神经元平均有 1000 个树突,但是从理论上说这个数量可以有无限多个。

在 12 岁以前,人脑的早期发育基本是神经元的过量增长占上风,首先是神经元细胞的过量生长,然后每一个神经元细胞的树突也大量繁殖,与其他神经元产生大量的突触,无数个路径不断被创造出来。这一过程可以用"疯狂"来形容:在 6 岁~12 岁的神经元大量繁殖期内,每分钟突触的形成可以多达 25 万个,一个 3 岁的小孩子脑内的突触会比成年人还多。大脑灰质的密度在女孩 11 岁和男孩 12 岁半的时候达到顶峰，在进入青春期后，另一个过程才逐渐占据上风——神经元的修剪。

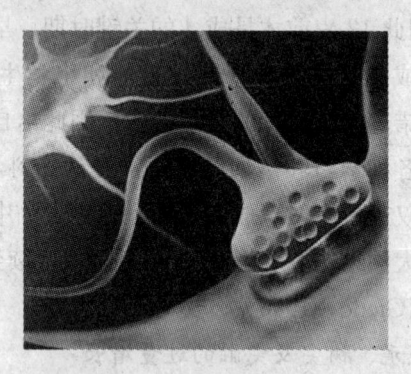

突触所形成的神经联结

（二）神经元的修剪

神经元的过量增长和修剪（pruning）是一个并行的过程，实际上修剪从出生后就开始了，在神经元过量增长后，相当一部分神经元死亡了，同样，大量突触形成以后，绝大多数都会消退，而修剪的原则就是"用进废退"。

在进入 12 岁后，灰质的密度达到最高，这时候修剪的过程渐渐占据上风，灰质会以每年 0.7%的速度逐渐减少，并且变得稀薄，直到 20 多岁，这种对神经元的修剪是有选择性的，在过剩的神经元和突触形成后，那些经常被使用的神经元和突触被保存下来，而极少使用的神经元和突触就渐渐死亡而被淘汰。神经元的过度生长，突触的广泛形成使青少年在任何一个领域都有潜力和发展的机会，但只有他热衷参与的活动所形成的联结会被保留下来并良好发展，而这个时期没有被用到的联结就会永远被淘汰掉。举例来说，一个爱好读书却不爱运动的少年也许会抱怨自己"没有运动神经"，但实际上是他较少参与体育活动，某些关于运动技能的神经联结就渐渐消失了；不过他却可能会成为一位杰出的学习者，因为他在青少年期花费大量时间去阅读，形成的大量有效的神经联结会让他受益终身。一个孩子总是热衷于绘画雕塑，他就有可能成为艺术家，一个喜欢解决问题的孩子就会成为问题解决高手——但这同时，也意味着当这些孩子们的注意力不能被正常、健康的活动所吸引时，暴力、性、酒精、尼古丁就会诱惑他们，这些有害的东西对他们大脑的影响不仅仅在周末，它会在今后人生的 80 年中都依然存在。[①]

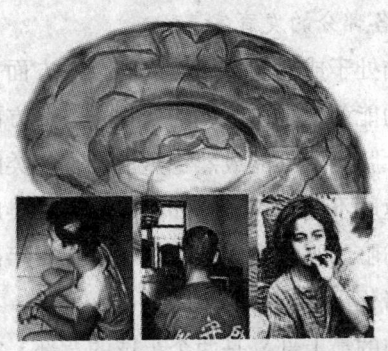

在青少年期，随着神经元和突触的过量增长和修剪，神经纤维的髓鞘化也渐渐完成。髓鞘是一种包裹在神经纤维外面的髓磷质，像是包裹在裸露金属导线外的绝缘层。除了绝缘的功能，髓鞘覆盖在神经细胞的轴突表面，使得信息能够实现跳跃性传递，髓鞘化的程度越高，信息在神经元之间传递的速度就越快。

大脑中不同的神经类型髓鞘化完成的时间也不尽相同。主管运动和感觉的部位会提早髓鞘化，专司高等思考的部位髓鞘化则

---

① Vedantam, S. *Are teens just wired that way? Researchers theorize brain changes are linked to behavior* [J]. The Washington Post, 2001.

较迟，颅神经在小儿出生后3个月可完成，听觉和视觉系统神经纤维要到4岁以后，10岁左右枕颞叶的皮层神经元基本完成髓鞘化，11~17岁完成大脑联络皮层的神经髓鞘化，而大脑前额叶新皮质的神经要在18~26岁左右才完成髓鞘化。髓鞘化的完成标志着神经细胞的发育成熟，意味着大脑内部的信息高速公路修建完成，青少年可以流畅地运用数理逻辑进行计算，熟练地运用各种比喻、象征和类比等修辞手法来讽刺或是展示他们的幽默，有时老师也会成为他们开玩笑的对象。

（三）大脑各部分的发育完善

青少年的脑处于成熟与不成熟之间，一方面，他们与儿童相比脑的结构和功能都出现了巨大的变化，另一方面，与成年人比起来，他们的大脑仍然不能成熟稳重地处理各类问题。大脑不同的部分成熟的速度不同，负责感知觉的脑区最早成熟，而高级认知和控制情绪的脑区则较晚成熟，这就是青少年出现成年人总是无法理解的情绪化怪异举动的原因。

顶叶位于脑的最上部，是两个半球的背部，它是最先完成髓鞘化和修剪的脑区（大概在12岁左右），顶叶前部的功能是接受各种不同的感觉信息，如疼痛、寒冷和压力；顶叶后部负责逻辑和空间知觉，这和运动有密切的关系。顶叶在成熟中不断形成并修剪神经突触，使脑对手指、四肢的运动控制更加精细化。青少年在乐器演奏和绘画、运动上的表现进入青春期后会有突飞猛进的变化，往往会让家长感到惊讶。

枕叶位于脑的后部，主管视觉。由于有视觉中枢，人可以看到并感受到事物。视觉信息从眼睛到达视觉中枢，可以分析事物的位置、模样和运动状态。枕叶的视觉功能要到12岁以后才基本发育成熟。男孩子在刚刚开始打篮球的时候，总是无法看准球的落点而抢不到篮板球,而在一个学期之后,他们会迅速成为这方面的高手。

　　颞叶位于额叶的下方,耳朵的正上方,16岁之前颞叶还处于生长阶段,16岁后才开始修剪和髓鞘化。虽然颞叶发育得较晚,但是一旦开始,它的生长速度是所有脑区中最快的。[1] 颞叶主要负责加工听觉刺激和语言信息,著名的威尔尼克区(听觉性语言中枢)就位于颞叶,它和前额叶的布洛卡区(运动性语言中枢)协同工作,让我们能听懂并运用语言。越复杂的语言任务就越依赖左右半脑和脑区之间的联系,在16岁以前,青少年的颞叶还没有发育完善,他们也许还不能理解"红玫瑰"的含义,也经常在需要辩解的时候词不达意。

　　额叶位于脑的前部,是大脑皮层最大的区域,它最迟发育完善,功能也最复杂,主要负责说话、写作、计算、音乐等认知加工,还具备分析、应用、评估的功能,它和学习关系最为密切。青少年额叶不断发育成熟,开始具备抽象思维能力,他们可以阅读复杂艰深的文本,对难题进行分析并推理,找出解决方案。另外前额叶也控制着我们冲动的一面,右前额叶与消极情绪有关,左前额叶与积极情绪有关,只有他们协同工作,我们的情绪才能维持平衡。青少年的前额叶没有发育成熟前,他们更难控制住杏仁核释放出的情绪冲动,表现出各种情绪化的行为。[2]　(Baird

---

　　[1] Thompson, P. M. *Growth patterns in the developing brain detected by using continuum mechanical tensor maps* [J]. Nature, 2000, 404 (6774): 190~3.

　　[2] Baird, A. A. *Functional magnetic resonance imaging of facial affect recognition in children and adolescents* [J]. Journal of the American Academy of Child and Adolescent Psychiatry, 1999, 38 (2): 195~9.

等，1999）

小脑位于脑的后下部，它包含的神经元比其他脑区都多，它负责人的运动协调，与平衡、调节身体姿态等有关。小脑到了成年早期才成熟。在青少年刚刚长个子的时候，他们运动神经的发育往往跟不上身体的发育，因此经常摔坏东西，弄伤自己。此外神经认知科学家还发现小脑也参与思维加工和决策，使我们的思维更加流畅。我们处理的任务越复杂，小脑就越深入地参与问题解决的过程。

杏仁核是一个跨越大脑两侧的杏仁形结构，长2.5厘米，它和我们的"本能"有关，与大脑皮层相比，它决定的是较低级的反应。成年人的额叶已经发育完善，因此他们更多依靠额叶来决定他们的行为，较少用到杏仁核，但是青少年的额叶对杏仁核的控制还未成熟，他们依赖杏仁核来解读情绪，并做出冲动的回应，因此常常会误解别人的态度，并且表现出比成年人更激烈的反应。因此，青春期也是一个"危险"时期，一些青少年在激烈的情绪支配下，会忘了自己已经身处触犯法律的边缘。

第二节 心理发展的实质

一、心理发展及其主要特点

（一）心理发展的含义

所谓的发展（development）和成熟（maturation）虽然字面意思相近，但在心理学中有着不同的涵义：成熟就如前一节所言，指的是由于成长过程而非学习、伤病或者其他生活经历导致的身体或者行为上的发展变化，而发展则是指个体从受精卵到死亡整个过程中的系统的连续性和变化,用"系统"来描述"变化",意思是这些变化是有序的、模式化的、相对持久的,而一些短暂的变化,比如说一时性的情绪激动,暂时性的思想摇摆则不包括在内。除了变化,心理学家还对连续性感兴趣,我们不可能在一觉睡醒就变成另外一个人,发展的连续性就是指个体自身保持跨时间的稳定性或者说对过去反映的连续性。

人类个体的心理发展,是一个随着年龄增长,在相应环境的作用下,整个反应活动不断得以改进,日趋完善、复杂化的过程,大致体现为:1. 反应活动从混沌未分化向分化、专门化演变;2. 反应活动从不随意、被动向随意、主动演变;3. 从认识客体的外部现象向认识事物的内部本质演变;4. 对周围事物的态度从不稳定向稳定演变。这一系列的变化使人类个体对环境更有适应性,能够表现出更有组织、更高效和更为复杂的行为,这一过程在青少年期最为典型。

(二)心理发展的实质

就如同物理学史上关于"光的本质是波还是微粒"的争论一样,一旦我们谈到"成熟"、"发展"、"学习"这几个字眼,心理学史上也有一个著名的大论战,即所谓"天性和教养之争",在20世纪心理学蓬勃发展的数十年之中,论争的双方各执一端,互不相让,都试图从自己一方的观点去说明心理发展的实质是什么。

1. 个体心理发展的内发论观点。

这种观点认为人类个体的心理发展完全是由个体内部所固有的自然因素预先决定的,心理发展的实质是这种自然因素按其内在的目的或方向而展现的。外部条件只能影响其内在的固有发展节律,而不能改变节律。内发论观点又称自然成熟论、预成论、生物遗传决定论等。

这种观点以美国心理学家霍尔（Granville Stanley Hall）、奥地利心理学家彪勒（Karl Bühler）为代表，前者以一句"一两的遗传胜过一吨的教育"闻名于世，他们认为将个体的心理发展过程视为复演物种进化的过程，心理发展是按预先形成了的生物学形式，即按遗传程序进行的，比如，霍尔认为胎儿的发展复演了动物进化的过程，而出生后的心理发展则复演了人类进化的过程。以弗洛伊德（Sigmund Freud）为代表的精神分析学派认为，存在于个体的潜意识中的性本能是人的心理发展的基本动力，是决定个人发展的永恒力量。以马斯洛（Abraham Maslow）为代表的人本主义心理学家则认为，人的心理发展是人固有潜能的自我实现的结果。人不是被浇铸、塑造或教育成人的，环境的作用最终只是容许或帮助他，使他自己的潜能现实化。环境、文化等外界因素只是阳光、食物和水，但不是种子。（马斯洛，1987）

2. 个体心理发展的外铄论观点。

与内发论的观点持完全相反立场的外铄论认为：人类个体的心理发展完全取决于个体生存发展的外在环境，个体心理发展的实质是环境影响的结果，环境影响决定个体心理发展的水平与形式。这种观点又称心理发展的环境决定论、外塑论或经验论等。

行为主义学派理所当然地成为了心理发展外铄论的典型代表，华生（john Broadus Watson）也有一句充满自信的经典论断："给我一打健康和天资完善的婴儿，并在我自己设置的特定环境中教育他们，那我愿意担保，任意挑选一个婴儿，不管他的才能、嗜好、定向、能力、天资和他祖先的种族，都可以把他训练成我所选定的任何一种专家：医生、律师、艺术家、商界首领乃至乞丐和盗贼。"（赫根汉，1986）华生根本上否认了"本能"

的作用，认为环境与教育是心理发展的唯一条件，教育是万能的。斯金纳（Brian Skinner）继承了华生的环境决定论观点，认为人的行为乃至复杂的人格都可以通过外在的强化或惩罚手段来加以塑造、改变、控制或矫正。

3. 个体心理发展的建构观点和社会文化历史观点。

也有心理学家既反对心理发展的内发论，也反对外铄论。建构论以瑞士心理学家皮亚杰（Jean Piaget）为代表，他认为个体心理的发展是在主客体及内外因相互作用的基础上，通过主体不断建构心理结构，从而产生心理的量变和质变而实现的。他在《发生认识论原理》（1972，1981）一书中指出："认知的结构既不是在客体中预先形成了的，因为这些客体总是被同化到那些超越于客体之上的逻辑数学框架中去，也不是在必须不断地进行重新组织的主体中预先形成了的。"在他看来，心理发展既不是起源于先天的成熟，也不是起源于后天的经验，而是起源于个体与环境不断的相互作用中的一种心理建构过程。

在发展心理学历史上，由前苏联心理学家维果斯基（Lev Semenovich Vygotsky）首先提出，后经列昂节夫（Aleksei Nikolaevich Leontiev）和鲁利亚（Alexander Romanovich Luria）等人的进一步完善的社会文化历史学派独树一帜，不仅在前苏联受到重视，而且也被西方心理学界所推崇。维果斯基认为应区分两种心理机能：一是作为动物进化结果的低级心理机能，这是个体早期以直接的方式与外界相互作用时表现出来的特征。二是作为文化历史发展结果的高级心理机能，以符号、语言等间接方式与外界相互作用时表现出来的特征。低级心理机能和高级心理机能是两条完全不同的发展路线的产物，前者是种系发展的路线，后者是文化历史发展的路线。虽然两种机能在个体心理发展过中是融合在一起的，但在人类个体心理发展过程中，高级心理机能的发展是其本质标志，也是不同于动物的根本所在。个体心理的发展是在教育和环境的影响下，在低级的心理机能的基础上，逐渐向高级的心理机能的转化过程。具体讲，就是在特定的社会文化历史条件下，个体借助于语言符号而进行人与人之间的相互交往、相互作用，致使其心理活动逐渐由外部向内部转化，心理机能逐渐由低级向高级发展。

时至今日，总结以上的论争，天性和教养的两分法是不恰当的，它们引起的争论已经得到了很好的解决。人类个体的心理发展同时受到来自个体遗传和外界环境的影响，单纯地肯定其中一个方面而否定另一个方面都是曲解了心理发展的实质。在大多数情况下，遗传和环境的作用总是纠缠在一起，使得我们很难把它们分开，比如男生的运动能力相对女生强一些，女生的人际交往能力相对男生强一些，当一部分人打算以遗传和天性来解释时，另一部分人便会发现，用性别角色的社会化同样也可以解释：社会鼓励男生多参加运动，鼓励女生多去接触他人，他们在这些领域的活动经验影响了大脑神经元的修剪，产生了更多的联结。对于这种差异，我们很难说得清楚多少是由于遗传在起作用，多少是环境在起作用。遗传力量需要在一定的环境中通过行为表现出来，而环境总是在遗传的基础上发挥作用，没有两者的交互作用也就没有发展可言。

资料卡：

一个叫"Vreni"的女孩，母亲长期卧病在床，父亲嗜酒如命，她既要承担家务，照顾弟弟妹妹，又要照料母亲。也许不光是行为主义者，就是一般的读者，可能也会认为这个女孩年幼艰辛，承担了太多心理压力，容易产生心理障碍，从而影响未来的婚姻幸福。但，由 Bleuler（1984）报告的这个案例的结果是，这个女孩婚姻美满，家庭幸福。（Anthony, 1987）不仅只有这一个案例，更多的研究者开始发现，一些儿童经历了严重的压力/逆境之后仍然功能完好，甚至发展还超出常人。这绝不仅仅是个案，在经历了严重的压力/逆境之后，总体上看只有半数的儿童出现明显的心理疾患。（Rutter, 1979；Werner，1992）

心理学家将这种现象命名为"心理弹性"（Resilience），指的就是心理发展未受严重压力/逆境损害性影响的一种发展现象，通常包括三种情况：1. 曾生活在高度不利环境的儿童，战胜了逆境，获得了良好的发展结果；2. 儿童仍生活在不利环境中，但能力不受损害；3. 儿童能够成功地从灾难性事件中恢复过来。（Werner, 1995；Werner, 2000；Mastern, Best & Garmezy, 1990）

在心理学长期的研究结论中，危险因素—心理问题这两者之间常常是有因果联系，因此这种心理弹性的现象就很难得到解释，一开始有人将其视为"天性论"的有力武器，认为这些"超级儿童"所拥有的这种奇妙个人特质战胜了不利的环境，恰恰说明了天性起的是决定性作用，但后来研究者发现，环境的作用仍然不能忽视，如果逆境太过漫长和严重的话，只有当这些逆境结束，儿童才可能恢复过来获得正常发展，而家庭、社区、学校和社会文化特征则也会对儿童的恢复和发展起着保护性的作用。研究者由此发现，人的发展是复杂和系统的，需要把心理弹性置于发展系统和生态系统，从多水平、动态、交互作用的层面进行研究设计和系统分析，才能最终解析儿童与环境之间的关系以及它们的相互作用。在应用的取向上看，如何弥补有缺陷的公共政策，给予处境不利的儿童更多保护性措施，以及如何对压力/逆境中儿童给予心理干预一直是重要的研究方向。这些研究可以说是刚刚起步，或者说，我们对人复杂的心理发展过程还知之甚少。

（三）心理发展的特点

1. 连续性和阶段性。

长期以来，发展心理学家们也对人类发展是连续性还是阶段性争论不休，强调发展是由外部环境所决定的心理学家，例如行为主义学派，认为发展只有量的积累而不存在什么阶段；而强调发展由内部成熟或者遗传决定的心理学家则持不同观点，例如皮亚杰和科尔伯格，他们认为在认知、道德、性别认同等等方面，个体会表现出质上明显不同的发展阶段，虽然各自有研究支持他们的不同观点，但是今天更多的心理学家认为心理发展既体现出量的积累，又表现出质的飞跃，特定领域的发展会出现明显的阶段性，但是作为发展阶段的标志性转变是量的不断积累，它们为儿童发展的阶段性飞跃做好了准备。

2. 方向性和可塑性。

正常情况下，心理发展遵循一般规律，具有一定的方向性和先后顺序，既不能逾越也不能逆向发展，比如个体动作的发展就遵循"头－尾律"、"近－远律"和"大－小律"，即自上而下、由躯体中心向外围、从大肌肉动作到精细动作的发展。虽然发展似乎被描述成为一个被规律支配的持续地累积的过程，但是心理学家也发现，如果个体生活的重大方面发生改变的时候，发展的过程也会产生突变，例如一个婴儿的家庭发生变故，婴儿从温暖而充满爱意的父母怀抱中被送入孤儿院，社会性刺激减少，婴儿就会变得很孤独和抑郁，甚至在旁人看来，她的动作减少，发展反而"退化"了。但发展具有可塑性也可以是一件幸事，这同时也意味着一位有不良开端的儿童可以在他人帮助下改正自己的错误。

3. 常态发展和个别差异。

有些人会误以为心理学家只关心个体所经历的一般发展轨迹，也就是说人类发展的共性和一般规律，但事实上，很多领域的研究也围绕着发展的个别差异展开。事实上每个人的发展优势、发展速度、发展高度往往是千差万别的，表现如此多样以至难以准确地去描述，比如有人长于观察，有人长于计算；有人早慧，有人大器晚成；有人很早就停滞不前，有人却毕生不断挑战新的高度。虽然在婴儿时代，个体之间就表现出明显的差异，但是早期的发展更多还是受到可预测的种系发展蓝图的引导[①]（McCall，1981），比如大多数婴儿前 10 个月的动作发展都会经历相似的顺序，1 岁左右迈出第一步，说出第一个有意义的词。随着年龄增长，个体之间的差异会越来越大，直至青少年期，许多家长都会烦恼自己的孩子看上去和别人有如此显著的不同，他们无法用一般通行的教育方法来教育孩子。

4. 发展的关键期。

第一节中间已经提到，在一般家长的信条中，孩子的发展有一些"黄金时期"，一旦错过了就失去了领先的机会。他们的说法并不是全无科学根据，心理学家所言的"关键期"（critical period）是指，人的某些行为与能力的发展有一定的特殊时期，如果在此时给予良性刺激，会促使其行为与能力的发展得到更好的发展，反之则会阻碍发展甚至导致行为与能力的缺失。心理学家所津津乐道的是一则印度狼孩的报道，狼孩卡玛拉从小就离开人类社会，在狼群中生活了 8 年，深深地打上了狼的烙印，后来虽然被救回并经过教育与训练，但到 17 岁时她的智力仅仅只有

3岁儿童的水平，学会50个词，讲简单的话。不少人依此认为，一旦错过关键期，即使后面如何竭力去弥补也无济于事。但也有研究者认为，关键期的缺失对人类发展所造成的负面影响，通常在极端的情况下才难以弥补，对人类大部分心理功能而言，也许用"敏感期"（sensitive period）这样的概念更为合适，它指的是一个系统在迅速形成与发展时期，对外界的刺激特别敏感，每一种心理功能产生和发展的敏感期不同，而提出"敏感期"这个概念更强调的是在这个特殊时期以后，某种心理功能产生和发展的可能性依然存在，只是相对而言可能性比较小，形成和发展比较困难而已。

表1-1 一些心理发展关键期列举[②]

关键期	心理发展的内容
1～3岁	口语学习的关键期
4～5岁	书面语言学习的关键期
0～4岁	形象视觉发展的关键期
5岁左右	掌握数概念的关键期
10岁以前	外语学习的关键年龄
5岁以前	音乐学习的关键年龄

5. 历史和文化背景。

人的发展不同于动物的发展，人总是处于一定的历史和文化背景中。儿童青少年身处的社会文化环境，毫无疑问地会影响到他们的发展。在不同的社会文化、社会阶层和种族群体中，发展会呈现出不同的形态。对文化、亚文化、历史变异相关的研究越多，布朗芬布伦纳的生态系统化理论和维果斯基的社会文化理论就越体现出它们的价值。从历史上来看，我们会发现中国18世纪以前科举制度下的人的发展形态和当今多元价值下人的发展形态有极大的差异。而从跨文化的研究中我们也知道，中国家庭重视家长权威，教育强调集体目标而不是个人目标，抑制自我奖赏，而美国家长则和孩子平起平坐，鼓励发展交往技能和自我表达，鼓励孩子去追求个人的成功。我们给予评价的时候必须慎重，应避免教条和种族主义的束缚，不存在对每一个个体都是最佳的某一种价值观、儿童教养方式和发展模式。因为在特定的历史文化背景之下，某种教养方式会比其他教养方式让孩子更好地适应外部环境，充分展现他们的潜力。

二、生命的毕生发展观

（一）毕生发展观的提出

在心理学发展的相当长的一段时间里，尤其是随着战后大量婴儿的出生，发展心理学的重点是从儿童到青少年，人们称发展心理学为"儿童发展心理学"。但是在近二三十年以来，受系统科学方法论的影响，以及现代社会逐步向老龄化过渡，加之发展心理学本身研究范围的拓展，发展心理学界已经以个体生命的全过程为其研究对象，研究者对个体从胎儿期直到衰老、死亡的发展历程进行了深入的研究。毕生心理发展的研究渐渐成为主流趋势。

毕生发展观认为：毕生发展心理学是关于从妊娠到死亡的整个生命过程中行为的成长、稳定和变化规律的科学。它的核心假设是个体心理和行为的发展并没有到成年期就结束，而是扩展到了整个生命过程，它是动态、多维度、多功能和非线性的，心理结构与功能在一生中都有获得、保持、转换和衰退的过程。(P. B. Baltes, 1970) 德国柏林的 Max-Plank 人类发展研究所

（Max-Plank-Institute for Human Development）是目前毕生发展领域内的研究中心，该研究所的巴尔特斯（Paul Baltes）是毕生发展心理学研究领域内的代表人物。他曾放出豪言，要用毕生发展观统一整个发展心理学——事实上，他本人及其同事们提出的观点和研究成果在该领域已经取得了很重要的影响。

（二）毕生发展观的主要观点

1. 个体发展是整个生命发展的过程。

人的一生都处在不断的发展变化中，从生命的孕育到生命的晚期，其中的任何一个时期都可能存在发展的起点和终点。

传统的心理发展观主张心理发展从生命之初开始，儿童青少年是发展的主要年龄阶段，到成年期到达顶点并处于稳定，到了老年阶段，心理衰退则成为其主要特征。正如弥尔顿在《失乐园》中所言："童年昭示成年，正如早晨昭示一天。"传统的心理发展观强调早期发展经验对以后发展的重要性，认为后继的发展为先前经验所决定。毕生发展观则主张心理发展不仅取决于先前的经验，而且也与当时特定的社会背景等因素有关，因此，一生发展中任何阶段的经验对发展均有重要的意义，没有哪一个年龄阶段对于发展的本质来说特别重要。

2. 个体的发展是多方面、多层次的。

心理和行为发展的各个方面，甚至同一方面的不同成分和特性，其发展的进程与速率是不相同的。

传统心理发展观认为，心理发展在成年期到达顶点，到老年期则进入衰退，这似乎与我们的经验相矛盾：虽然在部分西方国家，曾一度将老年人视为累赘，但在多数时候，老年人都是智慧和权威的化身，地位和作用都高过年轻人。在巴尔特斯之前，卡特尔（Cattell Raymond）就已经提出了液态智力（fluid intelligence）和晶态智力（crystallized intelligence）的概念，而巴尔特斯将智力分成认知机械（mechanics of cognition）和认知实用（pragmatics of cognition）两种成分，基本对应卡特尔的概念。认知机械反映了认知的神经生理结构特性，它随生物进化和成熟而发展，在人的中年以后有下降的趋势；而认知实用主要与知识体系的获得和文化的作用密切相关，在操作上，它多以言语知识、专业特长等为指标，其中以才智（wisdom）为典型指标，即使在成年之后仍可以保持增长的趋势。

3. 个体的发展是由多种因素共同决定的。

毕生发展心理学认为，年龄只是对人的心理变化产生影响的一种因素，以年龄为依据的发展框架是不合适的。主要有三类影响系统决定个体的发展：

（1）年龄阶段的影响，主要指生物性上的成熟和与年龄有关的社会文化事件，包括接受教育的年龄（如6岁入学、18岁高考等）、女性更年期、职业事件（如退休）等。

（2）历史阶段的影响，指与历史时期有关的生物和环境因素，如战争、经济状况等。

（3）非规范事件的影响，指对某些特定个体发生作用的生物与环境因素，包括疾病、离异、职业变化等。

生活事件应激表（举例）

排序	生活事件	应激值（LCU）
1	配偶死亡	100
2	离异	73
6	个人不适与身体疾病	53
8	被解雇	47

10	退休	45
16	经济状况的改变	38
18	工作改变	36
27	升学或辍学	26
38	睡眠习惯的改变	16
41	休假	13

有相关的研究表明，一年内，生活事件应激值（LCU）超过200，有50%患病机会；超过300，概率接近100%。而低于30时，保持身心健康的机会大大高于平均水平。同时过去一年内的生活事件应激值对抑郁症状有显著预测作用。也就是说，无论这些生活事件发生在人生哪一个年龄阶段，都会对人的心理产生影响。

（三）毕生发展观新进展及其发展趋势

1. 毕生发展的总体框架——生物和文化共同进化的结构。

从进化论和个体发展观（ontogenetic perspectives）角度，巴尔特斯等人提出了一个个体毕生发展的总体框架——生物和文化共同进化的结构（Joint biological and cultural coevolution architecture）。他们强调人的行为是"生物－基因"的和"社会－文化"的过程与条件共同建构的结果。

第一个原理是进化选择的优势随年龄增长而衰退。巴尔特斯认为这主要源于生殖适宜性（reproductive fitness），对于人类而言，进化选择的压力主要在前半生，这样可以保证生殖适宜性和有效的养育行为，因此相对于年轻人而言，老年人的基因组中包含了大量有害的和机能失调的基因，他们更易得病且生物潜能不断损失。

第二个原理是对于文化的需求随年龄增长而增长。文化在这里的含义是，人类在几千年里所创造的、并经过代际传递下来的心理的、社会的、物质的和符号的（以知识为基础的）资源总和。这些文化资源包括了认知技能、动机倾向、社会化策略、读写的能力、文献、物理建筑、世界经济和医疗技术等等。我们可以发现，这个原理有两层含义：(1) 对个体发展而言，不管是身体还是心理领域，要达到越来越高的功能水平，就必须拥有更丰富的文化资源。(2) 随年龄增长，生物功能下降，就需要文化资源来补偿以产生和维持高水平的功能。

第三个原理是文化的效能（efficacy）随年龄增加而下降。一方面由于生物潜能随年龄增加而衰退，另一方面的原因类似学习曲线或专长的习得，在学习的后期会产生经济学上"边际收益递减"的效应——要达到较高的功能水平，需要越来越多的努力和更高的技术。因此，在老年人的认知学习中，年龄越大，要达到同一功能水平所需要花费的时间和努力就越多。

2. 带有补偿的选择性最优化模型。

带有补偿的选择性最优化模型（selective optimization with compensation，简称 SOC）可以说是将毕生发展的结构框架应用于建构一个发展的总体模式的结果。就如同前面所述，个体的发展是多方面、多层次、动态、多功能和非线性的，不能简单认为发展就是单纯的积累和获得，毕生发展观以一种更全面的眼光来审视发展：任何时候的发展都是获得与丧失、成长与衰退的整合，任何发展都是新适应能力的获得，同时也包括已有能力的丧失，但从总体上来说发展是选择、最优化、补偿这三者的协调。选择是指个体对发展的方向性、目标和结果的趋向或回避；最优化是指获取、优化和维持有助于获得理想结果，并避免非理想结果的手段和资源;补偿则是由资源丧失引起的一种功能反应,创造新手段以达到原有的目标或调整目标,在这三者的相互作用与转化中,发展的结果在总体上还是得大于失。第一节中青春期大脑对神经元的过量增长采取修剪的策略就是一个例子,大脑修剪掉不经常使用的神经元,增强了神经元的效率和精细程度,但损失的是广阔的发展可能性和修复能力,即便是这样,从总体上而言还是促进了个体适应环境的能力。

第三节 心理发展的理论

对于"发展的实质是什么?""天性和教养哪个对发展的影响更大?""发展的内部机制是什么?"等问题,心理学家从上个世纪初就展开了极富建设性的讨论,但时至今日,这些问题仍未被完全阐明,也没有统一的理论见解,各个学派的心理学家采用他们独创性的研究方法,在各自的领域内开展了大胆探索,形成了各自独特且风格鲜明的学术见解,以下着重介绍几个有代表性的理论流派。

一、精神分析的心理发展理论

(一)弗洛伊德的心理发展学说

精神分析理论(Psychoanalytic Theory)是奥地利精神病学家弗洛伊德于20世纪所提出,并迅速发展成为一个具有广泛影响力的学说。弗洛伊德认为推动人类心理发展的基本动力是存在于潜意识中的性本能,是决定个人和社会发展的永恒力量。弗洛伊德是一个坚定的决定论者,他认为精神生活里的任何事物,诸如梦、精神错乱的症状都不是真正偶然的,显然人的心理发展也是这样，他认为人的所有行为都有其动机，所有行为都是为了满足某方面的需要，而有的需要和动机从根本上说是人的本能。

弗洛伊德在早期，将人的心理活动分为"意识"和"潜意识"，意识与感知相联系，而潜意识则包括个体的原始冲动、各种本能和欲望，其中最为强烈的是性欲望。弗洛伊德到后期为了让他的潜意识理论更具解释力，将"意识"、"潜意识"的二分法修改成为本我（id）、自我（ego）和超我（superego）。在弗洛伊德看来，本我处于生物水平，包括基本的内驱力和反射，遵守"快乐原则"（Pleasure Principle）；自我由本我进化而来，开始根据环境的现实性来限制基本的冲动，按照"现实原则"（Reality Principle）来满足个体的需要和冲动；超我以公认的道德标准来指导自我限制本能的冲动，通常被称为"道德化了的自我"。一个人在正常的状态下，这三者处于相互平衡的状态。

弗洛伊德也为心理发展创建了独特的心理性欲发展阶段理论。他认为，人从出生到死亡的一切行为都受性本能的冲动所支配，因此，人的一生是由许多性欲阶段组成的，在每一个阶段上，人身体上都存在着敏感区域，儿童通过刺激这些区域可获得快感。他根据快感区域的不同把人的发展分为口唇期、肛门期、性器期和生殖期。

1. 口唇期（Oral Stage，0~18个月）。

这一阶段的性感区域是口、唇和舌。婴儿通过吸吮、咀嚼和咬等动作或行为来获得快感，寻求乐趣。这一阶段发展不良或冲突未能很好解决的儿童可能会发展为口部类型的人，表现为不成熟、过分依赖他人。

2. 肛门期（Anal Stage，18个月~3岁）。

这个时期的性感区域转变为肛门、直肠和膀胱，大小便的排泄及潴留会给儿童带来快感。本阶段的冲突来源是便溺训练造成的儿童与父母的冲突。

3. 性器期（Phallic Stage，3～7岁）。

这一阶段儿童通过抚摸或暴露生殖器来获得满足。冲突来源是男孩的"恋母情结"和女孩的"恋父情结"。"恋母情结"表现为男孩爱恋自己的母亲而敌视自己的父亲，由于害怕受到惩罚而产生一种"阉割恐惧"（1earoftration），于是转而模仿自己的父亲。女孩的情况与之相反。

4. 潜伏期（Latent Stage，6～11岁）。

本阶段儿童的性冲动处于潜伏状态，弗洛伊德认为这是潜意识中压抑嫉妒和不安的结果。这一阶段的儿童进入学校，前几个阶段表现比较强烈的性冲动大大减弱，男女之间界线分明，对性缺乏兴趣。

5. 生殖期（Genital Stage，12～20岁）。

本阶段儿童进入青春期。潜伏期被压抑的恋父恋母情结到了这一时期转移到了同龄的异性身上，表现为乐于接受他人，寻求与他人建立长期的异性关系。

弗洛伊德的心理性欲发展观既提出了划分心理发展阶段的标准，又具体规定了心理发展阶段的分期，且对每个分期进行了描述和分析，强调了潜意识的重要性。虽然弗洛伊德经常因为他的"泛性论"受人诟病，而且他的理论完全建立在他个人的临床经验之上，但在20世纪初，这套极富争议的理论也展现了他独特的影响力。

（二）埃里克森的社会化发展理论

埃里克森（Erik Erikson）曾经在奥地利受到精神分析学派的训练，接受了弗洛伊德的人格结构说，但他并不主张把一切活动和人格发展的动力都归结为"性"的方面,而强调社会文化背景的作用。他认为,每个人在成长过程中间,都普遍经历着生物的、生理的、社会的发展顺序,按照一定的成熟程度分阶段地向前发展。他在《儿童期与社会》(1963)一书中提出"人生八个发展阶段":

1. 信任对怀疑(0~1岁)。这一阶段尤其是生命的头几个月,婴儿开始探索周围的世界是否可靠。本阶段的基本冲突是信任对怀疑。如果婴儿得到较好的抚养并与父母建立了良好的亲子关系,儿童将对周围世界产生信任感,否则将产生怀疑和不安。

2. 自主对羞怯(1~3岁)。这一阶段中的儿童开始表现出自我控制的需要与倾向,他们能凭自己的力量做越来越多的事情,他们渴望自主,也开始认识到自我照料的责任感。如成年人未能对儿童的努力尝试给予鼓励,则幼儿会对自己的能力产生怀疑。本阶段体会到过多的怀疑和羞怯的个体,可能会导致其一生对自己的能力缺乏信心。

3. 主动感对内疚感(3~6岁)。这一阶段儿童的活动范围逐渐超出家庭的圈子;他们想象自己正在扮演成年人的角色,并因能从事成年人的角色和胜任这些活动而体验一种愉快的情绪。但如果他们出于自我动机的活动被成年人禁止,使他们认识到"想做的"和"应该做的"之间的差距,则可能会降低从事活动的热情。

4. 勤奋感对自卑感(6~12岁)。本阶段儿童开始进入学校学习,面临来自家庭、学校以及同伴的各种要求和挑战,他们力求保持一种平衡,从而形成一种压力。困难和挫折则导致了自卑感,而被认可和取得成绩形成了成功感。这些成功的体验有助于在以后的社会中建立勤奋的特质,表现为乐于工作和有较好的适应性。学生在这一阶段的危机未解决好，往往是其以后学业颓废的重要原因。

5. 角色同一性对角色混乱（12～18岁）。这一阶段大体相当于少年期和青春初期。此时个体开始体会到自我概念问题的困扰，也即开始考虑"我是谁"这一问题，体验着角色同一与角色混乱的冲突。这里的角色同一性是有关自我形象的一种组织，它包括有关自我的能力、信念、性格等的一贯经验和概念。自我既与个体的过去经验相联系，又与个体当前面临的任务有关，自我同一性的形成与职业的选择、性别角色的形成、人生观的形成等有着密切的联系。如果个体在这一时期把这些方面很好地整合起来，他所想的和所做的与他的角色概念相符合，个体便获得了较好的角色同一性。

6. 亲密感对孤独感（18～25岁）。青年进入这一阶段感受到了情感和婚姻的需求，发展任务是获得亲密感以避免孤独感。这时，人们需要在工作、家庭、娱乐中获得别人更多的认同，并与异性建立亲密关系。如果人可以顺利寻找到自己的亲密关系，则有助于充分满意地进入社会生活，但如果无法建立亲密关系，也有可能产生孤独感，影响到正常的社会生活。

7. 精力充沛感对颓废感（25～50岁）。

这一阶段是成年期，主要是为了获得繁殖感而避免停滞感。对于这段时期的男女，他们的精力从建立家庭到抚育下一代，满足自身关怀子女、指导他们成长的需要，而缺乏这种体验的人难免会产生停滞颓废的感觉。

8. 完美感与沮丧感（50岁之后）。

最后一个阶段是从老年期到死亡，主要是为了获得完美感和避免缺憾以及厌恶。这时人生已经进入最后阶段，如果对自己的前半段人生感觉取得了充分的收获以及他人的尊重，则产生一种完善感，也包括一种成熟的智慧和人生哲学。如果缺乏这种体会，就不免觉得人生短促，缺憾太多。

二、行为主义学派的心理发展观

（一）华生的心理发展观

华生是行为主义的创始人，于1908年和1912年首先在美国心理学大会上提出了自己的心理学观点——主张心理学应该研究可以观察到的行为，而不是看不见摸不着的意识和精神。1913年，华生又发表了著名论文《行为主义者所看到的心理学》，从此宣告了行为主义的诞生，揭开了美国心理学史上行为主义时代的序幕，无论他的学说受到了多少的质疑，但对于心理学界而言是一场真正的革命。

华生曾经受到巴甫洛夫经典条件反射理论的影响，通过对儿童行为的研究，他认为人类只是在程度上比动物要复杂，二者遵循一样的操作原则。因此他认为心理学必须成为一门不容争辩的自然科学，不能再研究一些看不见、摸不着，无法准确定义的东西——意识。他认为："心理学必须抛弃所有意识方面的时候似乎已经来到了。"他明确地指出："人类心理学的研究材料，乃是人类所有的行为。"行为产生的公式是 S—R（刺激—反应），他反对使用内省法，主张采用客观方法来进行心理学的研究。

既然抛开了"意识"，华生也同样抛开了"遗传"，他不承认人天生下来机能上就有所差异，他发表了最激烈最大胆的论断："请给我一打强健而没有缺陷的婴儿，让我放在特定的环境中抚养，我能担保，其中随便挑出一个来，都可以被训练成任何专家——无论他的能力、嗜好、趋向、才能、职业及种族如何，我都将他训练成为一名医生,或是律师,或艺术家,或商界首领,甚至是一名乞丐或窃贼。"他也明确地指出"在心理学中再不需要本能的概念了",他认为行为的产生是由刺激决定的。刺激来源于客观,而不决定于遗传,行为不可能受遗传的影响。遗传上存在的差异,并不能引起心理上的差异,遗传在心理发展过程中不起作用。他还主张,行为主义者研究心理学的目的是为了提高行为的可控制性,而遗传是不可控制的,否认遗传因素就能提高对行为的可控性。除去遗传,决定人心理发展的只能是环境和教育。成人行为上的差异,是源于他们构造上的差异和幼年时期训练上的差异,儿童一出生,构造上虽然有所不同,但是仅仅是一些最简单的反应而已,而较复杂行为的形成完全是由于环境和教育,尤其是早期训练。

华生的论调虽然完全否认了遗传的作用,并且鼓吹教育万能论,但是与美国当时的文化精神却不谋而合:"不论种族、不论阶级只要是个人为梦想勤奋努力都有可能成功",而只要为他们创造一个适合成长的环境。华生的理论中重视学习,提出要用正确的方式来培养幼儿良好的行为习惯等观点对儿童发展心理学有着举足轻重的影响。

(二)斯金纳的心理发展理论

斯金纳是新行为主义的代表人物。他与华生不同的是,他用操作性条件作用来解释行为的获得,从而扩展了行为主义的解释性。所谓的操作性条件反射就是个体偶尔发出的动作如果得到强化,则建立起了某种连结,这个动作后来出现的概率就会大于其他动作。

斯金纳的操作性条件反射,强调塑造、强化与消退、及时强化等原则。他的基本观点为:学习是刺激与反应的联结,有什么样的刺激，就会有怎样的反应；学习是一个不断尝试与改正错误的过程，认识事物遵循从部分到整体的规律；强化（包括直接强化、替代强化和自我强化三种）是学习成功的关键，学习应重知识、重技能和重外部行为的模仿和研究。

在斯金纳看来，强化作用是塑造行为的基础。他认为，只要了解强化效应和操纵好强化技术，就能控制行为反应，就能随意塑造出一个教育者所期望的儿童的行为。儿童偶然做了某一动作得到了教育者的强化，这个动作后来出现的概率就会大于其他动作，强化的次数加多，概率也就随之加大。行为如果不强化就很容易消退，在儿童的眼中，是否多次得到外部刺激的强化，是他衡量自己的行为是否妥当的唯一标准，练习的多少本身不会影响到行为反应的速率。练习在儿童行为形成中所以重要是因为提供了重复强化的机会。只练习不强化不会巩固和发展起一种行为。除此之外斯金纳还强调及时强化，他认为强化不及时是不利于人的行为发展的。教育者要及时强化希望在儿童身上看到的行为。

斯金纳在理论联系实践上面也做了不少贡献，他甚至拿自己的女儿来作为实验对象，将她放在自制的育婴箱中。这个箱子是从动物实验的"斯金纳箱"改良而来，有着舒适的环境、自由宽阔的空间和充足的游戏装置，她女儿最后成长成为一名画家。除此之外，斯金纳还把他的思想体系应用到行为矫正上面，减少对儿童不良反应的强化，也取得了良好的效果。

（三）班杜拉的心理发展理论

班杜拉（Albert Bandura）最出名的是他的著作《社会学习理论》，相对于华生和斯金纳，他算是温和的行为主义者。他的社会学习理论这一理论也是源于行为主义学派的强化学习理论——即由于强化的影响，改变了行为的发生概率。但是班杜拉则认为，不仅加诸个体本身的刺激物可以让其获得或失去某种行为，观察别的个体的学习过程也可以获得同样的效果。例如，小孩看到老师夸赞有礼貌的小朋友，等到他见到幼儿园老师，也会彬彬有礼。

他与合作者通过实验证明，在观察学习中，人们不用什么奖励或强化，甚至也不必参加实践，只要通过对榜样的观察，就可学到新的行为。在他的著名实验里，让一些儿童观看一个人玩人形玩偶，这个人玩一会后便开始攻击这个玩偶，手打、脚踢、口骂；另一些儿童则未看到攻击行为。然后把儿童带进游戏室玩玩偶。那些看到过攻击行为的儿童比未看到过攻击行为的儿童对玩偶表现出更多的攻击性。如果攻击玩偶可使玩偶走动，即产生更大的强化作用。那些通过电影看到过攻击行为的儿童也表现出更多的攻击行为。班杜拉认为，许多社会行为通过观察、模仿即可习得，不需强化。这是一种"无尝试学习"，也可称为认知，是通过形成一定的行为表象来指导自己的操作或行动。班杜拉提出的观察学习虽考虑到了内部过程，但其着重点仍放在对外界榜样的模仿上。他认为，学习是在模仿的基础上进行的，榜样人物的行为被观察仿效而成为模仿者的榜样。新的行为就是行为的榜样化。榜样，特别是得到人们尊敬的人物的行为具有替代性的强化作用。替代强化也是一种认知过程，包括对榜样的观察和模仿，即观察榜样的行为和行为的结果及理解这种行为如何适用于自己。儿童在这种替代性强化作用的影响下，尽管没有投入任何直接的动作，也可指望产生大量的行为效果。用观察学习的观点考察儿童社会行为的发展，则可看到年龄的特点较少，而个别差异可能较多。

这个理论在常识上看是一小步，但是在科学上看是一大步，如此一来，强化就未必都要训练有素的教育者每日给予个体奖赏或者惩罚。自社会心理学理论出现之后，大量的电视报道、英雄模范报告会便随之出现，社会管理者开始更多地注意示范作用，榜样的教育意义被空前重视起来。

三、维果茨基的心理发展观

前苏联心理学家维果茨基是文化历史学派的代表人物，他从历史唯物主义的观点出发，在20世纪30年代提出："文化历史发展理论"，主张人的高级心理机能是社会历史的产物，受社会规律的制约，强调人类社会文化对人的心理发展的重要作用，以及社会交互作用对认知发展的重要性。

维果茨基从种系和个体发展的角度分析了心理发展实质，提出了文化历史发展理论，来说明人的高级心理机能的社会历史发生问题。他区别了两种心理机能：一种是作为动物进化结果的低级心理机能，如基本的知觉加工和自动化过程，另一种则是作为历史发展结果的高级心理机能，即以符号系统为中介的心理机能，如记忆的精细加工。高级心理机能的实质是以心理工具为中介，受到社会历史发展规律的制约。所谓心理工具，指的就是与物质生产工具对应的精神生产工具——语言符号系统。从工具的意义上说，维果茨基认为人的思维与智力是在活动中发展起来的，是各种活动、社会性相互作用不断内化的结果。与其他人以及语言等符号系统的这种社会性相互作用，包括教学，对发展起形成性的作用，人的高级心理机能就是在与社会的交互作用中发展起来的。

维果茨基十分强调学习的作用，认为儿童通过学习才掌握了全人类的经验，并内化于自身的经验体系中。内化学说认为，运用符号系统将促进心理活动得到根本改造。语言一方面为儿童表达思想和提出问题提供了可能性,也为儿童从周围人那里学习提供了可能性。同时,儿童的言语也直接促进了其高级心理机能的发展。心理发展是一个量变和质变相结合的过程,是由结构的改变,到最终形成新质的意识系统的过程。心理结构是内化的结果,在社会和教学的制约下,学习者的心理活动首先是属于外部的、人与人的相互作用,之后才内化为自身的内部活动,并随着外部与内部活动相互联系的发展,形成了人所特有的高级心理机能。

在说明教学和发展的关系时,维果茨基认为"儿童的教学可以定义为人为的发展"。他提出了"最近发展区"的思想,认为教学必须要考虑儿童的两种发展水平,一种是儿童现有的发展水平;另一种是在有指导的情况下借助成人的帮助可以达到的解决问题的水平,这两者之间的差距就是"最近发展区"。最近发展区的教学为学生提供了发展的可能性,教和学的相互作用刺激了发展,社会和教育对发展起主导作用,从这个意义上,维果茨基认为学习"创造"着学生的发展。教学的作用表现在两个方面,它一方面决定着儿童发展的内容、水平、速度等,另一方面也创造着最近发展区。因为儿童的两种水平之间的差距是动态的,它取决于教学如何帮助儿童掌握知识并促进其内化。学习不等同于发展,也不可能立竿见影地决定发展。但如果从教学内容到教学方法上都不仅考虑到儿童现有的发展水平,而且能根据儿童的最近发展区给儿童提出更高的发展要求,这更有利于儿童的发展。

四、皮亚杰的心理发展观

皮亚杰是建构主义的代表人物,他认为发展就是个体在与环境的不断作用中的一种建构过程，其内部的心理结构是在不断变化的。这种变化不是简单地在原有信息的基础上加上新的事实和思想，而是涉及思维过程的质的变化。他认为所有生物都有适应和建构的倾向，这同时也是认知发展的两种机能。一方面，由于环境的影响，生物有机体的行为会产生适应性的变化；另一方面，这种适应性的变化不是消极被动的过程，而是一种内部结构的积极的建构过程。

皮亚杰用了"同化"（assimilation）和"顺应"（accomodation）两个过程来阐述主体认知结构和环境刺激之间的关系。所谓同化就是把外界元素整合到一个正在形成的结构中，而顺应则是同化性的结构受到所同化的元素的影响而发生的改变。当有机体面对一个新的刺激情境时，如果主体能够利用已有的认知结构（图式）把刺激整合进来，这就是同化，而当有机体不能利用原有认知结构接受和解释它时，其认知结构由于刺激的影响而发生改变，这就是顺应。人最初的图式来源于先天的遗传，表现为一些简单的反射，如抓握反射，吸吮反射等，为了应付周围的世界，个体逐渐地丰富和完善着自己的认知结构，通过同化和顺应来和日益复杂的环境达到平衡，这就是"发展"。

在这发展过程中，认知结构在与环境的相互作用下不断重构，从而表现出具有不同质的不同阶段，他把人的发展分为四个阶段。

1. 感知运动阶段（Sensorimotor Stage，0~2岁）。

这一阶段的认知活动，主要是通过探索感知觉与运动之间的关系来获得动作经验，在这些活动中形成了一些低级的行为图式，以此来适应外部环境和进一步探索外界环境。其中手的抓取和嘴的吸吮是他们探索周围世界的主要手段。从出生到2岁这一时期，儿童的认知能力也是逐渐发展的，一般从对事物的被动反应发展到主动的探究，本阶段儿童还不能用语言和抽象符号为事物命名。

2. 前运算阶段（Preperational Stage，2～7岁）。

运算是指内部化的智力或操作。儿童在感知运动阶段获得的感觉运动行为模式，在这一阶段已经内化为表象或形象模式，具有了符号功能，表象日益丰富，其认知活动已经不只局限于对当前直接感知的环境施以动作，开始能运用语言或较为抽象的符号来代表他们经历过的事物，但这一阶段的儿童还不能很好地掌握概念的概括性和一般性。

3. 具体运算阶段（Concrete Operational Stage，7～11岁）。

这一阶段儿童的认知结构已发生了重组和改善，思维具有一定的弹性，思维可以逆转，儿童已经获得了长度、体积、重量和面积等的守恒，能凭借具体事物或从具体事物中获得的表象进行逻辑思维和群集运算。但这一阶段儿童的思维仍需要具体事物的支持，儿童还不能进行抽象思维。因此，皮亚杰认为对这一年龄阶段的儿童应多做事实性、技能性的训练。此外，本阶段儿童已经能理解原则和规则，但在实际生活中只能刻板地遵守规则，不敢改变。

4. 形式运算阶段（Formal Operad Onal Stage，11～16岁）。

这一阶段儿童的思维已超越了对具体的可感知的事物的依赖，使形式从内容中解脱出来，进入形式运算阶段（又称命题运算阶段）。本阶段儿童的思维是以命题形式进行的，并能发现命题之间的关系；能够根据逻辑推理、归纳或演绎的方式来解决问题；能理解符号的意义、隐喻和直喻；能做一定的概括，其思维发展水平已接近成人的水平。

【主要结论与运用】

1. 青少年身体上的变化归纳起来主要有三类：体型外貌的变化、脏器机能的健全、性的成熟，此外与心理发展最密切的是脑与神经系统的成熟变化。

2. 发展是指个体从受精卵到死亡整个过程中的系统的连续性和变化。人类个体的心理发展，是一个随着年龄增长，在相应环境的作用下，整个反应活动不断得以改进，日趋完善、复杂化的过程。对于心理发展的实质，存在着内发论、外铄论、建构观和社会文化历史观等几种不同观点。

3. 心理发展具有五个特点：连续性和阶段性、方向性和可塑性、常态发展和个别差异、发展的关键期、受历史和文化背景影响。

4. 毕生发展观认为：毕生发展心理学是关于从妊娠到死亡的整个生命过程中行为的成长、稳定和变化规律的科学。

5. 弗洛伊德认为推动人类心理发展的基本动力是存在于潜意识中的性本能，是决定个人和社会发展的永恒力量。人的一生是由许多性欲阶段组成的，每一阶段人身体上都存在着敏感区域，儿童通过刺激这些区域可获得快感。他根据快感区域的不同把人的发展分为口唇期、肛门期、性器期和生殖期。

6. 埃里克森强调社会文化背景的作用，认为每个人在成长过程中间，都普遍经历着生物的、生理的、社会的发展顺序，按照一定的成熟程度分阶段向前发展，并提出人生八个发展阶段。

7. 华生认为行为产生的公式是 S—R（刺激—反应），反对使用内省法，主张采用客观方法来进行心理学的研究。

8. 斯金纳用操作性条件作用来解释行为的获得。学习是刺激与反应的联结，是一个不断尝试与改正错误的过程，强化是学习成功的关键。

9. 班杜拉认为,许多社会行为通过观察、模仿即可习得,不需强化。

10. 维果茨基主张人的高级心理机能是社会历史的产物,受社会规律的制约,强调人类社会文化对人的心理发展的重要作用,以及社会交互作用对认知发展的重要性。

11. 皮亚杰认为发展就是个体在与环境的不断作用中的一种建构过程,所有生物都有适应和建构的倾向,这同时也是认知发展的两种机能。

【学业评价】

一、名词解释

1. 心理发展
2. 心理发展理论
3. 关键期
4. 毕生发展观

二、思考题

1. 青春期生理有哪些变化?脑与神经系统的发育有何特点?
2. 不同学派如何阐述心理发展的实质?
3. 毕生发展观和传统发展观在对个体发展的理解上有何区别?
4. 简述行为主义心理发展观的主要内容?
5. 简述皮亚杰的认知发展四个阶段?

【学术动态】

1. 从心理学诞生以来,人类的心理发展受到心理学家持续关注且热烈的讨论。什么是发展?成熟和学习如何促进了发展?发展的实质是什么?这些一直是发展心理学家讨论的焦点。

2. 发展心理学以个体生命的全过程为其研究对象，对个体从胎儿期直到衰老、死亡的发展历程进行了深入的研究。毕生发展观的研究渐渐成为主流趋势。

3. 心理学家发现了"心理弹性"的现象，并认为需要把心理弹性置于发展系统和生态系统，从多水平、动态、交互作用的层面进行研究设计和系统分析，才能最终解析儿童与环境之间的关系以及它们的相互作用。

【参考文献】

1. 陈琦、刘儒德主编. 教育心理学 [M]. 广州：高等教育出版社，2005.

2. 邵瑞珍主编. 教育心理学 [M]. 上海：上海教育出版社，1997.

3. 冯忠良、伍新春等著. 教育心理学 [M]. 北京：人民教育出版社，2000.

4. （美）David. R. shaffer 著，邹泓等译. 发展心理学 [M]. 北京：中国轻工业出版社，2005.

5. 林崇德. 发展心理学 [M]. 杭州：浙江教育出版社，2002.

6. 朱智贤. 儿童心理学 [M]. 北京：人民教育出版社，1993.

7. 陈琦、刘儒德主编. 当代教育心理学 [M]. 北京：北京师范大学出版社，1997.

8. （美）Sheryl Feinstein 著，董奇译. 探索青少年脑的奥秘——基于脑科学研究的青少年教育方法 [M]. 北京：中国轻工业出版社，2006.

9. 林崇德. 发展心理学的现状与展望 [J]. 北京师范大学

学报（社科版），1998，（1）：22～31.

10. 席居哲. 基于社会认知的儿童心理弹性研究 [D]. 上海：华东师范大学图书馆，2006.

11. Giedd. J. *Brain development during childhood and adolescence：A longitudinal MRI study* [J].
Nature Neuroscience，1999，2（10），861～3.

12. P. B. Baltes H. W. Reese L. P. Lipsitt. *Life-span Developmental Psychology* [J]. Annual Review of Psychology，1980，31.

13. P. B. Baltes. *Theoretical Propositions of Life-Span Developmental Psychology：On the Dynamics Between Growth and Decline* [J]. Developmental Psychology，1987.

【拓展阅读文献】

1. （美）Sheryl Feinstein 著，董奇译. 探索青少年脑的奥秘——基于脑科学研究的青少年教育方法 [M]. 北京：中国轻工业出版社，2006.

2. 林崇德. 发展心理学 [M]. 杭州：浙江教育出版社，2002.

3. 陈琦、刘儒德主编. 当代教育心理学 [M]. 北京：北京师范大学出版社，1997.

第二章
认知发展

【内容摘要】

认知发展是当代心理学研究中受到研究者普遍关注的一个重要领域。我们将在本章介绍几个主要的认知发展理论，包括皮亚杰的理论、信息加工理论以及维果茨基的理论。这些理论观点并非毫不相容，而是分别从不同方面对认知发展进行了解释。许多当代心理学家更倾向于将这些观点融合为一个共同的整体来解释认知发展的丰富性和复杂性。本章我们还会介绍一些认知研究，从中揭示青少年认知发展的特点。此外，我们还将讨论从认知发展的不同理论和相关研究中获得的对教学设计的启示，进而探讨教师如何应对学生之间所存在的认知发展的个体差异，最终促进学生的认知发展。

【学习目标】

1. 理解认知和认知发展的一般概念。
2. 理解认知发展模式的阶段性与连续性。
3. 理解认知发展过程的领域一般性与特殊性。
4. 理解认知发展的影响因素。
5. 理解教师理解认知发展的规律的必要性。
6. 掌握皮亚杰的认知发展理论的基本观点。
7. 理解认知发展的信息加工理论的观点。
8. 掌握维果茨基的认知发展理论的基本观点。
9. 了解青少年认知发展的特点。
10. 了解如何根据认知发展设计教学目标。
11. 了解如何根据认知发展设计教学内容。
12. 了解如何根据认知发展创设学习环境。
13. 了解如何根据认知发展实施课程教学。

【关键词】

认知发展 阶段性与连续性 领域一般性与特殊性 教学目标 教学内容 学习环境 课程教学

在从婴儿到青少年的逐渐发展成熟的过程中,每个人对周围世界的人和事物的理解也不断地发生着变化,这是因为在成长的过程中获得了越来越多的认知能力、技巧和策略,那么这些认知能力是在何时、以何种方式被获得的呢?哪些因素会影响它们的发展呢?在这一章里我们一起来看看不同的认知发展研究者如何解释这些问题。

第一节 认知发展概述

一个人思考并解决问题进而掌握知识的学习活动都属于认知活动。按照当代著名认知心理学家弗拉维尔（Flavell）的看法，认知（cognition）是人类智力活动的过程与产物，如推理、思维、问题解决等过程以及知识、计划、策略、技能等产物的获得[1]。认知发展（cognitive development）是指一个人进行智力活动并获得相应产物的能力的进步或提高。一个人从婴儿期开始，其认知能力的发展是十分显著的，随着年龄的发展总会出现新的思维方式，青少年与小学儿童相比，其思考和解决问题的方式有很大的不同。例如，儿童在思维过程中很少使用概括、分类等原则，很难进行抽象的推断也很难预测未来，他们倾向于在具体的现实中理解问题；青少年则能够相对轻松地解决抽象的或假设性的问题。

在下面的内容中，我们将对认知发展研究中的一些重要问题进行介绍，包括认知发展的阶段性与连续性问题、认知发展的领域一般性与特殊性问题、认知发展的影响因素问题等等，最后将介绍对于教师而言了解认知发展理论和相关研究成果的意义。

一、认知发展的模式

各种认知发展理论先后探讨了很多重要问题，其中之一就是关于认知发展的模式问题。一些理论认为认知发展模式表现出阶

---

[1] 弗拉维尔，P. H. 米勒. 认知发展 [M]. 上海：华东师范大学出版社，2002：2.

段性的特点，另一些理论则认为其表现出连续性的特点，并由此形成了阶段性理论和连续性理论这样两种不同的认知发展理论。下面就分别介绍关于认知发展模式的两种观点以及当前研究者对这两种观点的看法。

（一）阶段性观点

持有阶段性观点的认知发展理论认为，个体的认知技能在发展过程中的某些点上表现出突发性增长，而在另一些点上却没有变化，即以一种分离的、阶段性的模式发展。在对阶段性发展观点进行比喻时，一个常用的例子是"爬楼梯"，即认知的阶段性发展如同人爬楼梯，在楼梯的每一个台阶上人都处于不同的高度。阶段性观点认为认知发展一般有如下三个方面的表现：第一，每个阶段都伴随着一套性质完全不同的认知结构（或称之为心理组织模式），它影响着人们处理外部世界的方式。例如，皮亚杰的理论提出，儿童在每一个阶段的发展水平都显著不同于另一阶段，当儿童处在认知发展水平的较晚阶段时，与处在较早阶段的儿童相比，其思维水平有着根本的差别。通常，年龄较大的儿童能够与外部世界发生相互作用，而那些年龄较小的儿童还处在认知发展的早期阶段，则无法使用这种相互作用的手段。第二，认知发展的方向对于每个人而言是相同的，认知能力总是向前发展而不会倒退，只是在各阶段展开的速度可能因人而异。第三，后面的阶段虽然与前面的阶段不同，但均以前面的阶段为基础而得以建立。例如，随着年龄的增长，儿童会巩固先前已发展的认知技能，在此基础上发展出新的认知技能。

（二）连续性观点

持有连续性发展观点的认知发展理论认为，认知技能的增加是按照连续性的模式平缓地、持续地增长的，更高水平的认知能力是逐渐获得并显现的。也就是说，认知发展并非沿着一系列不同质的阶段进行，不同水平的认知能力是由相同性质的智力结构组成的，人的思维在一种年龄或发展水平上与在另一种年龄或发展水平上并没有根本差别。认知发展的连续性过程类似于一个人沿着斜坡向上走逐渐到达更高层面的过程，其中每一个新的进步都建立在前面的发展之上。

（三）当前的观点

尽管对于认知发展的模式存在阶段性与连续性两种不同的观点，但当前越来越多的研究揭示了一种阶段性与连续性并存的认知发展模式。

一方面，儿童的认知发展呈现按年龄发展的趋势，表现出阶段性的特点。例如，一年级儿童的各种守恒概念（将在下一节中说明）还处于发展中，二年级儿童能够掌握部分守恒概念，五年级儿童则掌握了除容积守恒之外的其他守恒概念并表现出比较稳定的特点（龚少英等，2004）。另一方面，儿童的认知发展又表现出连续性的特点，形式运算阶段所具有的特征在具体运算阶段就已逐渐出现。例如研究发现（方富熹等，1991），具体运算阶段的一年级初入学儿童不仅具体运算能力发展迅速并趋于成熟，而且其逻辑推理能力也已萌芽并逐渐发展，表现出认知发展的连续性。以上这些研究结果都证明儿童的认知发展模式是阶段性和连续性的统一。

二、认知发展的过程

认知发展理论上的另一个重要问题是关于认知发展的过程，即认知发展是否是一个整体，认知发展是同时在多个领域发生还是以不同的速度在不同领域发生。不同的认知理论在这个问题上持有不同的观点。下面就分别介绍领域一般性（domain-general approach）和领域特殊性（domain-specific approach）这两种不同的观点。

（一）领域一般性

持有领域一般性观点的认知理论认为只存在一条认知发展路线，即认知发展几乎是同时在多个领域发生。例如，儿童对重力概念的理解能力和比较两个数字大小的能力，实际上是由儿童相同的基本认知技能的变化决定的，二者是同步发展的。

例如，皮亚杰（Piaget，1896~1980）的认知发展理论主张领域一般性的观点。他认为逻辑思维发展是认知发展的基本路线。因为许多行为依赖于我们对周围世界进行逻辑归类的推断能力，所以逻辑思维能力具有一般性，它影响着智力行为的每一方面。皮亚杰认为，儿童掌握概念的主要障碍是不能正确运用逻辑推理。例如，为了明白如何使用直尺，可以借助直尺的计量单位，来理解两个数量之间的关系，这是一种逻辑推断的过程，对于小于8岁的儿童来说，他是没有这种推断能力的（Piaget等，1960）。

尽管同样持有领域一般性的认知发展观点，但与上述皮亚杰的观点不同的是，后来的新皮亚杰学派发展心理学家（Case，1992；Halford，1993）则用信息加工的观点整合了皮亚杰的理论，提出发展的基本路线是信息加工速度，逻辑能力只是信息加工能力的一个分支。他们认为，是信息加工速度的不断提高和信息加工容量的不断增长，推动了儿童的认知加工能力的发展，儿童对刺激编码的灵活性和彻底性的提高以及各种新策略的获得也是认知发展变化重要的来源。

(二) 领域特殊性

持有领域特殊性观点的认知发展理论认为认知发展是以不同的速度在不同的领域发生的，在认知发展的过程中分别存在一些完全不同的发展路线，它们之间是相互独立的。例如，按照这种观点，儿童对重力概念的理解能力和比较两个数字大小的能力是两种毫不相干的能力，可能分别由不同的机制支配而彼此独立地发展。

认知发展的信息加工观点坚持的就是认知发展的领域特殊性观点，认为人类的认知包括注意、记忆、思维、想象、思维和语言等不同领域，各个领域的发展是彼此独立的。多数领域特殊性认知发展理论家认为可能存在一系列先天功能模块，它们会在儿童发展的不同阶段出现（Leslie，1994）。例如，莱斯利（Leslie）提出了物理的和心理的两种先天功能模块，当然莱斯利（1992）过于强调了独立模块的内在固定机制，很少考虑学习的重要性[1]。有些学者认为正是这些功能模块为儿童学习提供了基础，这种学习又使儿童能更清晰地意识到他们所学的东西，从而增强了对学习的控制（Smith，1992）。换句话说，先天的、领域特殊性原则能够引导学习并能够决定随后学习发生的本质（Gelman，1990b；Spelke，1991）[2]。

发展神经心理学家的研究为这种领域特殊性观点提供了支持性证据。例如，自闭症患者表现出单一的心理理论（即有关心理

---

[1] M. 艾森克著，阎巩固译. 心理学——一条整合的途径 [M]，上海：华东师范大学出版社，2000：413.

[2] 卡米洛夫·史密斯著，缪小春译. 超越模块性——认知科学的发展观 [M]. 上海：华东师范大学出版社，2001：8

状态推理）能力的缺陷，而认知能力的其余部分则相对未受损害。威廉姆斯综合症患者也表现出很不平衡的认知发展状态，其语言、面部识别和心理努力似乎相对不受损害，而数和空间认知的能力则严重滞后。此外还有许多白痴专家的例子，他们只在一个领域（如，画图或日历计算）中表现出高水平的功能，而认知系统其他部分的能力都很低下。成人的脑损伤研究也表明认知发展具有领域特殊性的倾向。在许多个案中，由于脑损伤而造成的高级认知功能的障碍一般是领域特殊性的，即受到脑损伤影响的可能只是面部识别、数、语言等某些技能，而其他认知系统则相对完好。在神经心理学文献中很难找到全面的、领域一般性的脑损伤障碍个案（Marshall，1984）。

然而也有例外，例如唐氏综合症患者在认知加工上表现出比较全面的缺陷，即领域一般性的缺陷。并且乔姆斯基（Chomsky，1988）认为婴儿心理中领域特殊的特性越多，其认知系统以后的灵活性和创造性就越少。[①] 而认知发展的灵活性对于人类而言是非常重要的。

当前还有一些学者认为，领域特殊性和领域一般性并非是截然对立的，二者和认知发展技能的本身特性有关。实际生活中的表现也可以证明这一观点。例如，一个中国儿童可能在艺术课上得到优的成绩，而英语却不及格，显示出发展的领域特殊性；但他很可能在英语上得优，在语文上也得优，显示出发展的领域一般性。可见，在某些领域中，各自所运用的技能重合的部分较少时，这些技能就是领域特殊性的；而在另一些领域中，各自所运

---

① 卡米洛夫·史密斯著，缪小春译. 超越模块性——认知科学的发展观 [M]. 上海：华东师范大学出版社，2001：8.

用的技能重合的部分较多时,这些技能就是领域一般性的。

三、认知发展的影响因素

在关于认知发展的研究中,许多学者都探讨了影响认知发展的因素。在这方面存在多种不同的看法,但大多集中在生理因素和环境因素的探讨上。下面介绍其中的一些看法。

英海尔德和皮亚杰(1958)认为认知发展本质上来源于主体与其环境的相互作用,[①] 即认知发展可以通过成熟、学习或两者的结合得以发生。成熟(maturation)是指认知、情绪或生理等方面相对持久的改变,是生物性成长的结果而不是个体经验的结果。学习(learning)是指通过经验而引发的思维或行为的相对持久的改变。在青少年阶段,青春期大脑的发展变化对于促进青少年的认知发展是非常必要的,而解决复杂问题的经验、正规的教育、与同伴之间的思想交流和思想冲突等,对于青少年形式运算思维的发展也是非常必要的。皮亚杰认为儿童是自身认知发展的积极参与者。认知结构不是缓慢形成的,更不是由父母、教师或环境的其他方面强加在孩子身上,而是儿童通过与周围环境进行持续、主动地相互作用建构起心理结构,心理结构正是建构认知和智力大厦的基本材料。心理结构的建构在出生后不久就开始了,在这个过程中,婴儿(后来是儿童,再后来是青少年)通过练习、实验和偶然的发现,积极地参与其中。

对于生理因素(如遗传和成熟)和环境作用(如学校教育和练习的机会)在认知发展过程中所起的作用,目前仍然存在激烈

---

① B. 英海尔德等著,李其维译. 学习与认知发展 [M]. 上海:华东师范大学出版社,2001:21.

的争论,"找出导致、阻碍和促进认知发展的因素"是认知发展研究的一个重点。[①]

四、教师为什么要了解认知发展

以上介绍的是关于认知发展研究中的一些关键性的问题,下面就来介绍学习认知发展的理论和了解相关研究对于教师的意义。

"为什么有的学生能学得好,而有的学生很用功却学不好呢?"这或许是许多教师都会遇到的普遍性问题。如果教师能够理解学生的认知发展规律并在教学中合理运用相关知识,那么教育过程中诸如此类的问题通常都会得到更好的解决。

对于认知发展的阶段性与连续性的了解将有助于教师更加客观地制定教学目标。一方面,有些教师可能会赞同认知发展的阶段发展的观点,相信先天的因素在很大程度上决定着儿童的能力如何随时间而发展。在这种观点的指导下,这些教师就能够认识到认知发展在很大程度上是由非环境因素决定的,因此认知能力的发展是突发的、跳跃的,而不是随时间平缓地发展的。在实际工作中,这些教师就不会强迫学生跨越某个阶段。他们会认识到无论自己工作多尽心、多么优秀,也不能强迫学生思考或做一些其生物成熟程度还不允许的事情。例如,一位中学数学教师就会判断,面对"梯子斜靠在墙上"这个陈述,她的学生在认知上是否成熟到能理解其背后隐藏的数学问题。另一方面,有些教师可能会接受连续发展的观点,相信儿童在相当小的年龄,至少已具

[①] Kathleen M. Galotti 著,吴国宏等译. 认知心理学 [M]. 陕西师范大学出版社,2005:324,344

备了成人思维的初级水平。[①] 在这种观点的指导下,教师就可以更好地理解学生技能的发展,因为许多技能(包括学业技能和人际关系等技能)的发展只依赖于环境。在实际工作中,有经验的教师能够识别这些技能,进而为这些技能的发展提供支持和指导,例如,通过参照学生在环境中的表现,教师可以为学生设定相应的学习目标。

对于认知发展领域的了解有助于教师判断"为什么一个学生在某个领域的成绩不如他在另一领域中的成绩?"例如一个学生阅读很好而数学成绩很差,基于领域特殊性的观点,教师就能够认识到"这可能不是因为他在数学方面缺乏努力,而是因为他在数学领域的发展速度比较慢"。

对于认知发展理论的了解有助于教师理解学生应有的一般思维水平,明白自己的班级里大多数学生所处的认知发展水平,以此为依据为课程、活动和评估制定计划,并进行日常的课堂管理。同时教师能够进一步认识到自己的学生什么时候认知发展会落后,什么时候需要特别的帮助。有经验的教师可以逐渐探索并运用一种既能促进认知发展而又不会导致挫折感的方式来激励自己的学生。

本章的主旨就是探讨如何基于对认知发展的了解来实施教学,从而促使学生更高效地学习。下面将通过对认知发展理论的介绍来进一步加深读者对于认知发展的理解。

---

① 斯腾伯格著,张厚粲译. 教育心理学 [M]. 北京:中国轻工业出版社,2003:40.

第二节 认知发展理论

认知发展理论关注的是认知如何发生以及如何转变成为系统的逻辑推理能力和问题解决的能力。关于儿童认知发展的理论建构经历了漫长的发展过程。不过迄今尚没有理论能对认知发展进行完全充分的解释。目前最有影响并且相对完善的观点主要有三种。下面我们逐一介绍。

一、皮亚杰的认知发展理论

皮亚杰的认知发展理论对我们认识儿童有着深刻的影响,他的观点引发了人们对认知发展领域的最初的关注。皮亚杰的理论是认知发展的阶段理论,他认为在每一个连续的阶段中,认知发展都发生了质的改变。儿童在每个阶段所取得的成就都是以前一个阶段为基础,但又不同于前一个阶段。皮亚杰的理论属于领域一般性的认知发展理论,他认为一个在某个领域表现出认知发展的儿童,一般来说也会在其他领域表现出相应的认知发展。下面就分别介绍皮亚杰理论所主张的一些基本原理以及他所提出的认知发展的四个阶段。

(一) 基本原理

皮亚杰的认知发展理论用平衡调节机制来解释认知发展的动力,他认为是发展中的不平衡导致了发展和变化。皮亚杰的这种思想源自于他早年对于自然和科学的兴趣,皮亚杰认为人类儿童认知发展的方式与有机体在环境中生存发展的方式是相似的,二者都涉及了适应。皮亚杰相信智力代表了心理结构对物理、社会和智力环境的一种适应。[①] 下面就分别介绍皮亚杰理论中所涉及的几个概念：图式、适应和平衡调节机制。

1. 图式。

皮亚杰认为，所有儿童都具有与周围环境相互作用并理解周围环境的本能倾向。皮亚杰把组织和加工信息的基本方式称为认知结构，把使得个体能够理解世界的认知结构叫做图式（schemes）。个体与物体发生相互作用的每一种方式都可以看做是一种图式，例如，许多婴儿通过咬、吮吸、投掷等方式来了解物体。儿童运用图式来探索周围的世界并与之互动，每种图式都以相同的方式来应对各种事物和情景。皮亚杰认为图式是认知发展变化的基本单元。

2. 适应。

皮亚杰认为认知发展的主要机制是心理结构的适应（adaptation）。适应就是调整图式以对环境做出反应的过程，其中包括同化（assimilation）和顺应（accommodation）这样两种相互联系但又截然不同的过程。

同化就是根据已有图式来理解新事物或事件的过程，是对新的环境信息加以修改，使之更为适合已有的知识结构。当婴儿遇到一个新的物体时，他们怎样全面地了解这个物体呢？根据皮亚杰的理论，儿童一般运用他们已有的图式去探究。例如，儿童往往会把新玩具放到自己嘴里吮吸。在皮亚杰看来，儿童是在用自己最熟悉的图式——吮吸来同化新刺激，从而感受、探索新玩具——"尝起来是什么味道？能否供给奶水？"

---

① Kathleen M. Galotti 著，吴国宏等译. 认知心理学 [M]. 陕西师范大学出版社，2005：524

可是也有图式不能奏效的时候。当已有的图式在探究世界的过程中不能奏效时，个体就会根据新信息或新经验对已有的图式进行修改或重新构建，以使新的信息得到更为全面的理解，这就是顺应。例如，一名高中生有一种学习图式，即把知识写在卡片上，记住卡片上的内容。也就是说，她仅通过记忆来进行学习。可是当她学习诸如经济学之类的较难的知识时，这种图式就无效了，但很快她就会运用不同的策略来学习经济学，比如与朋友一起讨论较难理解的概念。

3. 平衡调节机制。

皮亚杰认为当已有的图式不能应对眼前的问题时，就产生了一种不平衡状态，即已有的经验和当前问题之间产生了不平衡。人们很自然地试图通过某些方式来减少这种不平衡，比如关注引起不平衡的刺激、建立新的图式，或者调整旧的图式等，直至达到一种新的平衡，这种恢复平衡的过程叫做平衡作用（equilibration）。皮亚杰认为学习依赖于这个平衡作用过程。只有出现不平衡时，儿童才有机会成长和发展。最终，儿童表现出具有质的不同的新思维方式，并提升到一个新的发展阶段。

因此，根据皮亚杰的模型，认知系统既能使现实适应于自己的模式（同化），又能使自己适应于环境的模式（顺应）。儿童的认知系统经过对环境因素不断的同化、顺应和平衡过程，内在结构逐渐发生了由简单到复杂的变化，由此发生了认知发展并形成了本质不同的心理结构和认知发展的不同阶段。

皮亚杰认为，亲身体验以及对环境的操纵是产生发展性变化的关键所在。同时他也相信，同伴间的社会相互作用尤其是争论和讨论有助于理清思维使其更加合乎逻辑。因此让学生置身于一种与其已有的世界观相矛盾的活动事件或资料中是提升其认知发展的有效方式，最近的研究也强调了这类方式的重要性（Chinn 和 Brewer，1993）。[①]

（二）认知发展阶段

皮亚杰认为儿童的认知能力发展经历了四个主要阶段，每个阶段都出现了新的能力和信息加工方式。

第一，感知运动智力（sensorimotor intelligenee）阶段（0岁~2岁）。因为在此阶段，儿童往往是在活动中掌握了关于空间、时间和因果关系的规则，所以皮亚杰认为此时获得的是"实践智力"。此时，儿童还形成了客体永恒性（object permanence）概念，即能意识到被移出视野的物体仍然存在并试图找它们，因此这个阶段的儿童可以学会玩捉迷藏的游戏。

第二，前运算思维（preoperational thought）阶段（2岁~7岁）。儿童在此阶段出现了表象思维，思维直觉性强，但很少使用推理和逻辑。并且其思维表现出自我中心（egocentrism）倾向，即不能从他人的角度来思考。同时儿童的注意力表现出中心化（centration）的倾向，即容易被物体鲜明的知觉特征所吸引。

第三，具体运算思维（concrete operational thought）阶段（7岁~11岁）。在此阶段，儿童的逻辑推理能力明显进步，但仍局限于对具体物体进行推理，还不能用抽象的方式进行思考，并且与青少年相比，思维还缺乏系统性。但此阶段的儿童的思维具有可逆性（reversibility），即能在头脑中进行精确位置转换。这种思维可逆性的进步给儿童带来两个变化：一是理解了守恒

[①] 罗伯特·斯莱文著，姚梅林译. 教育心理学 [M]. 北京：人民邮电出版社，2004：26.

(conservation) 法则,懂得物质的基本属性(如体积)不随非本质特征(如形状)的改变而改变;二是表现出去中心化(decentration)的思维倾向,即能站在他人的立场思考问题。

第四,形式运算思维(formal operational thought)阶段(11岁左右的青少年期~成人)。在这个阶段,个体的思维更加抽象化,能离开具体事物,能对自己的想法进行思考。稍大一些的青少年还能根据假设来进行各种逻辑推理。例如,当问一个青少年学生:"如果人一下子会飞了,你认为会发生什么事?"那么他可能会跟你讨论在每种可能条件下会发生什么。更大一些的青少年则能运用归纳推理和演绎推理,能够理解数学、哲学等抽象的学科,具有特定的形式运算结构形式。

(三)对皮亚杰理论的评价

以上就是皮亚杰认知发展理论的主要内容,认知发展的领域一般性和阶段性是皮亚杰理论的核心观点,他认为在认知发展的每一阶段都有其相对稳定的认知结构(图式),儿童的认知发展是图式发展的结果,但这也正是皮亚杰理论自从提出以来饱受争议之处。

争议之一为是否存在图式这样一种相对稳定的认知结构。从皮亚杰对"守恒"问题的研究中,很多学者对于图式的存在产生了质疑。因为所有的守恒问题都具有相同的逻辑结构,按照皮亚杰的观点,一旦儿童掌握了守恒的原则,就应该能够解决所有守恒问题,但实际的结果并非如此。研究发现,5岁~6岁的儿童只能够完成数量守恒的问题,7岁~8岁的儿童才能够完成液体、长度、重量守恒的问题,11岁~12岁甚至更大一些的儿童才能完成涉及守恒的问题。

争议之二为认知发展出现阶段性转变的内在机制,即是什么引起了发展？皮亚杰的理论并未说明这个问题，仅仅是对认知发展的阶段性特点进行了详细的描述。如果皮亚杰的理论能对这个问题进行解释，那么将具有更大的理论价值。

争议之三是皮亚杰的理论是否低估了幼儿的能力。一些研究者认为，儿童在守恒等问题上的困难似乎不是推理技能的不足，而是由于知识储备的不足。新生儿与成人的大脑似乎比我们想象的更接近，只是知识储存数量不同。儿童所缺少的只是成年人的知识基础以及对信息如何组织的认识。例如他们能认识到像动物和蔬菜这样较大分类之间的区别，但还不能掌握像马和斑马这样较小分类之间的精细差异（Keil，1989）。[1]

总体上皮亚杰的认知发展理论还不完善，尽管如此该理论至今仍被认为是一个最完整、最有影响的认知发展理论。

二、认知发展的信息加工观点

上述由皮亚杰理论引发的争议问题导致了后续更多的研究，促进了认知发展理论的不断发展。下面就来介绍其中的认知发展的信息加工观点。

认知发展的信息加工观点是研究者从认知心理学领域中寻求的研究儿童认知发展的一个新的途径。认知心理学的信息加工观点认为人脑就像一部复杂的计算机，能够快速和精确地处理信息。研究者认为，尽管计算机和人脑在物理结构上存在明显的区别，但二者均以各种内部机制为特征，均按照类似的普遍原则进行操作。例如，计算机有一个有限容量的中央加工机制，而人则

---

[1] 戴维·冯塔纳著，王新超译. 教师心理学（第三版）[M]. 北京大学出版社，2000：75.

表现出有限的注意容量;计算机和人都是运用逻辑和策略进行信息加工。通过人与计算机的类比,认知发展的信息加工观点认为人类特别是儿童是通过发展硬件(脑和感觉系统)和软件(加工策略和规则)来提高认知水平的。[①]

认知发展的信息加工观点与皮亚杰理论不同的是,它坚持的是认知发展的领域特殊性观点,认为人类的认知包括注意、记忆、思维、想象、思维和语言等不同领域,各个领域的发展是彼此独立的。这一领域特殊性的发展观决定了信息加工观的研究特点。第一,他们不像皮亚杰理论那样试图建立一个概括性的认知发展体系,他们更侧重于分析儿童在某一领域所处的认知发展状态;第二,他们不是对发展状态进行简单的描述而是更关注认知发展转变的机制;第三,在解释认知发展的机制时,他们更关注信息加工过程,从信息的获得、储存、加工和提取等几个环节来分析和解释人的认知活动;第四,他们注重研究知识基础与信息加工水平的关系,以及知识在儿童的认知活动中的作用,例如,在教育领域的研究中,他们重视研究新手和专家、差生和优生、儿童和成人解决问题能力的差异,试图由此确定新手、差生、儿童的认知能力低下的原因。

总体上信息加工观点认为存在基础发展和高级发展这样两种认知发展过程。在认知的基础发展方面,他们认为儿童预先存在一种精细的认知过程,儿童的认知水平可以表现为在某一特定环境中的注意、记忆能力和信息加工方式,但单位时间内的信息加工数量会制约其表现。在认知的高级发展方面他们认为,儿童在

---

① 陈烜之主编. 认知心理学 [M]. 广州:广东高等教育出版社,2006:486.

发展过程中通过实践和经验（而不是个体的成熟）而具有了范围更广、更灵活的认知策略，并能更系统更精确地使用这些策略，从而引起信息加工数量的增加并表现出认知水平的提高。在下面的内容中，我们将结合多种研究结果来分别介绍认知的基础发展过程和认知的高级发展过程。

（一）认知的基础发展

认知发展的信息加工观点认为，认知的基础发展表现在很多方面，例如工作记忆、注意等等，下面就分别加以介绍。

1. 工作记忆容量与加工速度。

持有信息加工观点的心理学家认为，认知的基础发展的一个重要方面就是工作记忆的发展。工作记忆是指一个人对正在使用的信息进行储存和操作的系统，通常工作记忆的广度受到信息消退速度的影响（Hitch，Towse 和 Hutton，2001）。研究发现，工作记忆的容量和效率随着年龄的发展而不断提高，或者更进一步说是信息加工速度随着年龄的发展而发展（Case，1978；Dempster，1981）[①]。当面对复杂的认知任务时，较大儿童和成人比年幼儿童有更好的表现。例如，向儿童呈现一些数字、字母或单词等后让儿童重复一遍，结果表明，儿童记忆广度（即能稳定再现出来的项目数）随年龄的增长而增加（Gathercole 和 Pickering，2000）。而在视觉搜索任务中，成人和较大儿童的表现往往比较小的儿童更快（Kail，1986，1988），例如，一个常见的智力活动是看两幅十分相似的图画并找出其中的十处不同，结果学前儿童和低年级小学生与较大的儿童及青少年相比，往往

---

① Kathleen M. Galotti 著，吴国宏等译. 认知心理学 [M]. 陕西师范大学出版社，2005：340.

会觉得这种游戏更难,这与他们来回看两幅图片的时间有关。

2. 注意与知觉编码。

持有信息加工观点的心理学家认为,认知的基础发展的另一个重要方面就是注意与知觉编码能力的发展。研究发现,儿童和青少年的注意与知觉编码能力不断提高。一方面,儿童注意内容的广度在随年龄而提高,例如,较小儿童在从环境中寻找可得信息时往往只使用较少的时间,因此回答常常是冲动式的,也就是说虽然很快但容易出错(Kogan,1983),另外较小儿童区分相似物的能力也更低(Gibson 和 Spelke,1983)。另一方面,儿童集中注意的能力不断提高。在一项研究(strutt,Anderson 和 well,1975)中,要求成人和儿童将一叠几何图形卡片尽快分类。按照形状分类时,有些图片上只有圆形或方形,而另一些图片上图形旁边还存在线条或星形图案等不相关信息,这种干扰信息不影响成人的分类速度,但儿童越小受到的影响就越大。

3. 信息加工方式。

持有信息加工观点的心理学家认为,除了上述两个方面的发展以外,认知的基础发展还表现为其信息加工方式逐渐转变,即从整体性(holistic)到分析性(analytic)的转变(Kemler,1983)。[①] 具体地说,就是指较小儿童从总体上加工信息,关注物体间的总体相似性,而较大儿童和成人关注信息的某个方面。例如,如果给他们一个红色三角形,一个橙色的菱形和一个绿色三角形,然后让他们把同类的物体放在一起,结果较小儿童倾向于把红色三角形和橙色菱形放在一起,因为二者相似度更大,而

---

① Kathleen M. Galotti 著,吴国宏等译. 认知心理学 [M]. 陕西师范大学出版社,2005:341.

成人一般会把红色和绿色三角形分到一类,因为它们的形状相同。

(二)认知的高级发展

认知发展的信息加工观点认为,认知的高级发展主要表现在认知策略和元认知水平等方面。

1. 认知策略。

持有信息加工观点的心理学家认为,认知的高级发展的一个重要表现是运用认知策略的能力。当面对一个复杂认知任务时,为了更高效地达到该任务的要求,人们常常会设计出某种系统的方法来帮助自己,这种方法就是策略(strategy),策略有助于信息的加工。研究者认为,较小儿童由于不能像青少年和成人一样运用策略,因此在许多认知任务上处于劣势。研究(Flavell,1966;Keeney,1967)表明,较小儿童在记忆任务中可以学会使用复述这种记忆策略,但不会自发地使用。较小儿童与较大儿童相比运用一个策略更加困难(Howe 和 OSullivan,1990)。而青少年往往能够和成人一样熟练地运用策略。例如,许多中学生在为即将到来的考试做准备时,会复习一遍他们的课堂笔记,列出每堂课的阅读大纲,并就不清楚的材料向教师进行咨询。

一些学者认为,较小儿童之所以不能更好的运用策略,是因为使用策略要消耗心理能量,也许随着基本认知能力的提高,例如,神经发展更加成熟、工作记忆容量更大、知识基础更丰富以及其他因素的作用等,个体执行一项策略所需的心理能量就会随之减少。由此,研究者进一步认为,高级的认知发展与知识基础以及知识结构的建立有关。因为有了相应知识基础以后,在对相关信息进行编码、提取以及注意新异特征时才会只需要较少的认知努力。例如,一项研究(Chi,1978)中,在标准的数字记忆广度任务中成人比儿童的成绩更好,但在对棋盘上的棋子位置进行记忆时,参加过国际象棋锦标赛的儿童(从小学三年级到八年级)比不会国际象棋的成人的成绩更好。

2. 元认知。

持有信息加工观点的心理学家认为,认知的高级发展的另一个重要表现是元认知能力的发展。元认知是指对自己认知能力和局限性的认识。研究发现,较大儿童的元认知知识(对自己认知能力和局限性的认识)有所提高。例如,较大儿童会精确描述出自己的记忆能力、注意广度以及对某一特定领域(如足球)知识的深度与广度,能了解自己的优势和不足,知道哪些策略对自己最有用,并懂得何时可以运用策略。而较小儿童对其信息加工的元认知控制较弱(Brown 等人,1983),对自己能力的了解不多,不知道如何判断任务的难度,不能采用必要的程序或使用其他的方法,往往过于乐观,认为自己能很好、很容易且很快地完成大多数认知任务。例如,在一项研究中(Flavell, Friedrichs 和 Hoyt,1970),研究者给学前儿童和小学生一组项目让他们去记忆,直至他们确定自己能全部记住为止,结果发现,相比之下,较大儿童能够相对准确地判断自己何时已经学得充分了,并且能更好地预测自己可以回忆出多少个项目。

三、维果茨基的认知发展理论

除了上述的信息加工观点之外,还有一个与皮亚杰理论观点不同的认知发展理论,这就是前苏联心理学家维果茨基(Vygotsky,1896~1934)所提出的社会文化理论。皮亚杰的观点认为认知发展的根源在于儿童自身的成熟,儿童运用因成熟而获得的能力去解决他们在社会环境中遇到的问题,即发展先于学习。

维果茨基的理论则强调了社会文化对于认知发展的影响,即学习先于发展。这个理论也因此被称作社会文化理论(sociocultural theory)。

下面就来介绍维果茨基理论关于认知发展的看法,具体包括他所提出的社会文化对认知发展的影响、认知发展的内化机制、最近发展区的概念以及认知发展的三个阶段。

(一)社会文化的影响

维果茨基认为,认知发展就是由低级心理机能向高级心理机能转化的过程。低级心理机能包括感觉、知觉、注意、记忆、情绪等;高级心理机能包括语言、思维、逻辑推理、想象、情感等。认知发展不仅依赖于生理的成熟,更取决于社会和所处环境的影响。

维果茨基认为,社会文化的影响存在多种途径,诸如成人对儿童所思所想的看法、对获得技能的鼓励、适用于儿童的信息资源、使用信息的方式、社会允许参与活动的种类以及对儿童参与某些情境的限制(Miller,1993)等等,这些情形所包含的多重文化信仰和策略都会鼓励和发展不同的认知技能、认知方式和认知产品。例如,研究发现,使用算盘和不使用算盘的亚洲儿童对数字所具有的观念具有很大的差别(Bodrova和Leong,1996)。

在塑造认知的众多文化因素中,维果茨基特别强调语言的作用。维果茨基认为语言是促进认知发展的工具,认知发展的结果在很大程度上依靠于语言(Kozuliu,1990)。语言对认知发展具有两个功能:一是成人将生活经验和解决问题的方法通过语言传递给儿童;二是儿童以语言为工具来适应环境和解决问题。维果茨基认为学前儿童的自我中心言语,就是调和其思想与行动从而促进其认知发展的重要因素。在维果茨基的一个实验中,他让儿童自由地画一张图画如太阳、月亮等,但故意不给他们面前摆放绘画要用的一些工具,如纸和笔等。在这种情况下,幼儿的自我中心言语的频率急剧增长。这说明儿童在通过自我中心言语帮助自己思维。他还发现,自我中心言语虽然随年龄增长而逐渐减少,但直到成年并未完全消失,只是成年人的"自言自语"现象多数隐而不显而已。[①]

(二) 内化机制

维果茨基认为,认知发展依赖于随个体成长而形成的符号系统(sign systems),包括语言、写作系统和计算系统等,这些符号帮助人们思维、交流和解决问题,儿童通常通过接受教育以及从他人那里接受信息而获得这些符号。维果茨基认为认知发展就是将这些符号内化(internalization),内化是指儿童吸收来自社会环境的知识,以便在没有他人帮助时能够独立思考并解决问题。

维果茨基认为儿童会观察人们之间的相互作用,并且自己也会同其他人发生相互作用,儿童通过模仿逐渐将他人提供的认知技能内化,而后不断重复这些技能,由此促进了自己的认知发展。儿童观察到的相互作用越多,就越会从中受益。例如一个小学一年级的学生可以通过反复观察来学会高年级学生所玩的操场游戏,通过反复观察成人各持己见的争论而学会如何为自己的观点辩护。婴儿更会从与他人所发生的相互作用中受益。下面以引起注意的"指向目标"的手势的形成为例来说明。当婴儿最初去拿一个离他很远的物体时,会朝物体的方向伸手,做出手指抓握

---

① 王光荣. 维果茨基的认知发展理论及其对教育的影响 [J]. 西北师大学报(社会科学版), 2004,(6): 122~125.

的动作，即一个指向物体的活动。一旦婴儿的照顾者发现孩子想要这个物体并且满足了他的要求后，孩子就开始形成对需求目标、照顾者（中介）和手势（意义符号）三者间特殊关系的理解，把伸手和抓握的指向目标的动作当为一种具有社会意义的手势，即符号系统已经内化，此后儿童就会有意识地使用"指向"的手势来引起他人的注意。

（三）最近发展区

将内化的观点进一步深化，维果茨基提出了最近发展区（zone of proximal development，简称ZPD）的概念，他认为在认知发展的过程中，最近发展区代表了认知发展的潜力。他认为儿童的认知发展有两种水平，一是独立解决问题时所具备的现有发展水平，二是在成人的帮助下或在与能力更高同伴的合作下实现问题解决时所表现出的可能发展水平，二者之间的距离就是最近发展区。最近发展区内的学习是已有能力在被重组和内化后，又在一个新的、更高的内化水平上被整合。维果茨基认为，在认知发展问题上人们以往过于强调儿童的独立表现，例如，只有当一个孩子在无人帮助的情况下知道 $3+4=?$ 时，人们才认为这个孩子会加法。但实际上，虽然独立表现是发展的重要指标，却不能完整地描述认知发展。

最近发展区这个概念解释了认知发展如何与学习相结合的问题，也解释了儿童在成人指导和协助下常常有更高水平的表现这一事实（Miller，2002）。当成年人对儿童的有关行为进行指导时，就为儿童提供了一个"工作平台"，使儿童逐渐具有顺利解决问题所需的能力和策略。受到维果茨基的内化机制和最近发展区概念的影响，当代的社会文化理论都将认知发展视为在成人指导和支持下的主动学习过程，将儿童看作学徒，成人则是认知发展的"助推器"（cognitive booster）。其中成人的指导起着"脚手架"（scaffolding）的作用，随着儿童认知的不断发展，"脚手架"才逐渐拆除。

（四）认知发展的三个阶段

与皮亚杰理论相同，维果茨基的理论也强调了认知发展的阶段性观点。他认为每个儿童都按照相同的顺序分阶段地获得符号系统。维果茨基的一个实验很好地说明了认知发展的这种阶段性特点。

实验的材料是很多小木块，木块有2种高度（高和矮）的变化和6种形状（圆、半圆、正方、梯形、三角形和六边形）的变化，每个木块底部写着无意义音节。实验者翻开木块，让儿童看到底部的无意义音节，然后要求他挑出自认为写有相同无意义音节的其他木块。因此，要求儿童将形状和高度的各种组合与特定的音节相对应，即分离出言语概念中的空间属性。通过实验，维果茨基提出了儿童认知发展的三个阶段。第一是模糊音节阶段，此时儿童完全依靠行动，他们以随机性的尝试错误的方式来更换不同的木块，直到发现正确的木块；第二是复杂阶段，这时儿童已可以使用复杂程度不同的策略，但仍不能明确所要求的属性；第三是前概念阶段，这时儿童已能处理木块的每一个有关的属性，但还不能同时对所有这些属性操作。当儿童可以进行这样活动时，就可以认为儿童的形成概念的能力已经成熟了。

维果茨基是与皮亚杰同时代的心理学家，但由于维果茨基英年早逝于肺结核，因而其理论未能像皮亚杰理论那样全面而系统。综上可见，维果茨基的理论和皮亚杰的理论分别强调了认知发展的不同方面。维果茨基的观点激发了人们在社会框架中研究认知发展问题的兴趣，从而完善和扩展了认知发生、变化的毕生发展观。从 20 世纪 70 年代开始，维果茨基的认知发展理论广为传播，至今仍保持着极大的影响力。在最近的二三十年中，一些赞同皮亚杰观点的学者在吸收了其他理论流派尤其是信息加工的研究方法和思想之后形成了新皮亚杰学派。这种多理论观点的整合将更有利于研究者对认知发展现象的解释。下面我们也将以这种整合的思想，综合各种认知发展理论的观点以及认知发展研究领域中的多种研究成果，来探讨如何根据青少年的认知发展特点进行教学设计。

第三节 青少年的认知发展与教学设计

当前已经有很多关于认知与认知发展的研究成果，在下面的内容中，我们将首先介绍一些研究成果，从中了解青少年的认知发展特点，随后我们将进一步阐述如何基于青少年的认知发展特点进行教学设计，进而提高教学的质量与效率。为了更好地了解青少年认知发展的特点，我们将从纵向和横向两个方面进行比较，分别介绍青少年的认知发展水平以及青少年的认知发展差异。

一、青少年的认知发展水平

在从婴儿到青少年的逐渐发展成熟的过程中，青少年的认知能力已经得到了很大的发展，这种发展表现在很多方面，例如感知、注意、想象、记忆和思维等等。下面就分别对这几个方面的发展进行介绍。

（一）青少年感知能力的发展

在青少年时期，个体的感觉能力有了较大的发展。研究表明

（朱智贤，1993），个体在15岁前后，其视觉和听觉的感觉能力甚至超过成人。初中生对各种颜色的区分能力比小学一年级学生高60％以上。初中生对音高的分辨能力也比小学生高很多。在青少年中很多人表现出特殊的音乐才能。青少年的其他感觉也有很大发展，特别是关节、肌肉的感觉能力得到很大的提高，这为青少年从事写字、绘画、体育等活动提供了必要的条件。

在感觉能力发展的同时，青少年的知觉能力也有了很大的发展。一项研究（李洪玉、林崇德等，2005）考察了中学生的空间认知能力，结果表明，中学生的空间认知能力包括图形分解与组合能力、数学关系形象化表达能力、心理旋转能力、空间意识能力、空间定向能力、图形特征记忆能力、图形特征抽象与概括能力等多种成分。初中生与高中生的空间认知能力大部分成分是相同的，但这些成分在各自结构中的重要性程度却不尽相同。另外，高中生空间认知能力结构中的因素数量多于初中生的相应结构中的因素数量。

（二）青少年注意力的发展

在青少年时期，个体的注意品质也有了良好的发展，主要表现为注意的保持时间的延长和专心程度的提高。青少年时期个体能更好地进行有意注意和无意注意的交替运用，通过这种交替，青少年能够以更长的持续时间对特定对象进行观察。有研究表明（郑和钧，1993），在一次飞机模型故障的观察中，初中生持续观察时间平均为1小时35分钟，而高中生持续观察时间平均为3小时。另一个研究（李洪曾，1987）表明，从初一年级到初二年级，学生的注意的稳定性有了迅速而显著的提高；从小学三年级开始到初三年级，女生的注意的稳定性均高于男生。

(三) 青少年想象力的发展

在青少年时期，个体的想象力也有了较大程度的发展，主要表现在想象的主动性、想象的现实性和想象的创造力等几个方面。

在想象的主动性方面，尽管初中生能较好地排除其他因素的干扰围绕主题进行想象，但其想象过程还是表现出较强的随意性和被动性，不善于主动地提出想象的任务；而高中生则不仅能迅速地完成内容较为复杂的想象任务，还能主动地提出想象的任务。另外，由于感知能力、对语词的理解能力的显著提高以及生活经验特别是科学知识的积累，青少年的想象能更精确地、完整地反映客观现实，从而使想象具有较高的现实性。并且，随着表象内容的深刻和丰富以及想象的认知操作能力的提高，青少年的想象的创造性也有了很大的发展，并逐渐占优势。

(四) 青少年记忆力的发展

青少年时期，个体在记忆的有意性、记忆的理解性、记忆内容的抽象性等方面都有了很大的提高。

在初中阶段，有意识记忆的主导地位已经基本得到确立，但识记的目的和任务是由成人提出来的；而到了高中阶段，个体则能自觉地、独立地提出较为长远的识记目的和任务，选择适合自己的识记方法，自觉地检查识记的效果，并对识记过程进行自我监控。

在高中阶段，理解识记已成为学生识记的主要方法，机械记忆在初中阶段达到最高水平，在高中阶段呈下降趋势，但仍然保持相当的水平。研究表明（朱智贤，1990），在识记材料便于理解记忆时，初二学生的正确回忆项目数为4.43个，高二学生为5.80个；当材料只适合机械记忆时，初二学生的正确回忆项目数为3.19个,高二学生为2.80个。青少年的记忆的理解性的发展还体现在知识掌握过程中知识表征的变化上,即发生了由情景记忆向语义记忆的转变(隋洁、朱滢等,2003)。情景记忆大多是以场景的形式储存了与个人经验有关的事件的信息,语义记忆中则以语言的形式储存了关于现实世界的知识。

从识记的内容上看,由于小学生思维水平较低、经验贫乏,个体的具体形象记忆优于抽象记忆;在初中阶段,个体的抽象记忆的发展水平逐渐超过形象记忆;到了高中阶段,个体的抽象记忆已占绝对优势,但具体形象记忆仍然具有重要作用,它为理解抽象材料提供必要的感性支持,是抽象记忆发展的基础。

(五)青少年思维能力的发展

青少年的形式思维已经具有了很大的发展,这有力地促进了其整体思维的进一步发展,使得青少年阶段的思维形式与儿童期相比具有很大的不同,主要表现在抽象思维的发展和批判性思维(dialectical thinking)的发展这两个方面。

1. 抽象逻辑思维占主导地位。

抽象思维能力在青少年期得到了迅速发展,并开始处于优势地位,由此使得青少年能够更好地理解问题解决的过程以及所使用的策略(Mayer,1992)。[1] 抽象思维能力的发展与基本信息加工能力的发展以及不同领域知识的获得有关,二者皆是学校生活和经验的结果,研究发现(Thatcher等,1987;Kwon和Lawson,2000),在11岁到16岁这段时间,个体信息储存的速度、信息加工的效率和能力都有所增长。

---

[1] Newman著,白学军等译. 发展心理学 [M]. 陕西师范大学出版社,2005:334.

在少年期的思维中，尽管抽象思维开始占优势，但在很大程度上还属于经验型（experience type）的抽象思维，其抽象思维需要感性经验的直接支持。青年初期的抽象思维则属于理论型（theoretical type），他们已经能够用理论作指导来对各种事实材料进行分析和综合，从而不断扩大自己的知识领域。抽象思维从经验型水平向理论型水平转化意味着青少年的思维趋向成熟。这种转化的关键期在初中二年级（约十三四岁），到了高中二年级（约十六七岁）这种转化初步完成。

2. 批判性思维发展迅速。

当青少年步入成人早期时，其思维发展的另一个突出特点是思维的批判性有了显著的发展，他们会逐渐认识到，大多数现实生活中的问题并非只有唯一正确的答案，甚至能够对两种相反的论点进行整合，提出一个综合的论点。批判性思维是人类的最高级的思维形式，批判性思维技巧与认知灵活性是青少年创造性思维能力的重要构成要素，批判性思维的成熟是青少年思维整体结构形成的标志。

批判性思维到高中阶段达到基本成熟的水平，只是与抽象逻辑思维的发展水平相比，青少年批判性思维的发展还明显偏低。在一项研究（林崇德等，2005）中，中学生被试的批判性思维的平均分数都比较低，其中初一和初三被试的批判性思维的正确率分别为37.94%和45.28%，高二年级的被试的正确率也刚刚超过50%，但年级间存在显著的差异（$p<0.01$），这说明被试的批判性思维能力随着年龄的增加而迅速发展。

青少年的批判性思维包括概念、判断和推理这三种成分。一方面，批判性思维诸成分的发展趋势具有一致性。例如，在一项研究中发现，初一学生在小学的基础上已经开始掌握批判性思维的概念、判断、推理等各种形式，但水平较为低下，仅仅是个良好的开端；初三学生正处于迅速发展的阶段，是个重要的转折时期；高二学生得分中的正确率已超过半数，这表明高中学生的批判性思维已趋于优势地位，但还不够成熟，距离成熟指标（即统计上的第三四分点，75%）还有一定的距离。另一方面，批判性思维诸成分之间明显地存在着发展的不平衡性。其中批判性概念和批判性判断的发展似乎是同步的，在每个年级中，两者几乎都处于同一发展水平，而批判性推理的发展则远远落后于前两者，即使到了高二阶段，其正确率的百分数也远远不足一半（仅37.10%）。

当前值得注意的一个问题是，互联网的使用在促进青少年批判性的思维发展的同时，可能会抑制青少年抽象思维能力的充分发展。青少年批判性思维的发展与社会对青少年所提出的独立思考的要求有很大的关系。互联网的使用为青少年思维批判性的培养提供了更多的机会，因为互联网中存在海量信息，这些信息的组织与发布遵循去中心化的标准（即信息的组织与发布没有统一的标准），一个信息可以从多角度去理解。因此在互联网使用过程中，青少年可能逐渐形成批判性思维技巧。通常情况下，合理有效地使用互联网可能促进个体批判性思维的发展。但经常使用互联网也可能导致青少年从客观世界获得直接经验的机会减少，而从互联网空间中获得代理经验的机会却在不断地增多。直接经验的减少与代理经验的增多，可能在一定程度上会抑制青少年抽象思维能力的充分发展。

二、青少年的认知发展差异

前述内容纵向比较了青少年的认知发展水平，下面将对青少年的认知发展进行横向比较,以便读者更好地了解青少年认知发展的特点,我们将从性别差异和跨文化差异两个方面进行说明。

(一) 青少年认知发展的性别差异

日常生活中常常会出现诸如"是男人更聪明还是女人更聪明?"之类的争论。或许正是这类无休止的争论促使认知心理学家把这个问题转化为一个心理学的研究问题,即"女性和男性在认知能力上是否存在总体差异",并利用心理学的研究方法研究了这个问题。在研究认知能力时,一些研究者分别比较了言语能力、视觉空间能力和数量能力等几个方面上的性别差异,因此下面就从这几个方面进行介绍。

言语能力包括词汇量、言语流畅性、语法、拼写、阅读理解、口头表达和解决字谜游戏等语言问题的能力。一些研究者综合了多年的研究结果发现了这样一个状况,即1973年前的大量研究表明言语能力的性别差异比较显著(平均d等于0.23),例如,在11岁以后,女性在语言理解、语言生成、创造性写作、言语类比和言语流畅性等一系列言语任务上的表现都优于男性;而1973年后的研究结果的差异指数则大为下降(平均d等于0.10)。因此研究者认为言语能力在总体上是没有性别差异的。

视觉空间能力通常是指在对不同物体、形状或图画等进行心理旋转或心理转换等任务上的表现。彼得森(Peterson,1985)等研究者的研究表明,信息加工任务所要求的加工速度越快性别差异就越明显。例如,与简单的二维内容任务相比,一些心理旋转任务由于包含了复杂的三维内容,因而通常会显示出更大的性别差异。研究者从两个方面分析了产生这种表现的原因。一方面,可能是在处理问题时男性和女性使用了不同的策略;另一方面,可能是因为男性和女性的大脑半球在认知活动中的作用稍有不同。大脑半球的单侧优势观点认为，对于绝大多数人而言，左半球负责言语流畅性、言语推理等分析性推理，右半球负责理解空间关系和处理情绪信息。而上述的性别差异可能是因为男性的两个脑半球的单侧化优势比女性更加突出。

数量能力包括算术知识、技能以及对数量概念的理解。研究（Jacklin等，1974）发现，数学能力在小学阶段没有性别差异，但从12岁至13岁开始则逐渐表现出性别差异。但也有研究表明这种性别差异只是发生在那些需要运用代数知识而不是几何和算术知识的问题上（Deaux，1985）。[①]

还有一项研究表明（谷玉冰等，2005），男女学生在认知能力方面各有所长，男生长于数学逻辑推理和解决实际问题，女生则在形象思维和空间想象力方面表现出优势。

(二) 青少年认知发展的跨文化差异

文化通常包含了独特的语言、风俗和信仰等等。研究发现文化因素对于认知发展具有显著的影响。

我国学者罗平等人（2002）的一项青少年思维发展调查研究表明，藏、汉中学生逻辑推理能力的发展、逻辑法则运用能力的发展和批判性逻辑思维的发展都存在显著的差异。并且这种差异随着批判性逻辑思维的发展越来越显著。另一项研究（Norenzayan，2002）发现，亚洲人（日本、中国和韩国）加工信息通常更加全面、更多地考虑情境，而西欧和北美人则倾向于更多地进行解析。关于产生这种认知发展的跨文化差异的原因，有研究者指出了语言对于认知的影响，即语言与其他认知过程之间存在非

---

① Kathleen M. Galotti 著，吴国宏等译. 认知心理学 [M]. 陕西师范大学出版社，2005: 341.

常密切的关系,一个人在成长中使用的语言会影响其思维和知觉的方式。

三、青少年的认知发展特点与教学设计

综上可见,青少年的认知发展存在着诸多的特点。这些关于青少年认知发展特点的知识以及前述的关于认知发展理论的知识都可以应用到日常的教师教育实践之中,即应用关于认知发展的知识来指导教学。教学设计的目的就在于帮助个体的学习,经过系统设计的教学能极大地影响个人的发展。[①] 下面就从教学目标、教学内容、学习环境与课程教学等几个方面来讨论如何根据认知发展的相关知识进行教学设计。

（一）教学目标与认知发展

为了促进青少年学生的认知发展,教学的重点应该是启发和促进思维能力,使学生具有逻辑推理以及掌握复杂抽象概念的能力。也就是说,不仅仅向学生传授知识,增加知识的分量和深度,更要重点讲解知识得以建构的理论框架;不只是要学生死记一些定义和原理,更应让他们了解这些定义和原理的理论假设、它们的逻辑和事实的依据、它们的推理过程等等。智慧训练的目的是形成智慧而不是储存记忆,是培养出智慧的探索者,而不仅仅是博学之才。皮亚杰认为,个体心理发展的过程实际上就是思维发展的过程。因此促进学生的认知发展是教学目标的一个重要方面。

[①] 加涅著,皮连生等译. 教学设计原理 [M]. 华东师范大学出版社,2002,(4):5.

（二）认知发展与教学内容

对于每个教师而言，教学中的一项重要任务就是确定学生的认知发展水平并提供与其水平相一致的教学内容。

教学实践中的一个常见的问题就是学习困难问题，造成这个问题的原因有多种，但其中的一个重要原因是学生的认知能力的发展低于其生理年龄的发展。按照皮亚杰的观点，儿童必须具备一种相应的图式结构才能同化某一信息。可见正是学生的认知发展水平上的局限造成了教育上的智力落后。从前述介绍的研究中可知，青少年的认知发展水平存在个体差异，不同民族、不同地区的学生认知发展水平差异很大。而对于同一个地区、同一个年龄、同一班级的学生的认知发展水平也可能处于不同的阶段。

在教学内容适应学生的认知发展这个问题上可以从两个方面进行考虑。一方面，在教学大纲内容的安排上要有层次性，以处于平均认知发展水平的学生为标准，提出既不超出当时的认知结构的同化能力，又能促使他们从现有认知阶段发展到高级认知阶段的教学方案，即既有基础内容又有提高的部分；其次还要兼顾处于认知发展一般水平之外的学生，对于一些认知发展水平较低的学生，注重其掌握基础知识，对于一些认知发展水平较高的学生，则注重给予其提高性知识的教学。另一方面，在教材的选择上也要考虑所在地区的特点，鉴于不同地区学生认知发展水平的差异，就要考虑到适合汉族学生使用的教材可能并不适合藏族学生，他们需要的可能是一套更基础的教材。

（三）认知发展与学习环境

除了从上述的教学目标和教学内容方面进行合理设计以外，为了促进学生的认知发展，还需要创设以学生为中心的学习环境（student-centered learning environments—SCLES）。因为学习者是从自己的经验中建构自己的意义的人（梅里尔，1996），[①] 所以教学并不仅仅是向学生传播观念的过程，学校教学的实质是为学习提供一种环境。

一些学者认为，这种以学生为中心的学习环境关注的不是教师应以什么方式最有效地传递信息，而是提供互动的、鼓励性的活动，满足学习者个人独特的学习兴趣和需求，在不同复杂程度下学习并加深理解（Hannafin 和 Land，1997）。[②] 因此教师应该将学习的主题和问题置于更宽广的背景下，来培养学生的感知力、创造力和想象力以及分析问题、解决问题的能力。下面就从感知环境、体验情境、探索情境、自主学习环境和合作情境等几个方面来介绍创设以学生为中心的学习环境的创设途径及其意义。

1. 优化感知环境。

在建立以学生为中心的学习环境的过程中，一个重要环节就是优化感知环境，从而提高学生信息获取的效度，进而促进青少年的认知发展。优化感知环境可以从实现知觉情境的丰富性和新奇性两个方面入手。

首先，可以在教学过程中创设引发直接感知的丰富的知觉情境。因为根据对学生的认知特点的研究结果可知，通常情况下，儿童认识事物通常遵循"直接感知—表象—概念系统"的规律，并且研究发现人类获取的信息中83%来自视觉，11%来自听觉，

[①] 戴维·H. 乔纳森主编，郑太年，任友群译. 学习环境的理论基础 [M]. 上海：华东师范大学出版社，2002：序 2.

[②] 戴维·H. 乔纳森主编，郑太年，任友群译. 学习环境的理论基础 [M]. 上海：华东师范大学出版社，2002：正文 1.

而通过多种感官则可以获取更多的认知信息。因此，教师可以积极利用多媒体等技术，通过文本、图形、动画、视频图像和声音等多种手段，把教学内容展现在学生面前，让学生通过多种外部刺激迅速感知教学内容，从而优化信息的获取过程，加深对事物的理解。

其次，在教学过程中还需要创设能够引发注意的新奇的知觉情境，因为研究表明，注意这种认知过程经常指向环境中的新事物或变化。因此教师可以利用问题、故事、游戏等方式来设置新奇的知觉情境来引发注意，使学生产生强烈的探究欲望，从而迅速进入学习状态。

2. 创设体验情境。

为了创设以学生为中心的学习环境，教师可以在教学过程中创设体验情境，使学生有可能对认知技能进行模仿和内化。因为大部分中学生的思维还未充分达到抽象水平，或是仅仅在某些领域达到抽象水平，因而学习抽象概念和规则仍然需要具体经验的支持。

教师可以将学习内容与学生的已有知识联系起来，并对学习过程中可能发生的认知过程进行实践。[1]在教学过程中，教师可以通过让学生解决课程中的疑问、专题或案例来促进学生对抽象概念及理论的理解。例如，在基于案例的学习中，学生对案例（如法律、医学、社会工作等）进行研究、归纳和判断时，必须像实践者那样思考并处理复杂的问题。在这个过程中，学生从自己的经验中自主构建出新的知识体系，而且发展了必需的思维技能。心理学研究表明，与其他学习方式相比，儿童通过自身的经历、体验来学习，掌握知识技能的效果更好。此外，教师还可以积极利用多媒体技术与虚拟网络技术提供演示性、参与性的学习环境，把所学知识转化为实际的操作能力。

3. 创设探索情境。

在创设以学生为中心的学习环境的过程中，可以通过创设探索情境来培养学生的批判性思维。批判性思维对于某些学生而言是一种与生俱来的禀赋，但它也是一种可以培养的技能。

教师可以通过给学生提供假设性问题来创设探索情境。例如，让学生写诸如"如果地球上人类灭绝会是什么样？"等探索性的文章以培养学生的想象力，提高学生的创造力。与此同时，向学习者提供有趣的、相关的、有吸引力的问题是十分必要的。学生们往往知道课本上的问题是规定性的和结构良好的，这样就会缺少解决它们的理由和欲望，因此问题应该是结构不良的，即由学生去发现问题的某些关键因素。在此过程中，教师也需要保持足够的逻辑并能向学生提供具有建设性的意见。

4. 创设自主学习环境。

此外还可以通过创设个性化的学习环境来促进青少年的认知发展。因为青少年学生认知发展水平存在个别差异，为了让各种层次的学生的认知能力都能得到发展，教师可以通过构建以学生为中心的个性化学习环境，帮助学生完成自主学习，从而使不同的学生在不同的学习阶段都能获得学习的进步，进而使认知能力得到发展。在创造得以自主学习的个性化的学习环境这个问题上，教师可以尝试多种途径。

计算机辅助教学就是一种有效的途径。例如，教师可以充分利用多媒体网络技术，通过预习辅导型的课件帮助学生了解活动课程教学中将要涉及的内容、知识或利用课堂教学辅助型的课件进行个别化教学，并帮助学困生克服因群体化教学时不主动提问、解题、讨论等不良学习习惯，增强学习的自信心；还可以利用课后反馈型的课件（如网上测试等）使学生自主地进一步加深理解。

宽松、民主的学习情境对于自主学习也是非常重要的。研究表明，学生只有在宽松、民主的环境中学习，才能思路开阔，思维敏捷，积极主动地参与学习活动。因此，建立和谐的师生关系，渲染一种轻松愉悦的氛围，可以唤醒学生求知的欲望和参与的激情。在教学过程中，教师应该允许学生自由提出问题并在课堂上展开讨论，鼓励并重视学生提出的有建设性、有创意的想法，给学生以自主思考的空间，营造出一种民主、平等的课堂氛围，使学生敢于发表意见，从而充分发挥他们的想象力和创造力。

学生的成功体验也是自主学习不断深化的保障。教师可以运用激励性评价创设成功情境。在教学过程中，教师可以采取分层的评价标准，对学生取得的进步和成功及时给予鼓励和表扬，同时及时帮助学习较差的学生分析原因，肯定他们的努力，从而让每个学生都能得到激励，享受到学习的快乐，激发起学习的积极性，增加学习动力。

5. 创设合作情境。

在创设自主学习情境的同时，也可以通过创设合作情境来促进学生的认知发展。根据维果茨基的"最近发展区"概念，学生的认知发展存在一个潜在水平，因此通过使青少年得到成人的指导或能够与其他更优秀的同龄人合作从而创设一个合作交流的情境，对于青少年的认知发展具有很大的意义。在教学过程中，教师可以把全班学生分成不同的小组，以小组为单位进行学习，让不同水平的学生互相学习、互相帮助从而共同提高。因为对于同一个问题，不同思维风格的学生可能会从更多不同的角度、不同的思考方向以及不同的视点得出不同的看法,因而相互间的启发性也更强。

同时,要让学生有更多的机会发表自己独立思考的见解,鼓励学生积极参与教学活动。要提倡教学相长和学生之间的相互启发,使不同水平的学生相互激发,逐步提高认知发展的水平。这一点对提高和维护学生的学习热情,增强学习兴趣和信心尤为重要。

(四)认知发展与课程教学

除了以上途径以外,还可以充分利用课程教学来促进青少年的认知技能的发展。

青少年的认知能力是在各科教学和各种实践活动的推动下迅速发展起来的。中学的复杂多样的学术环境可以使学生形成概念的技能得到极大的发展(Kuhn 等,1988;Linn 等,1989;Adey 等,1993)。[①] 一方面,具体学科的教学为青少年的认知发展提供了条件,例如科学、数学和语言等课程可以帮助学生们建立起与世界的逻辑性关系并帮助他们形成假设检验的思维模式,视觉艺术类的课程则可以丰富青少年的心理表征并帮助个体形成空间智能。另一方面,各科教学和实践活动不断地对其认知能力提出更高的要求,也会推动青少年的认知发展。

凯廷(Keating,1990)发现能够对认知发展有帮助的课程教学皆具有如下特征:学生使用有意义的学习材料;对思维技能的训练穿插在对学科知识的学习中,因为单纯孤立地获取知识无法达到知识输出的目的;深入并持续地解决实际问题;学生必须

---

① Newman 著,白学军等译. 发展心理学[M]. 陕西师范大学出版社,2005:333.

有意识地培养批判性思维。[①]

下面就以外语课程教学为例,谈其对青少年认知发展的影响。外语学习是一种新的认知技巧的习得过程,教师还可以把皮亚杰的"同化"与"适应"的观点应用在外语教学中,积极促进学生的认知发展。在外语学习过程中,学生通过对自己和另一个民族的语言、文化和价值观念系统的扬弃,找到认知发展的平衡点,这是一种相互适应的互动过程。例如,在接收到新的语言信息时,学生需要使已经学过的语言知识"适应"新的信息,从而使新的信息与已有知识及时地得到"同化"。在教学过程中,教师可以鼓励学生积极参与新语言的学习过程,这样就把学生看作语义构建的积极参与者而不是把学生看成语言的消极接受者。另外,在外语教学中进行有意义的语言练习也有利于培养学生的积极思维,帮助学生提高认知水平。教师可以为语言学习设计有关任务和活动,例如让学生通过观察、翻译等方法解决语言问题,从而实现语言技能、语言知识和心理过程的同化,并在解决语言问题的过程中掌握语言。同时,教师还可以根据学生的实际认知水平确定学习任务,为理性认识水平较低的学生所确定的学习任务相对更为具体,而为理性认识水平较高的学生确定的学习任务则相对更为复杂。

综上所述,教师了解认知发展的理论以及相关的研究成果是必要的,而在此基础上根据所掌握的认知发展知识对教育教学进行更加科学的设计是一项更为重要而有意义的工作,需要广大教师做出更多的努力和尝试。

[①] Newman 著,白学军等译. 发展心理学 [M]. 陕西师范大学出版社, 2005:333.

【主要结论与应用】

1. 认知发展也就是人进行智力活动并获得相应产物的能力的进步或提高。儿童的认知变化是十分显著的，随着年龄的发展总会出现新的思维方式。新的智力策略的出现和改变正是认知发展所研究的对象。认知发展理论特别关注认识是如何发生以及如何转变成为系统的、逻辑的推理和问题解决能力的。

2. 阶段性理论提出个体的认知发展存在阶段性的特点。连续发展理论认为，认知发展并非沿着一系列不同质的阶段进行的，不同水平的认知也由相同性质的智力结构组成，更高水平的认知能力是逐渐获得或显现的。当前的很多研究表明认知发展可能是阶段性与连续性的统一。

3. 关于认知发展是同时在多个领域发生还是以不同的速度在不同领域发生，当前存在领域一般性和领域特殊性两种不同的观点。

4. 普遍认为认知发展是由生理因素（如遗传和成熟）和环境作用（如学校教育和练习的机会）共同决定的。

5. 教师基于对认知发展的了解可以更科学地实施教学，从而促使学生更高效地学习。

6. 关于儿童认知发展的理论建构经历了漫长的发展过程。不过迄今尚没有理论能对认知发展进行完全充分的解释。目前最有影响并且相对完善的观点主要有三种。皮亚杰的认知发展理论尽管在某些方面还不完善，在有些方面已被逐渐证明是错误的，但至今仍被认为是一个最完整、最有影响的认知发展理论。他的理论对我们认识儿童有着深刻的影响，他的观点引发了人们对认知发展领域的最初的关注。认知发展的信息加工观点坚持的是领域特殊性观点，认为人类的认知包括注意、记忆、思维、想象、思维和语言等不同领域,各个领域的发展是彼此独立的。信息加工观点认为在认知的基础发展方面,儿童的认知水平可以表现为在某一特定环境中的注意、记忆能力和信息加工方式,在认知的高级发展方面他们认为,儿童在发展过程中通过实践和经验(而不是个体的成熟)而具有了更灵活的认知策略。而维果茨基的工作激发了人们在社会框架中对认知发展的兴趣。维果茨基的观点完善和扩展了认知发生、变化的毕生发展观。

7. 在青少年时期,个体的感觉能力、知觉能力都有了较大的发展,注意的品质也有了良好的发展。想象力在从初中到高中的成长过程中不断发展,想象的创造性有了很大发展,并具有较高现实性。青少年在记忆的有意性、记忆的理解性、记忆内容的抽象性等方面都有了很大的提高。青少年的抽象逻辑思维日益占主导地位,批判性思维发展迅速,但思维发展存在个别差异。青少年的认知发展的某些方面存在性别差异和跨文化差异。

8. 教学设计的目的在于帮助个体的学习。系统设计的教学能极大地影响个人的发展。教育的基本目标并不在于增加知识量,而在于提高学生的理解能力、智力水平和认知结构,从而促进学生的认知发展。因此在教学设计中,教师应充分考虑学生现有认知水平的层次,提出能够促进学生从现有认知阶段发展到高级认知阶段的方案。教学内容应适合青少年的认知发展水平。学校教学的实质是为学习提供一种环境,应该根据学生的认知发展的特点,创设以学生为中心的学习环境。并且要在课程教学中创造复杂多样的学术环境使学生形成概念的技能得到极大的发展。

【学业评价】

一、名词解释

1. 认知发展

2. 图式
3. 适应
4. 同化
5. 最近发展区
6. 内化

二、思考题

1. 应怎样理解认知和认知发展？
2. 认知发展是阶段性的发展还是连续性的发展？
3. 认知发展是同时在多个领域发生还是以不同的速度在不同领域发生呢？
4. 生理因素（遗传和成熟）和环境作用（如学校教育和练习的机会）对于认知发展有何影响？
5. 教师为什么要了解认知发展？
6. 儿童的认知发展过程是否存在一种模式？皮亚杰理论如何回答这个问题？
7. 信息加工观点如何看待儿童的认知能力？
8. 根据维果茨基的理论，社会文化历史发展对于认知发展有怎样的影响？
9. 根据维果茨基的理论，成人对儿童的指导和协助有什么意义？
10. 青少年的认知发展水平如何？
11. 青少年的认知发展差异有表现在哪些方面？
12. 如何根据认知发展的相关知识进行教学设计？

三、应用题

1. 回想你在青少年早期，即从 12 岁到高中毕业的这一阶段，你的认知发展经历了怎样的过程，有什么特点？

2. 回顾你的成长经历,你如何看待你和同伴间的交往,尤其是和同伴间的争论或讨论对于你的认知发展具有怎样的影响?

3. 在学校生活的环境中,怎样才能有助于青少年的思维能力的发展?

【学术动态】

1. 在当前认知发展领域的研究中,认知心理学家探讨的一个热点问题是认知发展的个体差异问题和性别差异问题。研究者们之所以对个体差异问题和性别差异问题感兴趣,是因为他们试图解释为什么一些人总能比别人更出色地完成认知任务,为什么一些人更能胜任某些特定的认知任务。

2. 对认知发展的个体差异的关注普遍集中于两个截然不同的方面:能力上的个体差异(即解决认知任务的能力)和风格上的个体差异(就是个体用于处理认知任务的特有方式)。人类社会的文化对性别差异的影响尤为受到关注。

3. 关于认知发展的性别差异的研究十分活跃,当前的观点是除了一些特定任务,就能力而言,男性和女性或者说男孩和女孩的所有表现类型的相似之处远远多于差异。有一些研究很好地证实了认知发展性别差异的存在(如在心理旋转任务或在某些数学任务尤其是代数任务上),但是这些性别差异往往取决于被调查者的年龄和教育背景,或者只表现在某些特定项目上。即使有些研究确切地证实了差异的存在,但男女平均表现水平间的差异度通常也是非常小的,只达总体方差的 5%。

【参考文献】

1. J. H. 弗拉维尔, P. H. 米勒. 认知发展 [M]. 上海:华东师范大学出版社, 2002.

2. M·艾森克著, 阎巩固译. 心理学——一条整合的途径

[M]．上海：华东师范大学出版社，2000．

3．加涅著，皮连生等译．教学设计原理 [M]．上海：华东师范大学出版社，2002．

4．A．卡米洛夫·史密斯著，缪小春译．超越模块性——认知科学的发展观 [M]．上海：华东师范大学出版社，2001．

5．Sternberg 著，张厚粲译．教育心理学 [M]．北京：中国轻工业出版社，2003．

6．Kathleen M.Galotti 著，吴国宏等译．认知心理学 [M]．西安：陕西师范大学出版社，2005．

7．Newman 著，白学军等译．发展心理学 [M]．西安：陕西师范大学出版社，2005．

8．理查德·格里格，菲利普·津巴多著，王垒等译．心理学与生活 [M]．北京：人民邮电出版社，2003．

9．罗伯特·斯莱文著，姚梅林译．教育心理学 [M]，北京：人民邮电出版社，2004．

10．陈烜之主编．认知心理学 [M]．广州：广东高等教育出版社，2006：486．

11．龚少英，盖笑松，刘国雄，方富熹．小学儿童认知发展的个体差异研究 [J]．心理科学，2004．27（6）：1314～1316．

12．王光荣．维果茨基的认知发展理论及其对教育的影响 [J]．西北师大学报（社会科学版），2004，(6)：122～125．

13．林崇德等．青少年身心发展特点．北京师范大学学报（社会科学版）[J]．2005，(1)：48～56．

14．李洪玉，林崇德等．中学生空间认知能力结构的研究 [J]．心理科学，2005，28（2）：269～271．

15．朱智贤主编．中国儿童青少年心理发展与教育 [M]．

中国卓越出版公司，1990：81，280.

16. 隋洁，朱滢等. 中学生知识获得过程是从情景记忆向语义记忆转化的过程 [J]. 心理科学，2003，26（5）：784～789.

17. 谷玉冰等. 高师生创造性思维发展的研究 [J]. 廊坊师范学院学报，2005，(9)：118～123.

18. 罗平等. 藏族在校青少年思维发展的调查研究 [J]. 西藏大学学报，2002，(3)：75～80.

19. 李宏利等. 互联网与青少年思维发展 [J]. 首都师范大学学报，2004，(6)：108～112.

20. 赵蒙成. 学习情景的本质与创设策略 [J]. 课程教材教法，2005，(11)：21～25.

21. 江卫华. 皮亚杰的认知发展理论对数学素质教育的启示 [J]. 现代哲学，2000，(3)：93～108.

22. 刘金明. 皮亚杰的认知发展理论在素质教育中的应用 [J]. 天津教科院学报，2001，(12)：43～47.

23. 靳如玉. 体育教学中的感知规律 [J]. 贵州师范大学学报，2002，(3)：119～120.

24. 王峰，郭志明. 创设学习情境促进自主学习 [J]. 南通师专学报（社科版），1997，(6)：70～71.

25. 张丽. 现代远程教育中学生支持的发展方向 [J]. 开放教育研究，2005，(2)：46～50.

26. 向光富. 情境学习理论与现代教学 [J]. 内蒙古师范大学学报，2004，(6)：19～22.

27. 曹志希. 认知发展：外语教育的出发点和归宿 [J]. 外语教学，2003，(5)：73～35.

28. 方平，熊端琴等. 认知发展研究趋势的探讨 [J]. 心理学探新，2000，(2)：35~39.

29. 汤丰林，申继亮. 情境认知的理论基础与教学条件[J]. 全球教育展望，2004，(4)：53~59.

【拓展阅读文献】

1. J. H. 弗拉维尔，P. H. 米勒. 认知发展[M]. 上海：华东师范大学出版社，2002.

2. M. 艾森克. 心理学——一条整合的途径[M]. 上海：华东师范大学出版社，2000.

3. Sternberg著，张厚粲译. 教育心理学[M]. 北京：中国轻工业出版社，2003.

4. Kathleen M. Galotti著，吴国宏等译，认知心理学[M]. 西安：陕西师范大学出版社，2005.

5. Newman著，白学军等译. 发展心理学[M]. 西安：陕西师范大学出版社，2005.

6. 罗伯特·斯莱文著，姚梅林译. 教育心理学[M]. 北京：人民邮电出版社，2004.

第三章
智能发展

【内容摘要】

本章的知识将帮助你了解有关智能发展的问题。我们会介绍关于智力定义的争论、智力测验的发展和智商计算公式的演变。我们既介绍最前沿的智力认知理论，也介绍应用最广泛的智力因素理论和智力系统理论。我们会讨论智力发展的特点和智力发展的一般趋势，进而讨论由智力的不同理论所引发的教育上的一些争论，诸如智力发展的影响因素、促进智力发展的相关途径以及教师如何应对学生之间存在的智力个体差异等。最后，因为教师总会注意到不同的学生在创造力上存在差异，所以我们会讨论各种关于创造力的观点，以及这些观点对于教师的意义。

第三章 智能发展

【学习目标】

1. 理解智力的定义。
2. 了解比奈—西蒙量表、斯坦福—比奈量表、韦克斯勒量表的特点。
3. 理解智力因素理论、智力系统理论和智力认知理论三大派别的特点。
4. 理解智力发展的水平差异、结构差异、过程差异,以及性别差异。
5. 了解智力发展的一般趋势。
6. 了解智力发展如何受到遗传和环境的影响。
7. 掌握科学运用智力测验来评价智力发展。
8. 理解创造力的定义。
9. 了解创造力与问题解决的关系。
10. 了解创造力与创造性思维的区别。
11. 掌握创造性思维的五个要素。
12. 理解发散思维测验的形式与存在的问题。
13. 分析并理解智力与创造力的关系。
14. 了解青少年创造力发展的特点。
15. 了解创造性思维与学业成就二者之间的关系。

【关键词】

智力　智力测验　离差智商　创造力　发散性思维

如果说有一种能力,它几乎影响到每一个青少年在学校中的所有活动,甚至影响到每一个青少年将来在社会上和职业上的发展,那么这种能力就是智力。

第一节 智能发展概述

作为心理学的研究内容之一，智力在教育中一直受到高度的重视。每一个青少年、每一对父母以及每一位老师可能都对这一问题特别感兴趣。但或许正是这种极大的兴趣使人们在智力的性质和智力的测量上产生许多错误的观念，而其中的某些观念甚至可能严重阻碍一个青少年在教育上本应获得的进步。下面就从智力的定义、智力的测量和智力的理论三个方面进行介绍，力求使读者获得关于智力内涵的更为全面的理解。

一、智力的定义

在讨论智力的定义之前，请先考虑下面这个问题，"假如有两位高中生，其中的一位和别人交谈时说不过三句话，从未写出一篇好文章，也画不出一幅好画，可是他会计算微积分方程。而另一位高中生受人喜爱，善于交流，连续两年当选为学生会主席，可是圣诞晚会的预算他却算不清楚。那么谁更有才智呢？"对此问题，有人认为第一位学生聪明；也有人认为他们都很聪明，只不过表现在不同的方面而已；还有人提议给他们作一个智力测验，比比他们的智商。

事实上，为了回答上面的问题，我们必须了解什么是智力。智力是一个复杂的概念，到目前为止，人们还不能对智力的本质做最后的断言。韦克斯勒（Wechsler）的关于智力的观点一定程度上得到了大多数心理学家的认同，韦克斯勒将智力（Intelligence）定义为："个体理解外在世界的能力和应对挑战的能力"（1975）。对韦克斯勒而言，智力包括对外在世界的准确表征和有效的问题解决，即适应环境、从经验中获益以及选择有效的策略等等。[①] 表3-1是调查1020位智力问题专家的部分结果，其中至少有75％的人认为表中列出的元素是智力的重要组成部分。总之，大多数心理学家把智力看作是人的一种综合认知能力，包括抽象推理能力、适应能力、学习能力等等。这种能力是个体在遗传的基础上，受到外界环境影响而形成的，它在吸收、存储和运用知识经验以适应外界环境中得到表现。关于智力的定义还有很多，上述所介绍的仅仅是智力研究领域诸多探讨中比较有代表性的部分。

表3-1　专家对智力的重要元素的评价

重要元素	认为此项内容重要的人数百分数
抽象思维或推理能力	99.3
问题解决能力	97.7
知识获取能力	96.0
记忆力	80.5
对环境的适应能力	77.2

（资料来源：Dennis Coon著，郑钢等译，心理学导论[M]，北京：中国轻工业出版社，2004：426）

二、智力的测量

人类对于智力问题的讨论早在古希腊时期就开始了，但真正具有科学性的智力研究却是始于1905年法国学者比奈（Binet）对智力进行测验的开发和应用。智力测验就是通过测验的方法来

[①] Spencer A, Rathus Lisa Valentino著，尤谨等译. 当代心理学导引[M]. 陕西师范大学出版社，2006：396。

衡量人的智力水平高低的一种科学方法。下面介绍几个具有重要意义的智力测验。

(一) 比奈—西蒙量表

1905年投入使用的比奈—西蒙量表，是世界上第一个智力测验，它是比奈应法国政府的要求与西蒙（Simon）一起设计的，用于鉴别那些需要特殊帮助的学龄儿童。

为了定量地测量智力水平，比奈设计了与年龄相当的问题或测验项目，以便可以将孩子们的反应进行比较。测验通常为选择题，这样就可以客观地评价正确与错误，测验的内容可以有所变化，也不受孩子们所在环境不同的影响，而且测验评定的是判断和推理等能力，而不是机械记忆能力（Binet，1911）。[①]

比奈—西蒙量表使用了心理年龄（Mental Age，简称 MA）的概念。他们对不同年龄的孩子都进行测量，计算出不同年龄的正常儿童的平均分数。然后每个孩子的成绩与同龄孩子的平均成绩相比较，测验的结果以达到某一特定分数的正常儿童的平均年龄来表示，这被称之为心理年龄，表示一个儿童心理机能所处的智力水平。例如，一个儿童的 MA 分数是6，表示其成绩与一组6岁孩子的成绩相当，其智力机能相当于6岁儿童的平均水平，而不管他的生理年龄（Chronological Age，简称 CA）是多大。在完成测验的过程中，儿童每做对一题，便获得"以月份为单位"的分数，累积得到的年份和月份数就是 MA。

比奈的智力测量方法有四个重要特点。首先，他将测验的分数解释为对当前操作的评估，而不是对天生智力的测量；第二，

[①] 理查德·格里格，菲利普·津巴多著，王垒等译. 心理学与生活[M]. 北京：人民邮电出版社，2003：264.

他将测验分数应用于对需要特殊帮助的孩子进行确认；第三，他强调训练和机会可以影响智力，而且他还寻找可以帮助弱势儿童的方法；最后，他不是根据某一特定的智力理论来编制测验而是根据实践经验来编制测验，他通过收集数据来检验其测验的有效性。[1]

（二）斯坦福—比奈量表

1916年，斯坦福—比奈智力量表（SBIS）在美国问世，它是比奈—西蒙量表的修订版，因其由斯坦福大学的学者推孟（Terman）修订而得名。

这个量表使用了智商（intelligence quotient，简称IQ）的概念。IQ是一种对智力的数量化的标准测量。斯坦福—比奈智力量表的IQ是心理年龄（MA）与生理年龄（CA）的比率再乘以100之后的值（乘以100的目的是使智商不出现小数），也称为比率智商（ratio IQ），以便和其后出现的离差智商（deviation IQ）相区分。

$$IQ=心理年龄 \div 生理年龄 \times 100$$

例如，如果一个8岁的孩子所测得的心理年龄（MA）为10岁，那么他的IQ值为125（10÷8×100＝125）。而如果这个8岁的孩子只完成了6岁孩子的任务，那么他的IQ值为75（6÷8×100＝75）。如果这个8岁的孩子所测得的心理年龄也为8岁，那么他的IQ值为100（8÷8×100＝100）。可见，那些心理年龄与生理年龄相同的个体的IQ值为100，因此，100是个平均的IQ值，说明这个个体既不超前也不落后。

---

[1] 理查德·格里格，菲利普·津巴多著，王垒等译. 心理学与生活[M]. 北京：人民邮电出版社，2003：264.

比率智商的优点是可以对不同年龄的儿童的智力水平进行比较。例如，如果一个 10 岁的孩子所测得的心理年龄为 8，那么他的 IQ 值为 80（8÷10×100＝80）。而一个 8 岁的孩子如果只完成了 6 岁孩子的任务，那么他的 IQ 值为 75（6÷8×100＝75）。因此对于谁更落后这个问题比较起来是很容易的。但如果使用比奈—西蒙量表的心理年龄（MA）的概念就很难比较了，因为他们都是心理年龄（CA）比生理年龄（MA）落后 2 岁。

但比率智商的缺陷是不能对成人的智力水平进行评价。例如，一个人 8 岁时，心理年龄是 10，那么他的 IQ 值为 125（10÷8×100＝125）。40 岁时他的心理年龄是 20，那么他的 IQ 值为 50（20÷40×100＝50）。从数据上看，他长大后智力落后了。但我们知道，在实际生活中，成人的心理年龄在 15 岁以后增长缓慢，或许会停滞，甚至会下降，因此用比率智商来评价成人的智力是不合适的。因此，在经过 1937、1960、1972 和 1986 年的一系列修订后，现在通用的斯坦福—比奈量表第四版已经开始使用离差智商（下面将详细介绍）来计算智力分数了。最新的斯坦福—比奈测验对正常人群、发育迟滞者和天才人群都提供了准确的 IQ 估计值（Laurent 等，1992）。[①]

（三）韦克斯勒量表

1939 年，美国的精神科主治医生韦克斯勒也设计了一种智力量表，在经过一些修改之后，在 1955 年这一测验被叫做韦克斯勒成人智力测验（WAIS），现在为 WAIS-R（1981）。

WAIS-R 包括语词和操作两个分量表。语词分量表涉及语词

---

① 理查德·格里格，菲利普·津巴多著，王垒等译. 心理学与生活 [M]. 北京：人民邮电出版社，2003：265.

概念的相关知识，它有6个语词分测验：知识、语词、领悟、计算、相似（指出两个东西的相似之处）和数字广度（重复主试所说的一系列数字）。这些测验包括书面和口头表达两种。而操作分量表则考察对方位概念的熟悉程度，它的5个操作分测验是对测验材料的操作，很少或没有语词内容。例如在木块图测验中，被试要用木块拼出卡片上的图形。数字符号测验是给出9个符号与9个数字分别匹配的规则，被试在另一张纸的符号下面写出相匹配的数字。另一些测验包括填图、图片排列和图形拼凑。如果你来做WAIS-R的这11个分测验，你会得到3个分数：语词IQ值、操作IQ值和总的IQ值。

因此，韦氏量表的一个优势就在于，在任何情况下，除了可以测出总的智商，还可以分别计算出语词智商和操作智商，克服了斯坦福－比奈智力量表只能测量个体的总体智力水平的局限。韦氏量表的第二个优势在于应用广泛。当前经修订的韦氏量表主要有三种。韦氏成人智力量表（WAIS-R，1981），适用于18岁以上的成人。韦氏儿童智力量表第三版（WISC-III，1991），适用于6岁～17岁儿童。韦氏学前和初级智力量表（WPPSI-R，1989），适用于4岁～6.5岁儿童。因此，通过这三种韦氏量表可以提供所有年龄段的IQ值。韦氏量表的第三个优势是开始使用离差智商的概念，离差智商是指个体测验分数与同年龄组总体得分相比较得出的相对分数。离差智商的计算公式为：

离差智商（IQ）＝100＋15Z   Z＝（X－MX）÷S

上面公式中X代表个体测验的实得分数，MX代表同年龄组的团体平均分数，S代表该同龄组团体分数的标准差，Z代表他的标准分数，表明该个体在同龄组团体中所处的位置。因此，通过韦氏智力量表得到的IQ分数，就可以知道一个人在同龄人中的相对位置：是更靠前呢，还是处在中间的位置，或者很不幸地排在后面。现在离差智商已经取代了比率智商并得到广泛使用。

三、智力的理论

由于研究思路和手段的不同，当代智力理论主要分为智力因素理论、智力系统理论和智力认知理论三大派别。

（一）智力的因素理论

智力测验使人们形成了智力的一般性的观点，即智力是一个单一的东西，那些非常聪明的人在各种学习情境中都有出色的表现。因此，智力的因素理论的提出与智力测验有直接关系，其理论基础是因素分析方法。而围绕着智力一般性的争论一直延续至今。

1. 智力的单因素理论。

智力的单因素理论以斯皮尔曼的 g 因素理论和卡特尔的理论为代表。

（1）斯皮尔曼 g 因素理论。

英国心理学家斯皮尔曼（Spearman，1927）发现个体在不同智力测验上的成绩高度相关，因此他认为智力包括两种潜在的因素或维度。

首先，斯皮尔曼认为存在一般智力因素（general factor，斯皮尔曼称之为 g），它是一种单一的智力能力，应用于各种不同任务中，是所有智力操作的基础，会影响个体在所有智力测验中的表现。其次，斯皮尔曼认为还存在特定智力因素（specific factor，斯皮尔曼称之为 s），斯皮尔曼认为，这些 s 因素只影响个体在某一种能力测验中的表现（如词汇、算术计算或记忆测验)。斯皮尔曼认为一般因素 g 与智力相关,因为它是一般的、总体的。他认为 g 因素才是智力的关键,是由智力活动的个体差异导致的。而特殊因素与智力不相关,因为它只说明了个体在单一测验中的表现,并没有提供综合的信息。当前很多研究者都相信 g 因素的存在。

(2) 卡特尔的晶态智力和液态智力。

卡特尔(Cattell,1963)采用更为先进的因素分析方法,将一般智力分为两个相对独立的成分,他称之为晶态智力(crystallized intelligence)和液态智力(fluid intelligence)。

液态智力是发现复杂关系和解决问题的能力,它可以通过木块图、空间视觉等测验来测定,在这些测验中,所需要的背景信息是很明确的。它要求我们灵活地思维,并努力寻找新的模式。比如解决一个系列填充问题:"1,4,9,16,25,?"就要求液态智力。晶态智力包括一个人所获得的知识以及获得知识的能力,可以通过语词、算术和一般知识测验来测定。晶态智力使得人们很好地面对自己的生活和具体问题,而液态智力帮助人们处理新的复杂的问题。研究表明液态智力发展到一定年龄就不再提高,而晶态智力可以随年龄增长而提高,因此,一个人的晶态智力在老年阶段就可能超过青少年阶段(除非智力受损)。

上述两个理论是两个早期的颇有影响的智力理论,"尽管智力的单一因素观点已受到人们的怀疑,但这一概念仍以一种调整后的形式存在,我们现在称之为一般能力,而不再称为一般智力"[1]。

---

[1] 戴维·冯塔纳著,王新超译. 教师心理学(第三版)[M]. 北京大学出版社,2000:122.

2. 智力的多因素理论。

然而当许多研究者对不同的智力测验的结果进行相关分析时，并未发现一个共同的因素，而是存在几个相分离的因素，因此又产生了智力的多因素理论。

(1) 瑟斯顿的多因素理论。

最有影响的一个多因素理论是瑟斯顿（Thurstone，1938）提出来的，他发现智力由7个因素组成，分别为言语理解（对字词意义的理解）、词语流畅性（快速的语词思维性，通常包含在字谜游戏和对字词韵律的认识上）、数字、空间记忆（视觉再现空间模式之间的关系）、知觉速度（快速地掌握细节）以及推理（发现一般性的规律）。在瑟斯顿之后，又有许多心理学家致力于智力的不同因素的研究，而且这方面的研究还在继续（ComreyandLee，1992）。[①]

(2) 吉尔福特的智力结构模型。

智力的结构理论同样是因素理论的一种新的形式和新的发展，它强调智力是一种结构，是从结构的角度来分析智力的组成因素。艾森克（Eysenck）于1953年首先提出智力三维结构模式，该模式包括三个维度：心理过程（知觉、记忆、推理），测验材料（语词、计数、空间）和能量（速度、质量）。

在艾森克的基础上，吉尔福特（Guilford）采用因素分析方法检验了许多与智力相关的任务，于1959年提出了新的智力三维结构模式：内容、操作和产品。后来，这个三维空间结构不断得到充实，从最初的120种因素，扩大为180种智力因素

[①] 戴维·冯塔纳著，王新超译. 教师心理学（第三版）[M]. 北京大学出版社，2000：122.

(1988)：5种内容(即思维的对象，如视觉、听觉、符号、语义和行为)×6种操作(即思维方法，如评价、聚合、发散、记忆和认知)×6种产品(即对某种内容使用某种操作后产生的信息形式，如单元、分类、关系、系统、转换和提示)，后来又扩大为240种因素。吉尔福特相信每一个智力任务都包含这三个维度，每一个内容—操作—产品的结合(模型中的每一个小立方体)代表一个独立的心理能力。例如，语词测验可以测定一个人的语义内容的认知单元，另一方面，学习一个舞蹈动作需要行为系统的记忆。这一理论模型与化学的元素周期表有异曲同工之处。按照这一理论框架，智力因素可以像化学元素一样，在被发现之前就被假定。当吉尔福特1961年提出这一模型时，已经确认了近40种智力。现在研究者已经发现了超过100种的智力。可见，吉尔福特的智力理论具有预测价值(Guilford，1985)。

然而，对多因素观点的强调会导致人们用静态的观点来认识智力活动，当我们在讨论信息加工内容时将发现，许多理论都认识到了智力活动的动态性质。[①]

(二) 智力的系统理论

近年来，关于智力问题的许多争论主要集中于确定有多少种不同的智力类型、如何对每种智力加以描述。当代的一些理论家倾向于将智力看做一个复杂的系统。这方面的理论包括加德纳的多元智力理论和斯腾伯格的三元理论。

1. 加德纳的多元智力理论。

加德纳1983年提出的多元智能理论(theory of multiple in-

[①] 戴维·冯塔纳著，王新超译. 教师心理学(第三版)[M]. 北京大学出版社，2000：122.

telligences, 1983, 1999) 认为, 应该对个体在许多生活情境下的行为进行观察和评价, 因此他描述了涵盖人类经验范围的 8 种智力, 认为每一种智力都是一个独立的功能系统, 每种智力在不同社会中的价值不尽相同, 其价值的大小与社会对它的需要、奖赏以及它对社会的作用有密切的关系, 但是各种系统可以相互作用, 从而产生整体的智力活动。具体类型如下:

(1) 言语智力 (linguistic intelligence) 即运用语词的能力, 使人能够阅读、写散文或诗歌, 连贯地讲话, 以及理解讲座。

(2) 逻辑—数学智力 (logical-mathematical intelligence) 即有效地运用数字和合理地推理的能力, 用于解决数学中的应用题或计算题、结账、进行数学或逻辑的证明。

(3) 空间智力 (spatial intelligence) 即准确地知觉视觉空间世界的能力, 使人们能够从一个地方步行或者开车到另一个地方、看地图以及判断能否将自己的汽车放进一个很小的停车位等等。

(4) 音乐智力 (musical intelligence) 即音乐知觉、辨别和判断音乐、转换音乐形式以及音乐表达的能力, 可用于唱歌、拉小提琴、作曲以及理解和欣赏交响乐等。

(5) 身体—动觉智力 (bodily-kinesthetic intelligence) 即运用全身表达思想和感情的能力, 其中包括用双手敏捷地创造或者转换事物的能力, 可用于踢足球、跳跃、跑步、打保龄球或者投篮等。

(6) 人际智力 (interpersonal intelligence) 即快速地领会并评价他人的心境、意图、动机和情感的能力, 用于理解他人的行为, 例如以恰当的方式对他人的评价做出反应, 在工作面试时给他人留下好印象等等。

(7) 内省智力 (intrapersonal intelligence) 即了解自己从而作出适应性行动的能力，例如理解我们自己为什么会这样思考、为什么会有这样的感受、为什么会这样行事等等，并且了解自己的长处和短处。

(8) 关于自然的智力 (naturalist intelligence) 用于对自然世界的事物进行理解、联系、分类和解释，比如识别自然界中不同物种之间的关系，或者预期明天会有什么样的天气。诸如农民、牧民、猎人、园丁、动物饲养者都表现出了已经得到开发的关于自然的智力。

近年来多元智力理论又有了一些新发展。其中包括加德纳近年来增加的所谓"存在主义智力"，它涉及对自我、人类的本质等一些终极性问题的探讨和思考，神学家、哲学家这方面的智力最突出。还有一些研究者开始探讨情绪智力 (emotional intelligence)，这是一种与加德纳的人际智力和内省智力的概念相关的智力。情绪智力可定义为 4 个主要成分 (Mayer 和 Salovey, 1997; Mayer 等, 2000)：准确和适当地知觉、评价和表达情感的能力；运用情感、促进思考的能力；理解和分析情感、有效地运用情感知识的能力；调节情绪以促进情感和智力发展的能力。这一定义反映了情感在智力功能中具有积极作用的新观点，即情感可以使思维更灵活更有效，人们可以敏捷而准确地思考自己和其他人的情感。[1]

总体来看多元智力理论已经超出了传统 IQ 测验的范围。

2. 斯腾伯格的三元智力理论。

---

[1] 理查德·格里格, 菲利普·津巴多著, 王垒等译. 心理学与生活[M]. 人民邮电出版社, 2003: 271.

同样是将智力看做一个复杂的系统,但斯腾伯格认为智力是使个体产生适应环境行为的心理能力,由分析性智力(analytical intelligence)、创造性智力(creative intelligence)、实践性智力(Practical Intelligence)这三个相对独立的能力组成。分析性智力用来解决问题并判定思维成果的质量;创造性智力帮助人们从一开始就形成好的问题和想法;实践性智力则可将思想及其分析结果以一种行之有效的方法来加以实施。绝大多数人在这三个方面的表现不均衡,个体智力的差异主要表现在这三个方面的不同组合上。

斯腾伯格认为人的智力是复杂的而且是多层面的,所以三元智力理论把分析性智力、创造性智力、实践性智力三个相对独立的能力看成一个整体,分别从成分、经验和情景三个层面进行分析,于是形成了三个亚理论:成分亚理论(componential subtheory)、经验亚理论(experimental subtheory)、情境亚理论(contextual subtheory)。

(1)成分亚理论与个体的内部世界相联系,主要考察思维和问题解决等所依赖的心理过程。斯腾伯格认为存在三种心理过程使人产生适应行为:元成分(meta components)、操作成分(performance components)和知识获得成分(knowledge-acquisition components)。其中元成分可以帮助我们决策做什么;操作成分,可以形成问题解决的策略和技巧;知识获得成分,可以用于学习新的事实。三者协同作用,元成分可以激活后两种成分,后两种成分反过来又给元成分提供反馈,让元成分调整信息表征和信息加工的策略。比如,某学生开始决定就某一题目写一篇学期论文(元成分),他学习了大量与该题目有关的材料(知识获得成分),然后尝试着去写(操作成分),发现论文进展得不顺利（元成分），于是决定换一个主题（元成分）。

（2）经验亚理论涉及个体的外部和内部世界，经验是联结内部和外部世界的桥梁。主要考察人们在新异的或常规的两种极端任务中处理问题的能力，新异任务是指个体不熟悉的，但并没有完全超出他的经验范围的任务。常规任务的完成方式是自动化的，只需很少的意志努力。斯腾伯格认为，智力水平较高的人善于解决比较新颖的问题，适应新事物比较快，智力水平越高的人越能够迅速、有效地自动化完成任务，从而将注意力转向新的学习。

（3）情境亚理论涉及个体的外部现实世界，考察对日常事物的处理能力，包括对新的和不同环境的适应，选择合适的环境以及有效地改变环境以适应自己的需要。研究表明，没有较高 IQ 值的人，也可以具有较高的情境智力。

（三）智力的认知理论

除了上述两种类型的智力理论以外，20 世纪 60 年代以后，随着认知心理学的发展和影响的扩大，出现了各种新型的以信息加工理论为基础的智力理论，其共同特点是，它们都认为对智力的界定需要考虑到产生外显行为结果的隐蔽的心理过程，认为智力由多种相互独立的认知过程构成，而反对将智力视为一般因素。

达斯（Das，Naglieri 和 Kirby）等人提出的 PASS 理论是具有代表性的智力认知理论之一，他们认为智力活动是一个整体，因此一切智力活动的运行依赖于注意系统、同时性加工—继时性加工系统和计划系统的协调合作。"PASS"指的是上述三级认知功能系统的四个加工过程，"计划（plan）—注意（attention）—同时性加工（simutaneous process）—继时性加工

(successive process)"。当个体为如何解决问题、开展活动或叙述一个事件做出决策时，必然要求计划过程的参与。计划成分包含目标设定、对反馈的预期和监控。注意过程则允许个体选择性地注意某些刺激而忽略其他刺激、抵制干扰和保持警戒。同时性加工过程可将个别的刺激整合成有机整体。继时性加工过程则将刺激整合为一个特异性的序列。

PASS理论与智力因素理论和智力的系统论有着本质的区别。传统的智力因素论专注于行为的结果和心理活动的产物，并不考虑产生这些结果或行为的内部过程。智力的系统理论则主要集中于确定有多少种不同的智力类型以及如何对每种智力加以描述。而PASS理论并不是对智力整体进行新的区分，只是为智力研究提供了分析智力的维度，其三个机能联合区四个加工过程体现着信息加工过程观的特点。总体上说，PASS理论将四个重要加工过程统一于一个模型之中，它考虑到了智力的整体性，是一个更趋完整的智力理论，其坚实的理论基础也为其对智力的测量提供了强有力的支持。[①]

第二节 青少年的智力发展

促进智力的发展是当代教育所追寻的目标之一。如果能够对青少年的智力发展的特点和影响智力发展的诸多因素有更多的了解，那么将有助于该目标的实现。

---

① 刘明．Pass 理论——一种新的智力认知过程观 [J]．中国特殊教育，2004，(1)：10～13．

一、青少年智力发展的特点

已经有大量研究考察了青少年智力发展的特点。下面就从智力发展的一般趋势和智力发展的差异两个方面进行介绍。

（一）智力发展的一般趋势

布卢姆1964年根据自己对1000名被试的跟踪研究，提出了智力发展假说。他认为如果把一个人的智力以17岁的水平作为100%，那么，5岁之前就可以达到50%，5岁～8岁又增长30%，剩余的20%是在8岁～17岁获得的。在布卢姆之后的其他研究也证实了人类的智力发展存在非匀速增长的现象。一项对脑电波的研究表明，儿童的脑的发育在5岁～6岁和13岁～14岁存在两个加速期。心理学家贝利用3种智力量表，对同一组被试跟踪考察达36年之久，研究表明，13岁以前智力是直线上升发展的，以后缓慢发展到25岁时达到最高峰，26岁～35岁保持高原水平，35岁开始有下降趋势。分别就不同性质的智力所进行的研究表明，不同性质的智力的衰退速度也是不均衡的，如手眼协调、动手操作以及技术能力一般从33岁开始表现出衰退现象，到66岁衰退速度加快，而写作能力约在65岁之后才开始出现衰退现象。

（二）智力发展的差异

更多的研究考察了智力发展的差异，研究表明，智力发展的差异主要表现在个体差异和团体差异两个方面。

1. 智力发展的个体差异。

人与人之间在智力上存在着很大的差异，研究者普遍认为这与人们在先天的遗传素质、后天的生长环境和所接受的教育等方面都不尽相同有密切的关系。智力的个别差异大体表现在智力水平、智力结构以及智力发展过程等三个方面。

(1) 智力发展水平的差异。

在智力发展水平上，不同的人所达到的最高水平极其不同。研究表明，人类的智力差异从低到高表现为许多不同的层次。统计分析表明，人类的智力分布基本上呈两头小、中间大的正态分布形式（见表3—2）。在一个代表性广泛的人群中，接近50%的人的智商在90~110之间，接近95%的人IQ分数在70~130之间，而智力发展水平非常优秀者和智力落后者在人口中只占很小的比例。

智商在130以上的个体通常被认为是天才。早期采用将IQ值得分为70~75或以下的个体划归为心理迟滞（mental retardation）人群。但是后来人们发现，一旦对某个儿童（或青少年）给予这种标定后，那么由此所导致的某些预期会给儿童及其父母带来沉重的负担，因此当前在对心理迟滞者进行界定时，更强调对其适应性技能的考察，而专家也采用了更为准确的描述，如"心理迟滞的人在社会技能和自我指导方面需要广泛的支持"，或是"心理迟滞的人在交流和社会技能方面需要有限的支持"（AAMR，1992）。[1]

表3—2　智商在人口中的分布

IQ	名称	百分比
140以上	极优等（very superior）	1.30
120~139	优异（very superior）	11.30

---

[1] 理查德·格里格，菲利普·津巴多著，王垒等译. 心理学与生活[M]，北京：人民邮电出版社，2003：266.

110~119	中上 (high average)	18.10
90~109	中等 (average)	46.30
80~89	中下 (low average)	14.50
70~79	临界 (border line)	5.60
70以下	智力落后 (mentally retarded)	2.90

(2) 智力发展的结构差异。

由于智力不是一个单一的心理品质，它可以分解成许多基本成分，因此每个人智力的结构或者说组成方式上也有所不同。例如，有的人记忆力好；有的人观察能力强；有的人擅长逻辑推理，但缺乏音乐才能；也有人很擅长音乐，却在数字计算方面表现得无能。而用智商分数这个指标却不足以表明智力的这种特点。人们之间的智力差异水平多种多样，不仅仅是一个简单的数量上的差异。近年来，随着智力理论的发展，特别是多元智能理论的提出，智商的使用价值已经受到了怀疑。

2. 智力发展的团体差异。

智力的差异不仅表现在个体与个体之间，而且表现在团体与团体之间。例如智力测验的平均分数在性别、种族和职业之间存在明显的差异。

最明显的智力的团体差异是性别差异。男性和女性在智力上的差异主要表现在一些特殊能力方面，如空间能力、数学能力和言语能力上的差异。男性在空间能力上具有一定优势，这种优势的显示具有一定的年龄特征，其发展趋势表现为差异随年龄增长而加大。女生在小学和初中阶段的数学能力优于男生，但青春期以后，这种优势被男生所占有，并且男生一直把这种优势保持到老年。女性在言语能力上具有较大的优势，与女性相比，男性更容易被诊断为具有阅读障碍。大量研究表明，男性和女性在总的智商方面没有显著差别。虽然也有些研究指出男女在智商上存在一定的差异，但差异量较小（Held，Alderton，Foley 和 Segall，1935；Lynn，1994）。

除了存在一定的智力的性别差异，不同职业、种族之间在智力上也存在着差别。研究发现，从事脑力劳动的人群比从事体力劳动的人群具有更高的 IQ，如技术人员、财会人员等具有较高的 IQ。这种团体间在智力测验平均分数上的差异是普遍存在的。但对于不同种族间的智力差异问题一直存在大量的争论。

智力的团体差异的主要原因在于后天的环境和教育等人为因素的影响。同时，智力测验的文化不公平性也是造成不同团体间智力差异的原因之一。因为大多数智力测验是依据某一团体的生活经验编制的，测验所使用的语言符合该团体的文化习惯，评价标准也依该团体而定。历史上曾经由于忽略了这一点使测验结果的解释缺乏公平性，这也使心理测验在 20 世纪 70 年代曾一度受到了批判，因此这一点需要测量工作者引为教训。

3. 智力发展的速度差异。

人的智力发展过程有不同的模式。一种模式是智力以稳定的速度向前发展，这是大多数人的发展模式。但还有一种模式表现出智力发展速度的不稳定性，这又分为两种情况。

一方面，有一些人的智力发展较早，在很小的时候就崭露头角，这也被称为"早熟"。这种情况古今中外各国都存在，尤其是在艺术领域更为常见。例如，李白 5 岁通六甲、7 岁观百家，莫扎特 5 岁作曲、8 岁创作交响乐、11 岁创作歌剧。但其中也有一些人早年智力发展很快而在成年以后却智力平平。另一方面还有一些人前期发展很慢，但后来居上，智力在较晚的年龄才得到了高水平的发展，甚至表现出惊人的才智，这也被称为"大器晚成"。这种情况在科学界和政治界更为多见。例如达尔文早年时被认为是智力低下，而其后来却提出了影响深远的进化论。可见总体上智力发展的速度是有差异的，但智力发展的这种的早晚的差异并无好坏之分。

二、青少年智力发展的影响因素

对于智力发展的影响因素的研究也是智力研究领域的一个重要方面，对这个问题的研究有助于我们在教育实践中更好地促进个体的智力发展。研究发现，影响智力发展的因素有很多，但主要表现在遗传和环境两大方面。

（一）遗传

早期的一些心理学家坚持的是智力的遗传决定论思想，他们大多认为，智力是一种遗传的能力，主要取决于父母的智力，它是今后学业和职业上成就的一个可靠的预测指标。这一观点得到了双生子研究的支持。同卵双生子（是由单一受精卵发育而成，简称MZ）具有完全相同的遗传物质。当他们一出生就被分开并在不同家庭中养育后，他们在基因成分的一致性上越高，他们的IQ之间平均的相关越大，这充分说明了遗传的作用。

然而这种观点的结果是产生了一种对人进行等级划分的认识，认为每个人一出生就被确定了一个生活中的位置，其结果是在学校教育中那些IQ分数较低的学生只能得到较少的关注。[1]这种遗传决定论思想在教育上和社会上曾经产生了很大的影响，

---

[1] 戴维·冯塔纳著，王新超译. 教师心理学（第三版）[M]. 北京大学出版社，2000：132.

但已经受到了越来越多的批评。

(二) 环境

与智力的遗传决定论相反，智力的环境决定论者认为，智力是一种习得的品质，主要是由一个人后天成长的社会环境塑造的。这种观点更强调养育的作用，例如，父母给孩子读了多少书，交谈了多少次等。

许多研究都证明，智商并非是固定不变的一种特质，它随着个体对环境变化的反应而变化（Cardellichio 和 Field, 1997; Lohman, 1993）。[1] 法国的一项研究发现，某些儿童出生于较低社会经济地位家庭中，但被较高社会经济地位的家庭收养，有些儿童始则终生长在社会经济地位较低的家庭中。前一种环境对儿童的智商（IQ）有着积极的影响（Capron 和 Duyme, 1991; Schiff 和 Lewontin, 1986）。双生子研究中，同卵双生子从一出生就在不同家庭中养育后，彼此之间也会表现出差异。如果分别是在环境刺激非常丰富和非常贫乏的情况下生长，则在他们成熟时 IQ 分数甚至可以相差 25 分，可见环境的作用非常重要。

研究表明如果能够将多种措施结合起来，那么将对儿童的智商具有持久的积极影响（Campbell 和 Ramey, 1994, 1995）。例如，在婴儿期提供适宜刺激，在儿童期实施充实教育，并对父母给予援助等。高质量的早期教育确实能有效的帮助落后的儿童更多地实现其智力潜能[2]。1962 年以来，人们在学龄前和幼儿园教

---

[1] 罗伯特·斯莱文著，姚梅林译. 教育心理学 [M]. 北京：人民邮电出版社，2004：93，94.

[2] 戴维·冯塔纳著，王新超译. 教师心理学（第三版）[M]. 北京大学出版社，2000：124.

育的基础上设计了许多干预性的计划来帮助那些贫困环境中的儿童。其中一项干预性计划使 4 岁的环境不利儿童在斯坦福—比奈测验上的 IQ 平均分数提高了 27 分（从 78 分升到 105 分），而控制组儿童的 IQ 分数只提高了 4 分（从 80 分到 84 分）。当这些儿童 10 岁时，实验组儿童仍比控制组儿童的 IQ 平均分高 9 分，并且在 15 岁时他们不仅有明显的低犯罪率，还有较好的父母—子女关系和总体上更好的社会适应性（Schweinhart 等，1986）。

但更多研究者认为遗传和环境对智力发展都起到重要作用。平均来看，如果父母是高成就者，则孩子更有可能成为高成就者。但是这既可能与遗传有关，也可能与高成就父母营造的家庭环境有关（Turkheimer，1994）。应该看到的是遗传与环境的作用并不是分离的。不论儿童的内在潜能是什么，如果忽视了他们智力发展中的环境刺激的必要性，这种潜能也不会起什么作用。同样的，不论环境刺激是什么，如果儿童缺乏必要的潜力，他们将永远也达不到其他有更好遗传素质的儿童所能达到的标准。[1]

三、青少年的智力发展与教育

智力发展并非教育的全部内容，因此在教育过程中我们要客观地、合理地使用智力测验，只有这样我们通过教育实践促进智力发展的努力才会取得令人满意的成果。

（一）科学运用智力测验促进智力发展

智力测验最初曾被作为有效的教学指导工具而广泛使用。研究证明，智力测验有助于识别智力发育迟滞的学生或天才学生，

---

[1] 戴维·冯塔纳著，王新超译. 教师心理学（第三版）[M]. 北京大学出版社，2000：133.

IQ分数也是最有效的对学业成就的心理预测指标。例如，在斯坦福—比纳和WISC测验上一般能力较高的儿童，同那些分数较低的儿童相比，他们有较好的学习成绩，也体验到更多的快乐，并倾向于在毕业以后升入更高一级的学校，最终也在职业中获得更大的成功（Barrett and Definet, 1991）。

但通过这样一种简单的智力测验形式来评定个体的智力潜能是不全面的。从前面的探讨中可以看到，智力是一个复杂的结构，在某个领域中的表现并不能说明在其他领域中也会有类似的表现。而且智力测验过于强调言语能力和数学逻辑推理能力，因此它只能提供每个儿童的某一方面的信息，并不能充分反映儿童的特殊能力和才智。例如，研究发现IQ分数与学习成绩之间的相关在小学阶段高达0.6和0.7，在中学为0.5和0.6，但到大学期间这一相关下降到0.4和0.5，而在研究生中只有0.3和0.4（Linn, 1982）。

在儿童成长过程中，教育的关键因素并非智力，而是其他方面的因素，比如动机、群体压力、学习习惯、创造性、注意力的集中和父母的期望等。如果教师过于依赖智力测验，就必然忽视学生的其他方面的信息。学生的实际表现远比智商重要得多，也更容易受到教师与学校教育的直接影响（Sternberg, 1998）。如果教师希望充分挖掘学生的智力潜能，希望所有学生都成为聪明的学生，就必须采用更为广泛的行为评价标准，增加多种活动来发展学生的多种智力，对更为广泛的行为表现进行奖励。[1] 学校也应当致力于发展学生的才能，而不应当将智力视为固定不变的

---

[1] 罗伯特·斯莱文著，姚梅林译. 教育心理学［M］. 人民邮电出版社，2004：94.

特质（Boykin，2000）。[①] 另外，在重要教育决策的制定中也应谨慎使用智力测验，尤其不能以智力测验为依据来安排某些学生接受特殊的教育或者进行能力分组（Hilliard，1994）。

（二）通过学校教育促进智力发展

如前文所述，智力是遗传与环境因素共同作用的结果，那么如何通过教育这样一种环境因素来提高智力呢？

1. 科学应对智力发展的个体差异。

教师应该撇开学生之间客观存在的智力发展的个体差异，对所有学生持有同等的期望，为所有的学生提供高质量的教学。

由于学生对自己能力的估计以及对目标的期望都将影响其潜能的发挥，如果一个学生认为自己没有潜力，那么他的学习激情就会减弱。因此，教师必须鼓励学生认识到智力是可以塑造的，每个人都是有潜能，从而使学生内在学习动机更强、期望水平更高，从而能有效地控制自己的学习行为，把注意力集中在学习目标的达成上，并敢于选择适合自己水平并具有挑战性的学习任务。有经验的教师的确能够帮助学生提高智力，尽管效果并不总是非常显著。

2. 注重基础知识、经验和实践。

基于三元智力理论的基本观点，如果学生能够提高自己智力的某一方面，那么他们智能的整体水平也可能会得到提高。

因此，教师要帮助学生充分使用自己的智力，即了解并利用自己的优势，改进或者回避自己的劣势，使学生通过在学校进行科学的、合理的选择，最终实现自己的目标。

---

① 罗伯特·斯莱文著，姚梅林译. 教育心理学 [M]. 人民邮电出版社，2004：95.

另外，教师可以通过教学过程逐步提高学生的分析智力、创造智力和实践智力。首先，教师向学生传授基础知识、培养技能，提高学生的分析智力，例如，让学生学会对数学题的答案进行检查的技能，提高问题解决过程中的自我监控能力。其次可以帮助学生将技能与实际需要联系起来，教师应该为学生提供大量教学材料，让每个学生都能够获得丰富的经验，给学生提供练习智力技能的机会，帮助学生学会怎样有效地使用他们的技能，提高其创造性智力。另外，教师还可以为学生提供自然的机会以鼓励他们使用实践性智力来思考怎样适应不同的环境。

第三节 青少年创造力的发展

我们从前述关于智力定义的探讨中可以发现，智力与思维（thinking）的关系非常密切。思维涉及到对信息的理解和操纵，而智力作为理解世界、应对挑战的潜在能力，从某种程度上说，是更宽泛的思维。当我们面对认识环境和解决问题的需求时，智力对我们的思维的影响是极大的。换句话说，智力使思维成为可能。[1] 对于思维过程这个问题，谁也不会否认其中创造性思维或创造力（creativity）的重要性，尤其是当执行自动化操作的计算机越来越多地应用在人们的生活中时，不拘一格的创造力就显得更为弥足重要和珍贵。而智力和创造力之间是否存在紧密的联系，这不仅是研究者共同关心的一个理论问题，也是创造力培养过程中的一个十分重要的问题。在这一节的内容中我们将讨论创

---

[1] Spencer A, Rathus Lisa Valentino 著，尤谨等译. 当代心理学导引 [M]. 陕西师范大学出版社，2006：392.

造力的一般性知识、青少年创造力的发展特点以及一些培养创造力的途径。

一、创造力概述

对很多人而言，创造力是一个既熟悉却又难以理解的概念。因为在人类生活的很多方面都会有创造力的表现，例如一个艺术大师完成一个出色的艺术作品、音乐家创作一首交响曲、教师和家长教育儿童，以及科研工作者进行科学研究等等，所有这些过程都可能蕴涵着创造力。但实际上我们却又根本无法提出一个能被所有学者接受的关于创造力的概念。[①] 因为相对而言任何定义都不甚完善。但通常认为将创造力看做是产生新奇而有用的问题解决方法的能力（Sternberg，2001）是一个比较有价值的定义。[②] 例如，根据这个定义，车轮刚发明时，因为从未有人见过对圆形物体如此的应用，而且它的用途也很明确，它是新奇的、适当的，因而具有创造力。创造性思维是人类思维的一种高级形式，是人们在创造过程中的心理活动。创造力与创造性思维的区别在于创造力具有更广泛的含义，而且其结果是新的产品，而创造性思维只是一种思维形式，其结果是在人的头脑中形成新产品的形象。为了更好地理解创造力的内涵，下面我们就来介绍创造力和智力的关系、创造性思维的特征和创造力的测量方法。

（一）创造力与智力

有些学者认为在智力和创造力之间存在紧密的联系。例如亚

---

① 戴维·冯塔纳著，王新超译，教师心理学（第三版）[M]．北京大学出版社，2000：149．

② Spencer A, Rathus Lisa Valentino 著，尤谨等译，当代心理学导引 [M]．陕西师范大学出版社，2006：397．

里士多德和斯腾伯格把创造力看作是智力的一个方面。他们认为创造性就是智力,或者说至少是智力的一个因素。[①] 支持这种观点的研究表明,具有较高创造性的人常有高智商,常在 120 以上 (Renzuli,1986),当然在高创造性群体中也存在极少数低智商或平均智商的人。

但许多心理学家认为创造力与智力是不同的。盖茨尔(Getzels)和杰克森(Jackson)认为创造力与智力的相关由低到高不等,年龄越小越密切,但随着年龄的增加,这种关系就开始分化,成年以后分化更为显著。盖尔(Gaier)的研究则表明智力高者创造力未必高。当 IQ 值为 120 左右时,两种测验之间的相关性很小或中等,例如在军官的研究中,智商达到了平均水平,与创造力的相关为 0.33 (Tarron,1963)。当 IQ 值高于 120 时,相关程度下降(Sternberg,O'Hara,1999),例如在关于建筑师的研究中,平均智商为 130,显著高于平均水平,智商与创造力之间的相关是 −0.08 (Toarron,1969)。吉尔福特的研究表明,创造力与智力的相关高低因测量性质而变化。可见,尽管创造性活动需要一定程度的智力,但研究结果表明,智力测验分数与创造力的标准测验分数之间只有中等程度的相关(Simonton,2000;Sternberg 和 williams,1997),或者没有相关。

迄今为止,关于创造力与智力关系的研究得出了许多不同的结论。那么为什么会出现有较高创造性的人常有高智商,但高智商的人不一定有高创造性的情形呢?一名研究者指出,"智力在某种程度上使创造力能够施展,但并不促进它"(Perkins,

---

[①] Spencer A,Rathus Lisa Valentino 著,尤谨等译. 当代心理学导引 [M]. 陕西师范大学出版社,2006:398.

1988)。也就是说，一定水平的智力会使人有机会进行创造，但人们通常不利用自己的这种机会。[1]

（二）创造性思维的特征

为了更好地理解促使人们产生创造力的创造性思维过程，下面我们就来介绍创造性思维所具有的特征。创造性思维通常包括五个要素：

（1）独创性（originality）是创造性思维的重要标志之一，是指思维区别于其他东西的显著性，在测量的结果上表现为产品的与众不同的程度。例如，如果有人问"铁钉"有什么用途？有的儿童回答说可以"钉东西"，有的儿童回答说可以用来"治病"，因为人体严重缺铁会得缺铁性贫血症，在没有任何药物的情况下，铁钉可以经过特殊处理后作为铁源补充人体内部的需要。显然，这一回答要比"钉东西"之类的回答具有更好的独创性。

（2）流畅性（fluency）指的是思维的发散程度，在测量上表现为短时间内产生大量的产品（包括想法、观点和技术手段等）。例如，对于"如果你有钱准备干什么？"这个问题，儿童A回答说"买巧克力"、"买玩具"，而儿童B则回答说"买书"、"买游戏机"、"买电影票"、"存银行"和"给妈妈买生日蛋糕"。那么，儿童B比儿童A具有更好的思维流畅性。独创性以流畅性为基础，因此，研究者通常把思维的流畅性作为创造性思维的一个重要指标来测量。

（3）变通性（flexibility）是指思维发散的类别，表现为在

---

[1] 理查德·格里格，菲利普·津巴多著，王垒等译. 心理学与生活[M]. 北京：人民邮电出版社，2003：278.

对待同样的问题上能够从不同角度考虑问题。变通性则更强调产品之间性质的差异程度。比如，对于"面粉有什么用处"的问题，儿童 A 说出"可以做面包、蛋糕、喂猪"等答案；儿童 B 说出了"做馒头、调胶水和捏面人"三种答案。那么儿童 B 的变通性比儿童 A 好，因为儿童 B 不仅利用了面粉的可食性，而且还利用了面粉的粘稠性和飘散性，而儿童 A 所有的回答都只与"食物"这一单一的性质有关。

（4）精细性（elaboration）是指思维过程中对已有想法做进一步的完善，从而使思维的产品更具体化。思维的精细性表现在计划的周密性和行为的严谨性上。在解决问题时，从一个人所做的准备工作中就可以看出思维是否精细。例如，对于"出远门旅行要带些什么"的问题，有的儿童回答："带钱和替换的衣服。"而有的儿童还想到了要带一些"巧克力、食盐、火柴、黄连素和膏药等"。前者所带的东西虽然在一般情况下能应付过去，但如果出现意外情况就难以生存，而后者则还能应付自如。

（5）现实价值（practical value）指的是创造性思维必须考虑其结果的现实价值，具有指向性和可行性。可行性是指想出的办法是否可行，是否真正具有价值。指向性是指创造性思维应指向解决问题的目标。例如，无论是在十字路口设立交通信号灯，还是建造立交桥，还是派交通警察值班，都有一个明确的目的，就是为了增加交通流量。如果某想法最终不能达到目的就不能算是真正的创造性思维。

在创造性思维的独创性、流畅性、变通性、精细性和现实价值五个要素中，前三个要素属于发散性思维范畴，是早期的创造性理论特别强调的，后两个要素属于聚合性思维的范畴，是近期的理论所强调的。[1] 在所有这些特性中，独创性和现实价值是最重要的，是创造力的核心。[2]

（三）创造力的测量：发散思维测验

一直以来创造力研究实际上大多是在对创造性思维进行考察，其中使用的创造性思维测验大多是对发散性思维的考察。

例如，一种创造性测验要求人们在一分钟之内，写出尽可能多的以 T 开头、以 N 结尾的单词；或者尽可能多地写单词的多种意思：例如（1）duck（鸭子）；（2）sack（睡袋）；（3）pitch（音调）；（4）fair（美好之物）。还有一种创造性测验的题目是在一分钟之内对一组名字以尽可能多的标准进行分类，例如你能用多少种方式对下面这组名字分类？MARTHA，PAUL，JEFFRY，SALLY，PABLO，JOAN。其中能写出更多结果的人将被评定为可能更具创造力。

当然，创造力测验还存在很多问题。在测验的标准化工作方面创造力测验还远不如智力测验。智力测验的问题通常需要更多的分析思维、聚合性思维，以得到唯一的正确答案。而发散思维测验更大程度上取决于个体思维的灵活度（Simonton，2000）。[3] 人们也批评这种测验有些单调，抑制了被试的完整的创造性反应。并且到目前为止，并没有证实这些测验结果与在创造性活动中已取得的成功有很好的相关。可能正是由于这个原因，这一研

---

[1] 施建农，徐凡著. 超常儿童发展心理学 [M]. 安徽教育出版社，2004：281。

[2] 施建农，徐凡著. 超常儿童发展心理学 [M]. 安徽教育出版社，2004：281。

[3] Spencer A，Rathus Lisa Valentino 著，尤谨等译. 当代心理学导引 [M]. 陕西师范大学出版社，2006：398.

究领域在经过了 20 世纪 60 年代和 70 年代的高潮后,现已开始冷落下来。

二、青少年创造力发展的特点

青少年创造力的发展特点一直是创造力研究的一个重要内容,下面我们就重点介绍研究中所发现的青少年创造性倾向的发展特点和创造性思维的发展特点。

（一）青少年创造性倾向的发展

青少年创造力发展的一个主要表现是创造性倾向的发展。创造性倾向是指一个人对创造活动所具有的积极的心理倾向,包括自信心、探索性、挑战性、好奇心、意志力等维度。创造性倾向对个体的心理过程起着调节的作用,为个体创造力的发挥提供着心理状态和背景。因此,具有良好的创造性倾向是创造力发展不可缺少的心理保障。

研究（申继亮等,2005）表明,随着年级的升高,青少年的创造性倾向呈倒 V 型发展趋势,青少年创造性倾向的发展存在着显著的年级差异,主要表现为初中一年级被试的创造性倾向得分最高,而且和其他各个年级都存在显著差异。

（二）青少年创造性思维的发展

青少年创造力的发展的另一个主要表现是创造性思维的发展,下面我们介绍创造性思维发展上的年龄差异和性别差异。

1. 青少年创造性思维发展的年龄差异。

有研究（张德秀,1984）指出,青少年的创造力是随年龄增长而逐渐提高,年级愈高,成绩愈好。但也有研究认为,青少年创造力发展是有起伏的,是一个受各种因素制约的复杂的动态进程。例如美国心理学家托兰斯（Torrance,1962）在明尼苏达州对小学一年级学生至成年人进行了大规模有组织的创造性思维测验之后发现，儿童至成年人的创造性思维的发展不是直线的，而是呈犬齿形曲线：小学一至二年级呈直线上升状态，小学四年级下跌，小学五年级又回复上升，小学六年级至初中一年级第二次下降，以后直至成人基本保持上升趋势，因此13岁和17岁是个体创造力发展中的低潮。国内的一项研究（童秀英，沃建中，2002）表明，高中生的创造性思维总分总体上看，随年龄增长，高中生的创造性思维发展较为平缓：从高一到高二略有下降，从高二到高三又有所回升，三个年级两两相比均无显著差异。从创造性思维的三个维度来看，高一到高二创造性思维的三个特性都没有显著提高，甚至有的方面显著下降；从高二到高三流畅性有所下降，变通性略有增长，独特性显著提高。因此高二是创造性思维发展的低潮。这一结果与 Torranee 的研究结论基本一致。

另一个特点是随着年龄的增长，创造性思维能力的结构日趋完整。创造性思维是由求同思维（聚合思维）和求异思维（发散思维）构成的，其中求异思维是创造性思维的核心。创造性思维能力的结构完整性表现为求同思维和求异思维的协同发展。研究表明（张德秀，1985），初一、初二学生的求同思维优于求异思维，而从初三开始，求异思维的发展速度明显加快，并超过求同思维的发展速度。高中生的创造性思维进入了以求异思维为主，求同思维求异思维协同发展的阶段。

2. 青少年创造性思维发展的性别差异。

创造性思维发展的性别差异一直以来受到人们关注，但研究结论却不相同。

许多研究支持男生在创造性的某一方面或诸多方面比女生优越的观点，例如有的研究（郑日昌，肖蓓苓，1983）发现，中学生在创造性思维的变通性上表现出男生优于女生的倾向,其他方面差异不显著。也有一些研究发现,在一些言语任务上女生比男生更有创造性,男生在艺术性任务上更具创造性。

但还有一些研究(Sternberg,1999)中又几乎不存在这类性别差异。国内一项研究(张德秀,1984)发现男生和女生的创造性思维能力在总体上差异甚微。在童秀英和沃建中(2002)对高中生的研究中也未发现性别差异。一些跨文化研究指出,社会在性别平等方面的进步是减少性别差异的一个重要原因。芮那(Raina)等人研究发现,在主张男女平等的社会中,男女差异较少,即使有也只不过在创造方式上各具特色而已。

三、青少年创造力发展的影响因素

许多研究者一直试图探索影响青少年创造性力的相关因素,并力图在更为综合的角度理解创造力与各因素之间的关系,从而能够进一步预测创造力,并为更好地培养与激发学生的创造力提供实践的依据和教育的切入点。

(一)创造力与学业成就

通常的观点是创造力与学业成就关系密切,但从目前的研究结果来看,还很难确定二者之间的关系。一方面,有些研究表明青少年的创造力与学业成就二者之间有正相关。但另一方面还有一些研究结果表明,一个人获得的创造性成就的大小与学业成绩的水平并不总是协调一致的,有时甚至相反,它们只显示一种低相关甚至不相关。

例如,在一项研究中(童秀英,沃建中,2002),语文成绩与创造性测验的 15 个得分中的 9 个得分存在相关,但相关系数不高,并且创造性思维的独特性与语文成绩没有显著相关,数学成绩与各项目得分甚至与数学材料上的创造性思维得分均无显著性相关。创造性思维的独特性与语文成绩没有显著相关这一结果与日常生活中所看到的一些情况是一致的，例如现实中某个领域的学者并不一定会表现出思维的独创性。

(二) 创造力与内在动机

内在动机是激发创造力的一种重要的社会心理因素。安贝 (Amabile) 提出的"内在动机原则"指出，个体之所以能够表现出较高的创造力，是因为他们能从所创造的事物中得到快乐和满足。

安贝的研究表明，当学生们知道自己的成果将被评估时，学生的创造力就会降低。她曾经在一项研究中让文学系和外语系的学生先后写两首诗。在写第二首诗之前她对其中一半的学生说实验的目的是考察他们的书法水平，对另一半学生说实验的目的是请专家评价他们的创作水平。结果发现，对于第一首诗的创造性，这两组学生都得到了较高的评价，但对于第二首诗的创造性，只有第一组得到了较高的评价。类似的研究还发现，当人们在创作时，如果有他人现场观看，或者其创作是为了得到某种奖励，那么这些外在因素都会影响其创造力的表现。

(三) 其他因素

创造力在受动机因素影响的同时还受其他很多因素的影响。例如经济发展与教育水平、学科性质、性格特征、社会文化等等。

张军 (2005) 对青海大学生创造性思维的研究表明，青海省大学生发散性思维三个特征的发展水平与青海省的经济发展和教育条件与水平密切关联；另外学科性质不同、上大学起点不同对大学生创造性思维的发展有着重要影响；同时性格特征也通过认知方式对创造性思维产生影响。还有研究（赵伶俐和黄希庭等，2002）发现，审美概念理解程度的显著提高也有助于创造性思维作业成绩的提高，并且从小学到大学各年级都存在这种效果。非常重要的一点是，有些影响青少年创造性思维发展的因素是可以随创造性经验的增加而提高的，例如创造性技能以及与创造力有关的认知能力等等。

四、青少年创造力的培养

创造力是由人的认知能力、人格倾向和社会环境相互作用产生的行为结果，因此可以从这三个方面探索创造力的培养途径。

（一）培养创造性认知能力

培养创造性的认知能力包括两个方面的努力，一方面是创造力的知识基础，另一方面是培养创造性思维能力。

1. 培养创造力的知识基础。

知识是提高创造力的基础。大量研究表明，高水平的创造力确实需要以一定的知识为基础。在特定的创造性活动领域，获得足够的知识经验是在该领域做出杰出创造性成果的必要条件，掌握丰富的专门知识是产生高度创造力的前提和基础。福德胡森（Feldhusen）认为，知识基础是创造过程的根基，智力、才能、动机条件和特殊的技巧策略等均在特定的知识基础之上或通过知识基础而运作；富有创造性的专家能很好地运用他们所掌握的知识，并接受可以促成创造性认知的新结构，所有创造性的适应或创造都会进入并成为其知识基础的一部分。[1]

---

[1] 施建农，徐凡著，超常儿童发展心理学 [M]，安徽教育出版社，2004：312.

2. 创造性思维的培养。

在创造性思维的独创性、流畅性、变通性、精细性和现实价值五个要素中,前三个要素属于发散性思维范畴,后两个属于聚合性思维的范畴。研究表明,大多数天才学生的聚合思维和发散思维的水平都很高(Cropley,1999)。因此在教育教学过程中为了充分培养青少年的创造性思维,我们应该在强调聚合性思维的同时,重视对发散性思维的训练。

首先,教师应该鼓励学生使用发散性思维。例如教师可以建立开放的教学情境,在课堂讨论活动中保持活跃开放的课堂气氛,使学生将注意力集中到如何产生自己的新观点上,让事物始终保持一种变化性和开放性,让学生有不断思考的机会。教师要尽量避免过多地传达作为教师的权威性,例如,避免对学生的讨论做过多的总结、评价或经常提出自己的观点,教师的观点会被许多学生认为是一种"正确"的回答,从而阻碍了学生的进一步的思维活动。

其次,教师还应帮助学生分清发散性思维和聚合性思维这两种不同思维类型之间的区别,并使学生学会在特定的情景中运用适宜的思维类型。许多研究证明,面对同样的问题,如果要求他们一方面考虑解决问题的方法的独特性,而另一方面又要考虑到方法的实际可行性,那么他们就会产生不同类型的解决方法。因为实际可行性通常被认为是"与已知的方法紧密相连的",而强调独特性则会促使学生运用自己的想象去寻找新的事物。

另外还有一些创造性思维训练的方法,例如波内斯(1967)提出的头脑风暴的方法。这种方法要求人们在问题解决时以群体形式活动,在完全自由的状态中产生想法。任何想法都不能被看作是缺乏逻辑的或不合适的,也不会受到任何方式的批评和指责。这种方法常用于解决一些难处理的问题，它使每一个参加者都能从小组其他成员身上获得创造性想法的启示，最重要的是，无评价的气氛使每个人都能使自己的思维在不受到检查和责难的情况下面对问题。

(二) 培养创造性人格

创造力平时以潜在形式存在着。当人进行某种创造活动时，一个人的创造力便以创造性行为表露于外。创造性人格往往影响着创造力的产生与发展。心理学研究表明，自由、民主的心理环境能促进学生人格的充分发展，易于提高创造力水平，而紧张、压抑、受限制的心理环境则会阻碍人格的发展，扼杀创造力。

传统教育中教师所营造的教学气氛可能阻碍了学生潜在创造力的发挥（Wiggins, Jacqueline, 1999）。亨尼斯认为，在身心发展的过渡阶段青少年容易受到社会习俗的压力。高中时期正是少年向青年过渡的时期，因此很容易受到社会、学校、老师或同伴压力等的影响而产生不安全感，思维活动受到限制进而影响创造性倾向的形成。因此学校需要创设宽松、和谐、民主的心理环境，使学生的思维处于积极活跃状态中，从而有利于学生提出问题，有利于创造性人格的塑造。

(三) 创设有利的社会环境

为了培养创造力，除了从培养创造性认知能力和创造性人格入手以外，一个重要的方面是为学生提供有利于创造力发展的社会环境。

1. 创造性的训练环境。

学校在教学过程和学习效果评价方式等方面，应该给学生创造一个有利于创造性思维活动的环境。

斯多克（Stokes, 1999）认为，对于获得创造力至关重要的早期训练环境应该是具有充分创造空间的、挑战性的训练而不是一种重复的机械性的训练。[1] 教师在布置作业和测验中应该增加进行创造性思维活动的机会。例如，在命题中尽量减少描述性、程序性知识等记忆性的题目，而增加一些需要对所学知识进行应用、分析或综合的题目。研究发现，高创造性的成年人一般都在儿童时期有一个能提供各种体验的环境，他们经常被鼓励提出问题并通过实验来验证自己的想法，他们也能将自己的兴趣和发展其特殊的才能结合起来。

2. 鼓励性的支持环境。

为了培养学生的创造力，教师应该及时鼓励和奖赏学生的创造性行为。教师往往喜欢聚合思维能力更强的学生，而表现出创造行为的学生可能无法得到及时的鼓励。尽管发散性思维的观点通常是独特的并有价值，但它们也可能是古怪的和愚蠢的，有时会使教师怀疑这只是自我表现。还要避免对学生的错误采取惩罚的方式。斯滕伯格的研究还表明"越是具有创造性的人越是倾向冒险"。因为学生会从其错误中汲取教训，然后找到新的解决问题的好策略。如果对学生的错误采取惩罚的方式，则会使他们变得害怕出错，也害怕冒风险去独立地思考。

斯腾伯格指出，人们需要找到这样一种环境，在其中，创造性人才能够得到鼓励，创造性思想者特有的品质能够得到嘉奖而不是惩罚。[2]

3. 性别平等的社会文化环境。

---

[1] Stokes, P. D. Learned variability levels: Implications for creativity. Creativity Research Journal, 1999, 12: 37~45.

[2] 斯腾伯格. 成功智力 [M]. 上海：华东师范大学出版社，1999.

为了培养学生的创造力，还需要创设性别平等的社会文化环境。

赫森（Hussain，1988）认为社会文化对个体表现创造力有或促进或阻碍的影响作用，主要表现在社会对性别角色的不同期待上。在传统的性别角色观念中，男性被认为是积极进取、果断、独立、喜欢冒险、竞争性强、自信、不怕打击、善于解决复杂的和带有创造性的问题；女性则被认为是文静的、竞争性弱、依赖性强、易受暗示、富有情感、成就动机弱、推理能力差、较适合于解决一般的和非创造性的问题。因此，传统的性别角色观念有利于男孩的创造性发展，却抑制了女孩的发展。因此，必须消除传统性别角色观对青少年的消极影响，使青少年不受性别角色标准的局限，从而更加自由地发展其与生俱来的创造潜力。

4. 评价体系完整的教育环境。

为了培养学生的创造力，需要建立完整的评价体系，使评价结果既能反映学生的学业成就，又能反映学生的创造力。

创造性思维的发展有其独特的规律，与知识掌握的多少没有直接相关。对于学生学业成就与创造性思维之间的相关，一些研究表明二者有正相关；但还有一些研究结果表明，一个人获得的创造性成就的大小与学业成绩的水平并不总是协调一致的，有时甚至相反，它们只显示一种低相关甚至不相关。

传统学校教育往往只强调认知发展以及分析综合能力的培养。在教学内容的选择上，在对学校的教育质量的评价体系以及整个教学活动中，都强调语言能力和逻辑数理能力。但通常的考试一般具有固定的答案，由此得到的学习成绩反映的是学生掌握知识的程度，在一定程度上也能反映学生的智力水平，但无法预测其创造性思维水平。学习成绩好不一定代表创造力高，学习成绩差也不一定说明创造力低下。如果学校过分重视学生的学业成绩，一定程度上可能会压制学生创造力的发挥。

个体创造力会受到多种因素的影响，因此创造力的培养也是一个需要从上述几个方面协同努力的系统性过程。更为重要的一点是，创造力的培养要面向全体学生，尽可能发挥学生各方面的创造力，同时要培养他们的优势创造力，使每个学生在某一领域、某个方面表现其独特的创造力水平，从而在某一领域做出其特殊的贡献。

【主要结论与应用】

1. 大多数心理学家把智力看作是人的一种综合认知能力，包括抽象推理能力、适应能力、学习能力等等。这种能力是个体在遗传的基础上，受到外界环境影响而形成的，它在吸收、存储和运用知识经验以适应外界环境中得到表现。

2. 智力测验就是通过测验的方法来衡量人的智力水平高低的一种科学方法。比奈—西蒙量表、斯坦福—比奈量表、韦克斯勒量表是几个具有重要意义的智力测验。

3. 由于研究思路和手段的不同，当代智力理论主要分为智力因素理论、智力系统理论和智力认知理论三大派别。随着有关智力理论的发展、多元智能理论的提出，智商的使用价值已经受到了怀疑。

4. 智力发展表现出智力发展的水平差异、结构差异、过程差异以及性别差异。对于智力发展的一般趋势，布卢姆提出智力发展假说。对脑电波的研究表明，儿童脑的发育在5岁~6岁和13岁~14岁存在两个加速期。智力发展受到遗传和环境的共同影响。双生子研究对这个问题的论证提供了极大的支持。

5. 问题解决可以同时涉及两种思维：发散性思维和聚合性

思维。吉尔福特认为富于创造力的问题解决需要的是发散思维。创造性思维包括五个要素：独创性、流畅性、变通性、精细性和现实价值。前三个要素属于发散性思维范畴，是早期的创造性理论特别强调的，后两个属于聚合性思维的范畴，是近期的理论所强调的。

6. 创造力研究中所考察的创造力实际上是创造性思维，用于研究创造性思维的工具通常是创造性思维测验。创造性思维测验实际上考察的是思维的发散性。当前的创造性测验还存在一些问题。

7. 智力与创造力的关系，不仅是研究者共同关心的一个理论问题，而且是培养创造力实践的一个十分重要的问题。迄今为止，关于这方面的研究得出了许多不同的结论。二者只有较低的相关。

8. 青少年创造力倾向表现出年龄差异。青少年创造性思维发展表现出年龄特点，其中13岁和17岁是个体创造力发展中的低潮。在主张男女平等的社会中，创造力的男女差异较少。有些研究指出，社会在性别平等方面的进步是减少创造力性别差异的一个重要原因。创造性思维能力的结构日趋完整。

9. 人们一直试图探索青少年创造性思维的相关因素以便进一步预测创造性思维。通常的观点是创造性思维与学业成就关系密切。有些研究表明青少年的创造性思维与学业成就二者之间有正相关。但还有一些研究结果只显示一种低相关甚至不相关。同时青少年创造性思维的发展还受到其他许多因素的影响。

10. 个体创造力会受到多种因素的影响，因此创造力的培养也是一个需要从几个方面协同努力的系统性过程。更为重要的一点是，创造力的培养要面向全体学生，尽可能发挥学生各方面的创造力，同时要培养他们的优势创造力，使每个学生在某一领域、某个方面表现其独特的创造力水平，从而在某一领域做出其特殊的贡献。

【学业评价】

一、名词解释

1. 智力
2. 比率智商
3. 离差智商
4. 晶态智力
5. 液态智力
6. 创造力
7. 发散性思维

二、思考题

1. 如何理解智商？怎样根据智商来了解一个人在团体中的相对位置？
2. 有关智力的主要理论有哪些？其主要观点和理论价值是什么？
3. 什么是晶态智力和液态智力？
4. 智力发展的个别差异表现在哪几方面？如何理解智力的个别差异？
5. 遗传、环境与教育对智力发展各起什么作用？如何通过教育这种环境因素来提高智力？
6. 如何科学运用智力测验来评价智力发展。
7. 你认为什么是创造力？
8. 创造力与创造性思维有什么不同？
9. 创造性思维包括哪几个要素？

10. 可以通过测验来评价和预测创造力吗？
11. 青少年的创造力发展有什么特点？
12. 影响青少年的创造力发展的因素有哪些？
13. 如何培养青少年的创造力？

三、应用题

1. 学校应该如何使用智力测验这个工具？

2. 分析自己的智力特点，在今后发展中如何更有效地发展自己的智力？

3. 对你身边的双生子进行观察，总结遗传和环境对于智力发展的影响。

4. 结合你生活中的观察，分析有较高创造性的人常有高智商吗？有高智商的人常有创造性吗？

5. 结合创造力的影响因素进行分析，你认为社会是否应该对人们所从事的创造性工作予以奖赏？特别是如果这是一个青少年，奖赏会有什么影响？

【学术动态】

1. 近年来在智力的研究中出现了三个新方向：第一，一些心理学家正在研究智力的神经基础，探讨神经系统对智力差异是否有影响；第二，倾向于把智力行为看作为思维技能的反映；第三，试图对智力重新进行定义，许多心理学家认为智力的内涵应该更为广泛。

2. 传统观点认为只有少数"伟大的"人物才会产生所谓的"创造性思想"，这些人都是天才，如举世闻名的爱因斯坦和莫扎特，他们的智力水平远远高于大部分人（即我们这些平常人）。与传统看法不同，一些新观点认为天才更多地意味着勤奋和努力，我们每个人或多或少都具有创造力。一个人产生能获诺贝尔奖的那样的思想与在喝咖啡时开个玩笑的认知过程并没有本质区别。

3. 近年来从认知的角度研究创造力已成为创造力研究的一个重要的方向。研究创造性的心理学家争论的一个焦点问题就是创造性思维是与所从事的领域无关具有一般性，还是如同专长一样具有领域特殊性。一些学者支持存在特殊的创造性认知加工过程，例如酝酿和无意识加工；另一些学者则认为创造性是利用了寻常一般的认知加工过程，如心理模拟、类比、假设检验等，这些认知加工过程都是相当平凡的，并没有什么特殊之处，但是这些加工活动均有可能产生创造性成果。

【参考文献】

1. 罗伯特·斯莱文著，姚梅林译. 教育心理学 [M]. 北京：人民邮电出版社，2004.

2. Spencer A, Rathus Lisa Valentino 著，尤谨等译. 当代心理学导引 [M]. 西安：陕西师范大学出版社，2006.

3. 理查德·格里格，菲利普·津巴多著，王垒等译. 心理学与生活 [M]. 北京：人民邮电出版社，2003.

4. 戴维·冯塔纳著，王新超译. 教师心理学（第三版）[M]. 北京大学出版社，2000.

5. 施建农，徐凡著. 超常儿童发展心理学 [M]. 合肥：安徽教育出版社，2004.

6. 斯腾伯格著. 成功智力 [M]. 上海：华东师范大学出版社，1999.

7. 刘明，Pass 理论——一种新的智力认知过程观 [J]. 中国特殊教育，2004，(1)：10～13.

8. 俞国良，侯瑞鹤. 问题意识、人格特征与教育创新中的创造力培养[J]. 复旦教育论坛，2003，(4)：11～15.

9. 申继亮，王鑫，师保国. 青少年创造性倾向的结构与发展特征研究[J]. 心理发展与教育，2005，(4)：28～33.

10. 张德秀. 青少年创造性思维能力的探测[J]. 心理科学，1984，(4)：20～25.

11. 童秀英，沃建中. 高中生创造性思维发展特点的研究[J]. 心理发展与教育，2002，(2)：22～26.

12. 郑日昌，肖蓓苍. 对中学生创造力的测验研究[J]. 心理学报，1983，(4)，446～451.

13. 张军. 青海大学生创造性思维及其相关因素研究[J]. 心理科学，2005，28 (2)：461～463.

14. 赵伶俐，黄希庭. 审美概念理解对于创造性思维作业成绩的影响[J]. 心理科学，2002，25 (6)：649～652.

【拓展阅读文献】

1. 罗伯特·斯莱文著，姚梅林译. 教育心理学[M]. 北京：人民邮电出版社，2004.

2. Spencer A, Rathus Lisa Valentino 著，尤谨等译. 当代心理学导引[M]. 西安：陕西师范大学出版社，2006.

3. 理查德·格里格，菲利普·津巴多著，王垒等译. 心理学与生活[M]. 北京：人民邮电出版社，2003.

4. 戴维·冯塔纳著，王新超译. 教师心理学（第三版）[M]. 北京大学出版社，2000.

第四章
社会性发展

【内容摘要】

社会性发展是个体心理发展的重要内容。本章的内容学习有助于提高学习者对个体社会性发展和青春期心理发展特点的了解，进而对青少年进行相应的辅导与教育。本章在明确了什么是社会性、社会性发展以及各理论流派对社会性发展的解释的基础上，分析了影响个体社会性发展的因素，进而阐述青少年社会性发展的特点，并进一步在青春期心理发展的基本特点的基础上提出情绪情感、人际关系、自我意识和性心理发展的相应的心理辅导策略。

【学习目标】

1. 能说出对社会性及社会性发展涵义的理解。

2. 掌握社会性发展的特点。

3. 分析比较各理论流派对社会性发展的解释。

4. 能举例说明生物因素和社会环境因素对个体社会性发展的影响。

5. 掌握青少年社会性发展的特点。

6. 理解生物发生论、社会发生论和心理发生论对青春期的解释。

7. 掌握并能举例说明青春期的一般特点。

8. 根据青少年情绪情感的特点，谈谈如何帮助青少年消除情绪困扰、建立良好的情绪习惯。

9. 分析青少年亲子关系的特点，知道如何根据青春期亲子关系的变化分别对青少年及其父母进行心理辅导。

10. 掌握青春期同伴关系的辅导要点。

11. 分析青少年网络交往的利弊，知道如何引导青少年合理使用网络。

12. 根据青少年自我意识的发展特点，掌握如何对青少年进行自我意识辅导。

13. 举例说明对青少年进行性心理辅导的途径和方法。

【关键词】

社会性　社会性发展　青春期　情绪情感　人际关系　自我意识　性心理　心理辅导

个体心理发展是一个毕生发展的过程，这一过程包括了认知和社会性发展两大领域。本书的前面章节介绍了个体认知发展的特点，本章讲述个体社会性发展的特点。

第一节 社会性发展概述

一、什么是社会性发展

"社会性"一词在心理学中使用频繁,却难有清晰明确的定义。陈会昌先生综合了国内外各方面资料对"社会性"一词做了如下解释:广义的社会性是指人在社会上生存过程中所形成的全部社会特性的总和,包括人的社会心理特性、政治特性、道德特性、经济特性、审美特性、哲学特性等,它是和人作为生物个体的生物特性相对而言的;狭义的社会性是指由于个体参与社会生活、与人交往,在他固有的生物特性基础上形成的那些独特的心理特性,它们使个体能够适应周围的社会环境、正常地与别人交往,接受别人的影响,也反过来影响别人,在努力实现自我完善过程中积极地影响和改造周围环境。

个体从母体中诞生出来,获得了生命,它只是一个生物人,拥有了发展所需的生理条件,还不是一个真正的社会实体。它只有通过社会交往,在社会互动中习得相应的规范、行为,才能成长为真正的社会人。这一过程可以通过有目的的活动进行,也可以在社会互动中潜移默化地实现。个体的社会性发展是指个体从自然人发展到社会人的过程,是个体在生物遗传的基础上,通过与社会环境的相互作用,掌握社会行为规范、价值观念、社会行为技能,适应社会生活,成为一个独立的社会人的过程,也即社会化的过程。具体来说,个体的社会性发展包括了情绪发展、亲子依恋关系和同伴关系发展、道德发展、性心理和性别角色发展、自我的发展等。

个体的社会性发展具有如下特点:

1. 个体的社会性发展是在遗传的基础上进行的。

生物遗传为人类个体的社会性发展提供了可能性。人类的遗传素质与动物不同,这也就导致动物,即使是高等动物和类人猿都不可能拥有像人类的心理特点。动物心理学的研究表明,类人猿可以学会不少东西,甚至是手势语言,但它们始终都无法达到人类那样的心理发展水平。因为动物的大脑皮层与人类的大脑皮层有着截然的区别。要想发展成人类的心理特点,就必须具备人类的遗传特性。

2. 个体的社会性发展是通过与社会环境的相互作用进行的。

个体的社会性发展过程是一个与环境,特别是与社会环境相互作用的过程。离开了社会环境,个体的社会性特点就无从发展起。例如,我国1983年在辽河套的一片野地里发现了一个与猪为伍的女性"猪孩"。由于父母离异、母亲生活不能自理,她从小就与家中的猪生活在一起。人们发现她时,9岁的她身上表现出的几乎全是猪的特性。中国医科大学组织了9人的"猪孩"考察组,采用特殊引导的教育方法帮助她认字、念诗,培养独立生活的能力。7年后,经过全面科学的测定:她的智力相当于小学二三年级水平;智商从39提高到69;她的社会交往能力基本达到了正常人水平。可见,社会环境对人社会性发展的影响非常之大。

3. 个体的社会性发展是一个毕生发展的过程。

个体的社会性发展是心理发展的一个重要部分,它和心理发展一样,是一个生命全程的发展过程,从个体出生开始,经历婴儿期、幼儿期、学童期、青春期、成年早期、成年中期、成年晚期直至死亡。在这一过程中,发展速度并不均衡,有发展的加速期，也有平缓期。发展也存在着很大的可塑性，但早期的可塑性比后期大。

二、社会性发展的理论流派

（一）弗洛伊德的心理性欲理论

弗洛伊德是奥地利著名的精神病学家和精神分析学说的创始人。他的理论非常强调生物基础、本能驱力对人格发展的重要作用。弗洛伊德将人的意识区分为意识、前意识和无意识。在这三者中，他十分强调无意识的作用，人的本能需要、性驱力、攻击需要等都隐藏于人的无意识之中。弗洛伊德又将人的人格结构区分为本我（id）、自我（ego）和超我（superego）。他认为，本我是人格中最基本、最重要的成分，它完全是无意识的，主要由本能和基本欲望组成，它的目的是为了满足机体的快乐。自我介于本我和现实之间，它既要满足本我的需要，又要控制本我的冲动，使其符合当时的外界环境。自我是按照"现实原则"来行动的。超我则代表社会的伦理道德，它包括良心和自我理想。良心是超我批判性的部分，告诉个体不能违背良心，否则会产生犯罪感；自我理想由积极的雄心、理想组成，希望个体为之而奋斗。超我按照"至善原则"行动。实际上，超我的形成过程就是个体社会化的过程，它指导个体按照文化教育、宗教的要求和社会道德标准来采取行动。

弗洛伊德把类似性本能的、驱使个体去寻求快感的冲动、能量称为力必多（libido）。他认为，个体心理发展的过程是由力必多推动的。他根据力必多在个体不同发展时期投射的部位不同，把个体的心理发展分为口唇期（oral stage）、肛门期（anal stage）、性器期（phallic stage）、潜伏期（latent stage）和生殖期（genital stage）：

口唇期（0～1岁）：这一时期，力必多投射的位置在口唇周围。婴儿可以通过吮吸、舔、咬、咀嚼、吞咽等方式获得快感。若口腔的欲望不能满足，就会形成紧张与不信任的人格特点。

肛门期（1～3岁）：肛门成为快感的中心。此时的排便训练显得十分重要。由于儿童在排便方面的自主性受到阻碍，无论他们排便与否都会与父母发生冲突。冲突若过强则可能导致所谓的肛门期人格。

性器期（3～6岁）：这一时期力必多投射的位置在生殖器周围，儿童开始产生恋母情结（男孩）或恋父情结（女孩）。儿童对异性父母产生感情，惧怕同性父母，并努力使自己成为同性父母那样的。通过这样的自居作用，儿童的超我就发展起来了。

潜伏期（6～11岁）：这一时期的性冲动进入暂时停滞的状态，男女儿童的界线比较清楚，基本分开活动。

生殖期（11岁以后）：随着青春发育期的到来，性冲动在经历了短暂的停滞之后又重新活跃了起来。此时最重要的任务是从父母那里独立出来，建立自己的生活。

弗洛伊德的心理性欲理论指出了儿童期经验对成人行为的影响，但他对性的过分强调引发了人们对其理论的强烈批评。

（二）艾里克森的心理社会性理论

艾里克·艾里克森（Erik Erikson，1902～1994）是伟大的精神分析理论家之一，他一方面继承了弗洛伊德的学说，另一方面在考虑生物因素对个体心理发展的作用的同时，也考虑社会文化的作用。艾里克森很强调自我的作用，认为自我的功用在于帮助个体适应社会。在个体社会化的历程中存在个体与社会环境的普遍冲突，个体在发展的不同阶段面临着不同的心理与社会的矛盾，艾里克森将其称为心理社会危机。他根据个体在不同时期的心理社会危机的特点，将个体社会化的过程划分为八个阶段：第一阶段（0～1岁）：基本信任对不信任；第二阶段（1～3岁）：自主对羞怯与怀疑；第三阶段（3～6岁）：主动对内疚；第四阶段（6～12岁）：勤奋对自卑；第五阶段（12～18岁）：同一性对同一性混乱；第六阶段（18～25岁）：亲密对孤独；第七阶段（25～50岁）：繁殖对停滞；第八阶段（50岁直至死亡）：完善对绝望。八个阶段的前五个阶段与弗洛伊德的心理性欲发展阶段相对应。艾里克森十分强调在每一发展阶段社会环境的重要作用。例如，在勤奋对自卑的时期，教师的作用显得十分重要。如果一个教师认可、赞赏和接纳一个儿童，就会激发他努力学习，获得良好的学业成就，产生勤奋感；相反，他若被教师拒绝、否认，则会自感失望，体验到不胜任与自卑。

艾里克森的理论在美国得到广泛的应用，尤其是在临床方面，但其理论是根据自身的发展经验总结出的，缺乏相应的科学实验的证据。

(三) 文化理论

文化决定理论由鲁斯·本尼迪克特（Ruth Benedict）首创。该理论认为，个体的心理经验由个体所处的特定文化所提供的期望、资源和挑战塑造。个体的社会化过程就是个体的文化适应过程，即个体通过接受、模仿、奖惩等方式习得特定文化的标准。文化决定理论认为，在个体社会化的过程中，文化的因素胜过了生物因素。例如，著名文化人类学家、文化人类学的"创业之母"——玛格利特·米德（Mead）在其三部著作——《萨摩亚人的成年》(1928)、《新几内亚儿童的成长》(1930) 和《三个原始社会的性与气质》(1935) 中讨论了文化与青春期、文化与教育、文化与性的关系。米德通过对萨摩亚青春期女孩的长期观察发现,萨摩亚人对待生活有着共同的价值、他们有着共同的生活方式,而这种生活方式与现代文明社会不同。萨摩亚的青少年不会经历如现代文明社会的青春期的困惑、骚动。米德曾这样描述萨摩亚的女青少年:"在萨摩亚,正在经历青春期和两年前已经度过青春期以及两年后才达到青春期的女孩,只有身体外形上的差别,除此之外,别无差异。"

(四) 生态学理论——布朗芬布伦纳的人类发展生态学模型

美国心理学家尤里·布朗芬布伦纳（Urie Bronfenbrenner）的人类发展生态学模型是一个颇有影响的系统论模型。他强调"发展生态学"的重要意义。他提出,个体发展的生态环境是由若干相互镶嵌在一起的系统组成,分别是微观系统（microsystem）、中间系统（mesosystem）、外系统（exosystem）、宏观系统（macrosystem）和长时系统（chronosystem）,如图 3-1 所示。

微观系统是个体在特定的环境中所直接体验到的环境,对儿童而言,最直接的就是家庭和学校。例如,家庭中父母对孩子的管教方式,学校中教师对儿童的期待、同伴之间的互动等。

中间系统指的是个体直接参与的几个微观系统之间的相互联系。例如,家庭系统、学校系统和同伴群体系统之间的相互关系。对个体发展的影响而言,家庭氛围可能会影响个体在同伴群体中的地位和作用方式。

外系统是指个体并未直接参与的,但会对其心理发生影响的环境。例如,儿童父母工作中的人际环境会影响父母的行为,从而影响父母在家庭中的亲子作用方式,对儿童的心理产生影响。

宏观系统是指个体所处的文化或亚文化中的各种信念系统。

例如，政府所制订的劳动保障措施会影响父母的工作积极性，进而影响到个体的中间系统和微观系统。

长时系统指的是时间。个体和个体所处的各级系统都会随着时间的推移而发生变化。例如，个体随时间推移身心的成熟变化、环境中政府策略的改革等。

布朗芬布伦纳认为，个体的发展不仅表现在单一的直接接触的微观系统对发展的影响上，同时也表现在与个体直接或间接关联的各个层级系统的作用上。个体就是在这样的从家庭开始到家庭外环境，再到社会大环境的不断作用中适应、发展的。

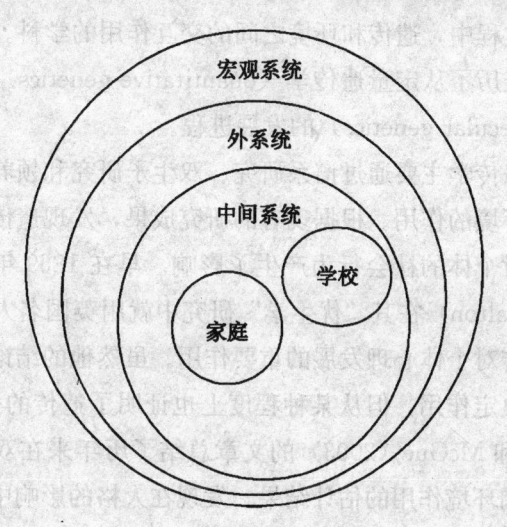

图 3-1 布朗芬布伦纳的人类发展生态学模型

三、影响社会性发展的因素

对个体社会性发展的影响，我们将从生物学和个体所生存的外部环境两方面考虑。

149

(一) 遗传与生物环境

从进化的角度看，个体的许多社会行为有其生物学上的传承性。社会生物学家认为，生物学因素影响了个体的发展，将个体的社会行为限制在一定范围内，这种影响因人而异。我们可以将影响个体社会行为的生物因素区分为两大类，一是遗传上的因素，另一是个体出生前在母亲体内的生物环境因素。

1. 遗传的影响。

关于遗传因素的影响归于行为遗传学的研究范畴。行为遗传学是一门探讨行为的起源，基因对人类行为发展的影响，以及在行为形成过程中，遗传和环境之间的交互作用的学科。行为遗传学的发展经历了从定量遗传学（quantitative genetics）到分子遗传学（molecular genetics）的发展进程。

定量遗传学主要通过谱系研究、双生子研究和领养研究来区分遗传和环境的作用。根据现有的研究成果，发现遗传素质在不同程度上对个体的社会行为产生了影响。早在 1869 年，高尔顿（Francis Galton）在其"优生学"研究中就用英国名人家谱研究探讨了遗传对个体心理发展的重要作用。虽然他的结论片面强调了遗传的决定作用，但从某种程度上也证明了遗传的一定作用。Bouchard 和 McGue（2003）的文章总结了历年来在双生子研究中对遗传和环境作用的估计结果，发现在人格的影响中，基因影响的范围是 40%～50%；智力的遗传影响随年龄增长在上升，到 50 岁时遗传力是 0.85；职业兴趣的遗传力平均为 0.36；精神分裂症的遗传力大约是 0.80；抑郁症的遗传力约是 0.40；恐惧症约是 0.37。Neiss、Michell 等（2006）也发现遗传对自尊水平和稳定性均有重要作用。

分子遗传学是要确定心理发展和心理病理的特定基因，其研究结果为行为的遗传基础提供了新的证据。鉴别 DNA 的各种技术和成果为在分子水平上认识和分析复杂特征的遗传因素提供了事实依据。目前已经发现了诸如老年痴呆、阅读障碍、活动过度、酒精中毒、同性恋等的相关基因。在寻找特定基因的过程中，人们逐渐认识到多种基因对行为的影响，并用数量性状位点（quantitive trait loci，简称 QTLs）来说明基因和行为之间的联系。例如，Smith 等人（1983）在第 15 号染色体上发现一片区域与常染色体显性遗传的阅读障碍有关；2003 年，Taipale 等发现位于 15q21 染色体的 DYX1 基因座附近的 DYX1C1 是发展性阅读障碍的候选基因。Gayán 等（2005）运用双变量连锁分析的方法考察合并阅读障碍和活动过度，发现 14q32 染色体区域与阅读障碍与活动过度有关。

总的来说，遗传因素对个体发展的作用不容否认，但它对个体社会性发展直接作用的效应有多大仍在探索之中。现在普遍认为，遗传与环境的相互作用是个体发展的根本动力，遗传起潜在的决定作用，环境则对于个体由遗传决定的行为起选择作用。

2. 生物环境。

生物环境是指由机体特定的生物物质及其生化反应所构成的环境，针对个体发展而言，此处的生物环境主要是指个体在出生之前所在的母亲体内的环境[①]，即通常所称的胎内环境和出生时的环境状况。我们将影响个体发展的生物环境因素分为非遗传的染色体变异的影响、母亲身心状况、药物、烟酒的作用以及出生过程的危险因素。

---

① 张文新. 儿童社会性发展 [M]. 北京：北京师范大学出版社，1999：77.

(1) 非遗传的染色体变异。

染色体是携带遗传物质——基因的载体，染色体若发生数目上的异常或结构上的畸变，就会引发染色体疾病，导致个体的发展发生障碍。染色体数目异常是由于染色体在减数分裂或有丝分裂时不分离而不能平均地分到2个子细胞内。如，特纳氏综合征（Turner's syndrome），女性个体的性染色体少了一条，成了XO，个体身材矮小，青春发育期到来时却没有女性的第二性征。染色体结构畸变的基础是断裂。如，亨廷顿病（Huntington disease）为基底节、纹状体和大脑皮层的进行性变性，系第4号染色体短臂上的常染色体显性基因遗传，临床特征为进行性舞蹈样运动和痴呆。再如唐氏综合症（Down's syndrome），第21号常染色体出现三体不分离，个体的大小脑发育异常，脑皮质薄，脑沟、脑回不明显，个体一般脸形圆满、两眼距离远、塌鼻梁、口小舌大、伸舌流涎，还有蹼手、蹼脚，常见心血管、消化系统畸形等。

(2) 母亲的身心状况。

母亲为体内胎儿所营造的生物环境对胎儿生长发育的影响是很大的。母亲的身心状况将直接影响胎儿生物环境的状况。

①母亲的疾病。

一小部分母亲在怀孕期间会感染某些疾病，大多数疾病对母亲体内的胎儿是没有危害的，但有些疾病会对胎儿造成影响。目前的医学研究发现，某些病毒性、细菌性和寄生性的疾病会造成胎儿的畸形。例如，TORCH综合征，TORCH是一组能引起先天性感染的病原微生物，T表示弓形体，O为其他，R是风疹病毒，C是巨细胞病毒，H为单纯疱疹病毒。孕妇若感染了TORCH病原体，这些病原体会通过胎盘感染胎儿，引起先天性畸形，如胎儿生长发育迟滞，脏器发育不全，免疫系统异常，染色体改变，甚至流产、死胎。再如，梅毒、结核、疟疾等也可能引起胎儿的流产、心理迟滞。

②药物。

有些药物对母亲体内的胎儿有明显的损害。例如，反应停等对胎儿有明显的致畸作用；四环素类药物可影响胎儿的骨骼发育，造成胎儿畸形；氯霉素可致循环衰竭；磺胺类药物会导致贫血和畸胎；喹诺酮类药物可透过胎盘屏障，抑制软骨生长；大剂量的咖啡因会增加低体重儿的概率；Fenster 等人（1991）发现，怀孕 6 周后，孕妇减少咖啡因的摄入会避免早期因咖啡因摄入造成的消极影响。麻醉剂的使用也会增加胎儿缺陷的概率。Hans（1987）发现，接触过鸦片、可卡因、美沙酮的胎儿在出生后会表现出极端易激惹、神经功能紊乱、肌肉痉挛和颤抖。

③烟酒。

在整个怀孕期间，母亲吸烟所生的孩子的体重比不吸烟的平均轻 200 克。孕妇吸烟会使流产、死胎、早产的危险增大。Fride 等人（1987）在婴儿出生后 9～30 天，对他们在母体中处于尼古丁环境的孩子进行神经学检查，发现他们表现出兴奋性和反应性水平降低。

胎儿处于酒精环境中，会导致大脑发育的中断、细胞和器官的发育受干扰、神经递质的产生发生改变，即通常所说的胎儿酒精综合症（fetal alcohol syndrome）。这些孩子心智发育迟缓、注意力不集中、过分好动，同时还伴有明显的生理症状，如生长速度慢、头小、面部畸形——眼距宽、眼睑短小、鼻子上翘、嘴唇很薄以及其他器官系统的缺陷。

④母亲情绪。

强烈的情绪反应会通过影响母亲激素的分泌直接影响胎儿生长的环境。动物研究发现,孕期暴露于应激情境中,会增加垂体肾上腺的分泌量,而垂体肾上腺素会影响新生儿的反射行为和言语行为。母亲在孕期有严重的心理压力时,也会导致胎儿的问题产生。如,Hoffman 和 Hatch(1996)的研究发现,母亲极度焦虑会导致胎儿流产、早产、低体重、唇裂、腭裂、幽门狭窄等,患呼吸系统疾病的比例也会增高。

⑤环境中的有毒物质、辐射。

工作环境中的有毒物质对胎儿的影响是很大的。例如,释放到环境中的重金属,像铅和汞就是致畸因子。汽车尾气、家庭装修的油漆中都含有铅,孕妇若长时间、高频率地暴露在这样的环境中,会对胎儿产生脑损伤等危害。20 世纪 50 年代,日本一家工厂将汞含量很高的废料排放到为人们提供饮用水的河中,结果造成当时出生的许多儿童大脑大面积受损,心智发育迟缓、言语不正常、动作不协调等。

辐射对胎儿也有损伤,如 X 射线等会造成胎儿的染色体产生变异。"二战"中在日本广岛和长崎投下的原子弹,使幸存的妇女生下有缺陷的孩子。

(3) 出生过程的危险因素。

胎儿经历了母亲体内十月怀胎的过程后,瓜熟蒂落,从母亲体内分娩出来。也有少数胎儿遭遇分娩过程的危险。孩子在出生的过程中,由于胎位不正、脐带绕颈、胎盘前置等因素而缺氧,缺氧的过程超过一定时间就会引起脑损伤。在新生儿的阿普加量表的测试中,分数低于 7 分的就有不同程度的脑损伤,导致将来的生长发育迟滞。

(二) 社会环境

作为影响个体社会性发展的重要因素，社会环境主要包括家庭、同伴和大众传媒等方面。

1. 家庭。

家庭是个体社会化的重要场所，被喻为"创造儿童性格的工厂"。家庭的社会化功能主要是通过父母与子女的相互作用来实施的。

父母对子女社会性发展的影响主要通过父母的教养观念和教养方式来实现。

父母的教养观念指的是父母基于对儿童及其发展的认识而形成的对儿童教养的理解。我国的邹萍、杨丽珠（2005）对3~6岁幼儿父母的教养观念进行了调查，将父母教养观念分为积极型、不协调型、低标准型：积极型的父母对教育孩子具有较高的自信，注重与孩子的交往，有比较明确的培养目标，对儿童成长有正确的看法，对儿童个性等发展目标态度积极，在各方面对孩子有高的要求与期望，愿意积极主动承担教育孩子的职责，教育上付出多。不协调型的父母教育方法理念与实际做法不协调，他们能与孩子交往，但自我教育价值、信心不足；他们在价值观、个性培养方面有好的教育期待，但缺乏对独立性、语言表达能力、交往等个性方面培养的要求；他们能关注教育方法，但批评教育略多。低标准型的父母对自我教育孩子的能力估计不足，他们放任孩子、顺其自然，重现实、低要求、期望低，对孩子关注较少，对孩子批评教育少，与孩子游戏交往时间也比较少。这些不同类型的教养观念对孩子个性发展的影响也很不同：积极型的教养观念对孩子个性特质发展有着相对积极的影响；不协调型教养观念使幼儿总体个性特质发展相对较差，儿童在个性特质上除主导心境和语言表达之外,其他的诸如自尊心、自信心、探索性、利他性、适应性、社交及活动能力都低于另两类教养观念下的孩子;低标准型的教养观念对孩子个性发展也存在着不利影响,儿童在自尊心、自信心、探索性、利他性、社交及活动能力方面一般,但在适应性、主导心境和语言表达方面较低。

父母的教养方式是父母的教养态度、行为及非言语表达的集合,它反映了亲子互动的性质,具有跨情境的稳定性(Darling 和 Steinberg,1993)。最早关于父母教养方式的研究来自美国心理学家鲍姆令特(Diana Baumrind,1967,1971)。鲍姆令特通过对儿童的行为观察以及对父母的访谈,将母亲的教养方式分为专断型、权威型和纵容型。专断型是一种限制性的教养方式,父母希望孩子能够严格遵守他们为之设定的规则,他们通过权力迫使孩子顺从;权威型是一种灵活的教养方式,父母给孩子自主,通过讲道理的方式谨慎地向孩子说明规则,保证孩子能够遵从指导;纵容型的父母几乎不对孩子提出任何要求,也不控制孩子的任何行为。鲍姆令特(1967)将三种教养方式与儿童的特征相联系,发现权威型父母的孩子心情愉快、有社会责任感、自立、有成就定向、与人合作好;专断型父母的孩子情绪不太稳定,大多时间不愉快、不友好、易激惹、对周围事物不感兴趣;纵容型父母的孩子尤其是男孩攻击性、冲动性较强,较粗鲁,较以自我为中心,控制性差,缺乏独立性和成就性。鲍姆令特对这些孩子的成长进行了追踪,结果见表 3—1:

表3—1 父母教养方式与儿童的发展

父母教养方式	结果	
	儿童时期	青少年时期
权威型	较高的认知和社会能力	较高的自尊,非常好的社会技能,较强的道德、亲社会关注和较高的学业成就
专断型	一般的认知和社会能力	一般的学业表现和社会技能,比纵容型教养方式下的青少年更为顺从
纵容型	较低的认知和社会能力	较低的自我控制能力和学业成就,比权威型和专断型教养方式下的青少年更容易吸毒

(资料来源:鲍姆令特,1971,1991;Sternberg等,1994,Shaffer,2005)

在亲子互动中,父亲和母亲的作用是不同的。母亲在亲子交往中更具情感性,即母亲更善于和孩子进行情感交流,更体现情感上的呵护与支持。一般来说,母亲在心理上对孩子的眷恋、疼爱比父亲强,母亲更多采用情感的方式去教育、感染孩子,表现出更多的关心、体贴、温情。而父亲在亲子互动中更具"工具性",即父亲更代表了外部世界的要求,是孩子外部世界的引导者、外界信息的传播者和闲暇时间的游戏伙伴。

虽然父母双方在教育子女过程中作用是不一样的,但父母双方必须保持教养观念、教育目标、教养态度和教养方式上的协调一致,才有利于子女的健康发展。

此外,在亲子关系、父母关系的相互作用中,父母的婚姻关系以及父母一方作为第三者在亲子关系中起重要的调节作用。我国的易进、庞丽娟（1995）研究了夫妻冲突在母亲教育子女过程中的作用，发现夫妻冲突对母亲的教育行为、教育方式和抚养困难都有显著或极其显著的消极作用。Gjerde（1986）研究发现，父亲在场会改善母子关系，但母亲在场却会削弱父子关系的质量。

2. 同伴。

同伴关系，指的是个体与其具有相同社会权利的同伴之间形成的一种关系。这种关系的性质是平等、互惠的（张文新，1999）。同伴关系与亲子关系的性质不同：亲子关系强调照料与关怀，给个体提供与同伴相处的安全感；同伴关系则可以弥补亲子关系的不足。例如，20世纪40年代，安娜·弗洛伊德等（Anna Freud 和 Sophie Dann）对"二战"后六个德国犹太裔孤儿进行追踪，发现这六个在出生后父母就惨遭杀害、在集中营里度过了依恋关键期的孩子，正因为有了同伴之间的相互支持，才避免出现更多的发展问题。因此，同伴关系作为另一个安全感的重要来源，对个体的社会性发展具有重要的意义。

个体的同伴关系在发展的不同时期有不同的特点，对个体社会化的影响不同。个体真正的同伴关系出现在6个月之后，以简单的具有社会性反应的形式出现；进入幼儿期后，个体的同伴交往频率增加，游戏成了主要的交往方式；小学阶段，个体接触同伴在数量和范围上有了很大拓展，同伴的影响也越来越大，儿童的观点采择能力也大大提高；到了青少年时期，同伴交往出现了变化，由原先的同性别交往到出现异性交往，同伴群体作为参照群体的作用越发明显。林崇德（1995）认为，同伴关系有利于儿童社会价值的获得、社会能力的培养以及认知和人格的健康发展。他把同伴关系的意义总结为四个方面：一是同伴关系可以满足儿童归属和爱的需要以及尊重的需要；二是同伴交往为儿童提供了学习他人反应的机会；三是同伴关系是儿童特殊的信息渠道和参照框架；四是同伴关系是儿童得到情感支持的一个来源。例如，李丹（2000）发现，儿童的同伴关系对其亲社会行为有正向的影响作用。青少年在日常生活穿着方面和流行的"暗语"上，随着年龄增长，越来越接受同伴群体的影响（陈会昌，1998）。托马斯·伯恩特（Thomas Berndt，1979）在研究中发现，随着年龄的增长，个体对同伴所倡导的反社会行为的顺从急剧增加，在大约15岁时达到高峰，到了高中又下降。初、高中学生对相似的衣着打扮、参加社会活动、取得好成绩、听父母的话等具有很强的从众压力（Brow，Lohr和McClenaham，1986）。

同伴群体的影响与家庭的影响是相互作用的。Parke和Ladd（1992）认为，父母的社会化策略会影响儿童在同伴关系中的地位；父母对于儿童在同伴中如何交往有明确的指导；父母作为孩子社会生活的管理者，为孩子和其他儿童接触提供机会，并在如何与其他儿童交往、交往深度及与什么人交往方面发挥积极的作用。例如，在权威型的家庭中，青少年受到了温暖的关怀，将父母的观点内化，很少出现逆反和冒险去寻求同伴接纳（Brown等，1993；Fuligni和Eccles，1993），他们往往与能够分享价值观的同伴交往，以保护其免受不良同伴的影响（Bogenscheider等，1998；Fletcher等，1995）。若父母对子女要求太严，没有很好地调节青少年自主的需求，青少年会疏远父母，对同伴的消极影响过分敏感，违反父母规定，取悦朋友（Fuligni和Eccles，1993；Fuligni等，2001）。

3. 大众传媒。

大众传媒包括了电视、网络、广播、书籍等。中国儿童中心在 2001 年对中国少年儿童素质状况进行抽样调查时发现,城市少年儿童周一到周五每天平均接触四种媒体约 86.7 分钟,其中看电视、听广播平均为 57.8 分钟,阅读课外书 22.7 分钟,电脑游戏 6.2 分钟;周末时间更长,大约 149.3 分钟;农村少年儿童周一到周五每天平均接触四种媒体大约 73.8 分钟,其中看电视、听广播平均为 57.1 分钟,阅读课外书 15.1 分钟,电脑游戏 1.6 分钟,周末大约花 122.8 分钟。可见,大众传媒对青少年的影响不可忽视,它能为青少年提供多样化的选择,能满足其多元化的需求,这对青少年的习惯、道德、兴趣、自主意识的培养都有影响。

看电视在几乎所有国家都是非常普遍的现象。儿童和青少年在电视机前消耗的时间也是十分惊人的。据美国一项调查,美国学龄儿童每周平均要收看 28 小时的电视节目(Comstock,1993)。电视节目的影响可想而知。根据班杜拉的社会学习理论,电视节目可能成为个体进行社会学习的榜样。早在 20 世纪 50 年代,学者们就开始密切关注电视节目对儿童和青少年发展的影响,其中,最具影响力的莫过于电视对暴力行为和亲社会行为的影响了。班杜拉等人(1963,1965)最先在实验室中用芭比玩具进行研究,发现儿童观看了成人攻击芭比娃娃的情景后会模仿成人的攻击行为;后利伯特和巴伦(Liebert 和 Baron,1972)在实验室中利用测量攻击行为的仪器对儿童观看暴力电视后的攻击行为进行测量,发现暴力节目促进了儿童的攻击行为;此后又有勒恩斯等(Leyens,1975)在自然情境中对暴力电视和攻击行为的关系进行研究,也发现了同样的结果。有人对暴力电视节目的影响做个小结,暴力电视会提高儿童对攻击行为的敏感性;为儿童提供了众多的攻击范型；使儿童对现实生活中的攻击行为反应淡漠。与暴力行为相反，某些电视节目也会提高个体的亲社会倾向。例如，美国的《芝麻街》等节目，为儿童和青少年提供了亲社会的榜样。此外，电视节目对引领儿童的消费观和消费行为也起了很大的作用。

随着信息技术的发展，网络在青少年的发展中发挥着越来越重要的作用。网络犹如双刃剑，有积极的作用，也有消极的影响。网络具有快捷性、方便性、同步性，对青少年的观念系统会产生影响，它给青少年提供了极大的信息空间，提供了无限的交往范围，提供了自由、平等的交往机会。但如果过分沉迷于网络，则会有不良的影响，网络成瘾就是描述这一消极作用的概念之一。网络成瘾指的是由于过度使用互联网而导致明显社会、心理损害的一种现象。崔丽娟、赵鑫等人（2006）通过对网络成瘾青少年的社会性特点进行研究，发现网络成瘾的青少年在学习压力、人际关系上存在更多的问题，在人格特征上存在着攻击性、无序感、自我与经验的不和谐等，他们的主观幸福感比非网络成瘾的青少年低。崔丽娟、刘琳（2003）研究发现，大学生对互联网的依赖显著影响了他们的主观幸福感与社会疏离感，上网时间与对网络的依赖程度呈显著正相关。

第二节 青少年社会性发展的特点

一、青少年阶段的年龄界定

青少年时期包括了少年时期和青年初期，是一个从幼稚走向成熟的时期。青少年时期的年龄界限很难划定，要考虑生理、心理和社会因素等诸多方面,尤其现在人的生理成熟提前、个体高学历化,个体的生理年龄提前,社会年龄不断延后,划界更加困难。从生理角度讲,一个人达到性成熟,发育期结束,青春期也就结束了;从智力角度讲,一个人能进行抽象思维,达到形式运算,认知就成熟了;从社会学的角度讲,一个人能够自给自足,或选定职业,或结婚建立家庭,就达到了成年;从法律的角度讲,18岁有了选举权就成年了;从心理学角度讲,完成了青春期的任务,不依赖父母而自立,具有稳定独立的人格特点,有了一定的价值体系等就算成熟了。可见,青春期的划界十分复杂。

根据大多数学者认可的青少年阶段的年龄界限,我们把青少年阶段的年龄范围大致定在十一二岁到十七八岁,即个体的中学时期。

二、青少年情绪情感的发展特点

(一) 什么是情绪情感

情绪是人的主观需要是否得到满足而产生的态度和体验。它是动物和人类共有的现象,而情感则是人类所特有的,它是与人的社会性需要相关联的。

现代心理学认为,情绪由主观体验、生理唤醒和外部表现三部分构成。主观体验反映了个体的需要是否获得满足以及满足的情况;生理唤醒是与情绪有密切关系的人体内部器官的活动;外部表现是个体在产生某种情绪时伴随的身体动作、面部表情、语音语调等可观察到的表现。人的情绪有许多类别,如原始情绪有快乐、悲哀、愤怒、恐惧等形式;与他人有关的如爱、恨等;与自己有关的如成功感、失败感、内疚、悔恨等;与感觉刺激有关的如疼痛、厌恶、轻快等,还有惊奇、美感、幽默感等。

(二)情绪情感的发展

布里奇斯认为,个体一出生就具有弥散性的激动或兴奋,随着个体的发展,弥散性的激动或兴奋中慢慢分化出各种复杂的情绪。婴儿期最重要的情绪反应就是依恋和陌生人焦虑。依恋是婴儿寻求并企图保持与主要照顾者亲密的身体联系的倾向,表现为笑、哭、吮吸、依偎、咿呀学语、跟随等行为。在婴儿对主要照顾者表现出依恋的同时,对陌生人会表现不同程度的害怕,即陌生人焦虑。随着儿童年龄的增长,儿童的情绪越来越复杂,引发情绪反应的刺激也发生着变化。例如,7个月以下的婴儿,所有的视觉刺激都没有引起恐惧的行为和表情;7个月的婴儿开始对响声和不熟悉的玩具产生恐惧,在1岁时达到最高水平,然后开始下降;从2岁开始,对噪声、陌生的物体或陌生人、痛、坠落、突然失去身体支持以及突然的移动等刺激的害怕减少了,开始对想象的事物产生恐惧,比如鬼、妖怪等,对危险、身体伤害及其他的有潜在危险的情境也产生恐惧。到了青少年时期则表现出社会性方面的恐惧。

总的来说,个体的情绪从最初的不稳定、冲动到情绪丰富、稳定,情绪不断社会化。

(三)青少年情绪情感的发展特点

随着青少年身体的迅速发育,他们在心理上也经历了急剧的变化,这种急剧变化尤其反映在情绪情感方面,表现为情绪起伏波动大,情感体验深刻、丰富和复杂,容易陷入情绪困扰。

具体说来,青少年的情绪情感表现出一系列矛盾性特点,可以用以下几个方面来概括:

1. 稳定与冲动

青少年的情绪情感与儿童时期相比,显得更稳定,受外界情境的影响更少。但他们也有很强的冲动性,常表现为"一时性起"、年轻气盛。这一方面与青春期的大脑神经活动特点有很大关系,青少年个体神经活动兴奋过程往往比抑制过程占优势,刺激在神经传导过程中易造成泛化和扩散现象。个体的肾上腺发育在11~20岁之间会加速,肾上腺激素的分泌增加与情绪的高兴奋性、冲动性有直接关系。另一方面,这与个体的社会需要增多、自我意识的增强密切相关。当青少年认知结构中产生的预期与现实不吻合,客观事物大大超出预期,就会产生强烈的情绪反应。

随着青少年阅历的增长和经验的丰富,青少年中后期的个体开始对冲动的情绪进行克制和忍耐,情绪反应的强烈程度降低,情绪波动性减少、稳定性增强。

2. 深刻与延续。

青少年随着学习、生活范围的扩大以及身心的巨变和自我意识的觉醒,情绪体验越来越丰富和深刻。同时,他们的情绪更多会以心境状态出现,表现为一种持久、微弱的心理状态。这种心理状态会影响他们的学习、生活,也会影响到同伴的情绪状态。

3. 掩饰与表露。

随着年龄的增长,青少年的情绪情感已不再像儿童那样外露、直观了,他们开始掩饰自己的真实感受,使情绪情感带有内隐的特点。在不少特定情况下,他们会把自己的真实想法或情绪曲折、掩饰地表达出来。例如,他们明明对某事物有很强烈的兴趣,却在表面上装出一副无所谓、可有可无的样子。他们也会根据场合适当表达自己的情绪,如在严肃的情境,他们可能会掩饰自己由于其他原因而导致的内心的喜悦,而表现出同样的严肃。这种情绪的掩饰并非表里不一、虚伪,而是一种成熟的表现。当然，青少年与成人相比，在情绪上仍不能像成人那样周密成熟。有的时候，他们的情绪十分外露。例如，他们遇到让他们觉得很不公平的事时，往往会一吐为快。

4. 自尊与自卑。

青少年十分关注自我，一系列关于"我"的问题不断萦绕于心，他们的自尊感非常强，希望社会和他人尊重和承认自己，期望在群体中取得适当的地位，受到好评和重视。但他们的认知能力、社会能力尚不成熟，又会感到信心不足，容易产生自卑。霍尔曾在《青少年：它的心理学及其与生理学、人类学、社会学、性、犯罪、宗教和教育的关系》中进行了如下的描述："有时，纯属想象的羞辱感是这么深切，好像在一段时间内，灵魂被投入最深邃和最悲哀的忧郁之中；这时腼腆的害羞代替了惯常的自信，这种害羞不是朋友们的哄劝和鼓励所能克服和探测的，它只流露在某种秘密日记或祈祷之中"[1]。

三、青少年人际关系的发展特点

人际关系是人们在共同的活动中彼此为了满足各种需要而建立起来的相互间的心理关系，包括个体间相互认识、相互好恶、相互亲疏的心理上的距离。此处描述的青少年人际关系主要包括亲子关系和同伴关系。

(一) 青少年亲子关系特点

与儿童时期相比，青少年在生理、认知能力以及自主性上都发生了显著变化，这些变化导致青少年与父母的关系也在发生着

---

[1] 转引自李维·霍尔. 论青少年心理发展的十大特征 [J]. 当代青年研究，1998，(4)：36.

改变。塞尔曼（Selman，1980）认为，亲子关系由孩提时期的父母是儿童的"老板"，满足孩子的即时需要发展到父母成为儿童的看护人和帮助者、监督咨询员和需要满足者，到后来的父母和儿童之间相互容忍和尊敬；直至青少年阶段，亲子关系随环境、双方能力和每个人改变的需要而发生变化。布卢斯认为，进入青春期后，青少年很少将父母看作是每件事情上的权威。随着其认知能力的增强，他们已能作出逻辑推理，"因为是父母说的"已不再成为他们服从"命令"的理由，他们逐渐发现，"父母也会失败"。

在青春发育的不同时期，亲子之间的关系也不同。在少年期，青少年还基本保持儿童时对父母的依赖，由于身心的逐步成熟和交往范围的扩大，他们开始要求从父母那独立出来，与父母的冲突开始增加。在青年初期，青少年从心理上逐渐脱离父母，此时亲子间出现的冲突与疏远是最大的，有人称之为"亲子关系的危机期"。这一时期的青少年独立意识很强，原先的亲子作用模式被打破，青少年对自己的认识超前，认为自己已是成熟的成人，父母对他们的认识滞后，只注重他们不成熟的一面，未看到他们已具备的成人感，亲子冲突由此产生。独立性和平等的问题成为最尖锐的问题。此时的亲子冲突集中反映在社会生活和习俗、责任感、学业、在校行为、家庭关系、价值观和道德等方面（Laursen，1995），如选择什么样的朋友、发型、服饰、对长辈的尊重等。我国学者韦有华（2000）通过调查得出我国亲子矛盾中最主要的问题是父母的教养态度和青少年心理需求的冲突，具体表现为如下四个方面：一是父母对孩子的状况感到不安，采用过度保护的教养方式；二是父母对孩子期望过高，干涉过多，教育过于严厉；三是父母对孩子过于溺爱与盲从；四是某些父母对孩子采取忽视和放任的态度与做法。从青少年的角度看，他们最希望的父母是具有亲近感，能让他们心理自主，同时有能对他们进行必要的监控的父母，即他们希望自己的父母能关怀、信任、帮助他们，能倾听他们的呼声并能理解他们，能给予他们提出意见、保密隐私和为自己做决定的自由，同时还能制定规矩督导和监控他们的行为（Barber，1997）。到了青年中期，亲子冲突减少，青少年能以更客观和合理的态度来看待父母，亲子关系渐趋改善。

（二）青少年同伴关系特点

儿童时期，儿童对同伴的依赖相当松散，他们会寻找年龄相仿、兴趣相投的玩伴。他们主要通过父母来获得情感满足；只有得不到父母的爱时，才会转向同伴。青春期则不同，性成熟带来情感独立和摆脱父母管教的需要，青少年转向了同伴。同时，青少年缺乏安全感、充满焦虑，缺乏对个性的明确把握及安全的自我认同，他们需要聚集一帮朋友，以获得力量，建立自我。这也使他们转向同伴，他们可以从同伴身上学会必要的技能，同伴团体也能给他们提供关于外部世界的信息。

青春期的同伴关系是真正建立在相互理解相互信任、亲密的感情基础上。同伴之间的亲密程度提高，表现为亲密无间，彼此关心，形影不离，有说不完的知心话，这在女性伙伴中尤为明显。如果他们发现同伴有"背叛"行为，就感到受到了很大的伤害。

同时，青春期也是同伴群体普遍形成的时期。顿费（Dunphy，1990）把同伴群体的形成分为五个阶段，即前聚群期、初聚群期、聚群过渡期、完整聚群期和聚群互解期。在前聚群期，男孩和女孩在各自的同性群体中活动；初聚群期的青少年第一次开始同伴群体间的异性交往；在聚群过渡期，由异性组成的同伴小群体开始形成；到了完整聚群期，大团体基本由异性小团体组成，它们之间有大量的联系；最终在聚群互解期，同伴大群体开始解体，异性伙伴出现，其中部分将来导向婚姻。这种同伴群体一般成员年龄相仿，空间距离接近，志趣相投。青少年十分关心自己在同伴群体中被接纳的程度，他们在同伴群体中的适应会影响他们的人格健全发展。

此外，随着青春期性的发育成熟，性意识开始广泛影响青少年的同伴关系。美国青少年的一项调查表明，56%的青少年有过恋爱经历，39%没有，5%不确定。其中，12岁～15岁男少年称有过恋爱经历的可能性最小，16岁～18岁的女青少年说有过恋爱经历的可能最大。由性所带来的异性关系也成为这一时期同伴关系的另一个特点。

四、青少年自我意识发展的特点

自我意识是对自己存在的觉察，即认识自己的一切，包括自己生理状况、心理特点以及自己与他人的关系。自我意识是一个多维度多层次的心理系统。从形式上，自我意识可以分为自我认识、自我体验和自我控制；从内容上，自我意识可以分为物质自我、心理自我和社会自我。

自我意识不是与生俱来的，它是随着个体的生理成熟，在个体与社会环境相互作用的过程中逐步发展起来的。个体初生时，主客体未分化，不能区分自己与自己以外的东西，没有自我意识；到了七八个月，自我意识萌芽，个体能意识到自己的身体，听到自己的名字会有反应；3岁左右，个体会说"我"，这是自我意识发展的一大飞跃。3～14岁，自我意识客观化，能通过他人的评价认识自己，主要服从权威或同伴的评价。青春发动到青春后期，自我意识主观化，个体关注自己的内心世界，喜欢用自己的眼光和观点去认识和评价外界，产生自我塑造、自我教育的紧迫感和实现自我目标的动力。

(一) 青少年时期是自我意识发生飞跃的时期

青少年时期是自我意识发生飞跃的时期，其原因有三：一是生理上的原因：青春期是身体生长发育的第二高峰期，青少年的体型逐渐变得像成年人，这使他们意识到自己不再是个小孩子，出现了"成人感"；二是心理上的原因：青少年的思维在改变，能对自己的心理过程、内心活动加以分析、评定，具有了反省思维，即青少年可以把自己作为思考对象，把自己的心理活动清晰地显现在思维的屏幕上，按照内化了的社会化标准审视自己的个性特点等；三是社会的原因：进入中学，青少年在家庭和学校中的地位发生了变化，父母和教师不再把他们当作小孩了，向他们提出了更高的要求，如独立性上的要求，做事有自己的观点、不依赖别人等；同时，他们自己也面临着许多抉择的社会问题，如选择专业、职业准备等。这些都使青少年重新正视自己、了解自己；还有，同龄群体的作用也越来越大，他们要不断调整与同龄人的关系（处理与同性、异性的关系等），以使自己在集体中占有一定的地位，能受到同伴的尊敬，他们喜欢注意与评论别的同龄人的心理特征和品质，并自觉地把自己的特点与别人的进行比较，找出自己的优缺点。以上这些都促使青少年的自我意识发生质的改变。

(二) 青少年自我意识的特点

1. 独立意识发展，产生"成人感"。

随着身体的生长、思维的改变和社会要求的变化，青少年产生了强烈的"成人感",他们认为自己已经长大成人,希望别人像对待成人那样对待他们,不要再把他们当作小孩。他们的独立意识增强了,希望能摆脱成人的束缚,希望能独立自主地处理自己的学习、生活。当遇到问题时,他们不再向成人求助,而是希望凭借自己的认识和能力去解决问题。他们在社交中常以成人自居,常常模仿成人的行为,如抽烟、喝酒等,以此来证明自己也是个成人了。

一旦他们的独立意向受到阻碍,就会产生强烈的不满和反抗行为,有人总结了反抗的三种形式,即硬抵抗、软抵抗和反抗的迁移。硬抵抗表现为态度强硬,用十分粗暴的态度和行为对待成人的建议与要求;软抵抗表现为不理不睬、漠不关心,对成人的言语冷淡相对;反抗的迁移表现为对成人不敢直接采取抵触行为,而将不满迁怒于他人或其他东西,如对弟弟妹妹发脾气,冲着家中的小狗发火等。

2. 关注自己的身体形象。

伴随着青春期的到来,青少年在身体外型上发生了很大的变化,身高、体重、外貌都成了青少年关注的焦点。这些外型特点会直接影响青少年对自我形象的认识。一般来说,与男孩相比,女孩在整个青春期对自己的身体更不满意,对身体形象的认识更加消极,这种不满意随着身体脂肪的增加而不断增加。女孩更关心自己的体重,希望拥有苗条的身材。男孩对自己的身体相对更为满意,这可能与他们的肌肉与体力增加有关。男孩更喜欢中等的运动员的身材,不会像女孩那样感到自己超重,也不喜欢太瘦。实际上,个体对自己青春期的身体变化的反应在很大程度上是对父母、大众媒介和其他文化传播途径传递给青少年的社会标准和期望的折射。

3. 关注自己的内心世界和心理品质。

随着年龄的增长，青少年逐渐将视野转向自己的内心世界，探索"我到底是个什么样的人？我要发展成为什么样的人？"这种对内心世界和个人心理品质的关注常常体现在青少年间的谈心和他们的日记里。

4. 自我意识出现新的分化。

青春期的自我意识中分化出了理想自我和现实自我。理想自我指的是个体按照社会标准和自身的道德准则所形成的关于自己要成为什么样的人的设想；现实自我是个体关于自己现在是一个什么样的人的看法。青少年一方面在观察、评定现实的自我，另一方面也在积极追求和实现理想的自我。理想自我可以是现实的，也可以是一种幻想。有些临床心理学家认为，现实自我若与理想自我相距太远，可能是心理不健康的表现，担心青年沉溺于自我观察和陶醉之中，会脱离现实，陷于孤立，乃至怀疑自己的不真实性，导致人格解体。一般说来，现实自我与理想自我有一定距离是个体发展中的正常现象，这种距离正是儿童自我意识成熟的表现。

5. 强烈的自尊需求。

青少年独立意向的发展使他们的自尊敏感而强烈，他们希望别人尊重和承认自己，期望在群体中取得适当的地位，期望受到好评和重视，他们极易表现出争强好胜。他们极易大喜大悲，容易因一点成绩而沾沾自喜，也容易因一点小事而陷入自卑。

6. 自我评价趋于成熟、自我控制能力有所提高。

儿童期的自我评价主要依从于成人，以成人的评价作为自我评价的依据。青少年时期，自我评价能力逐渐发展成熟，表现为能独立评价自己，不盲目听从成人及同伴对他的评价；自我评价从片面性向全面性发展，对自己的评价更加全面，判断更加准确；对自己的评价从身体特征和具体行为向个性品质方向转化，评价的抽象程度大幅度提高。在自我控制方面，自我控制的欲望提高了许多，天津市的一项调查表明，有46.43%的学生认为为了实现重要目标可以控制自己的某些欲望，38.94%的学生表示在落实计划时如果遇到困难，总能设法克服，决不轻易放弃（高平，2001）。但青少年学生的自我控制能力还有待进一步提高。

五、青少年性心理发展的特点

青春发育期一个非常重要的生理变化是第二性征的变化和性成熟。女性第二性征的出现，会使女青少年出现局促不安和羞怯心理，害怕旁人注视；男性第二性征的影响没有女性这么明显，相应的出现"男子汉"意识。性成熟也使青少年出现性欲望、性冲动和自慰行为。霍金芝（2003）对我国青少年的性行为表达进行了研究，发现2.0%~6.8%的青少年有过性梦；男性手淫的比率是28.2%，女性为11.4%；初中生性行为的发生率为4.6%，高中生为4.2%。这些都对青少年产生很大影响，使他们意识到两性关系，对异性产生兴趣，性心理发展起来。

（一）异性意识发展

性成熟使青少年产生了异性意识。异性意识的发展经历了一个过程：(1) 异性意识的准备期（学龄前期）：男女儿童在五六岁时游戏兴趣有了分化，出现同性联系密切的倾向，但没有明显的异性意识。(2) 异性疏远期（学龄初期到青春初期）：在学龄期，同性结合紧密，常形成闭锁状态的小群体，躲避异性，此时他们虽然对异性也有兴趣，但由于会受到同性伙伴的嘲笑和轻蔑而不想接近异性。对异性恶作剧、态度粗野多发生在这一时期。

(3) 异性亲近期（十三四岁～十七八岁）：青少年有了性欲的体验和要求，开始逐渐摆脱心理上的闭锁状态，希望接近异性了解异性，男女之间相互怀有好感，出现情感上的吸引与亲近。(4) 两性初恋期（十七八岁以后）：一般来说，到了青少年晚期，身心接近成熟了，此时才开始约会谈恋爱比较合适。

（二）异性感受强烈

性成熟使青少年异性感受强烈。这首先表现出对异性好奇，渴望获得性知识，青少年往往对有关性的故事或传闻表现出很大的兴趣，注意翻阅有关性的书刊，注意异性特有的生活方式等。并且，他们对异性好感、敏感，想接近异性，结交异性朋友，十分注意异性对自己的看法、态度，对异性的反应特别敏感，会做出各种举动吸引异性的注意。如他们会因为心仪的异性的在场而手足无措，可能会故意哗众以博得注意，可能会因为对方的一个不经意的眼神而忘乎所以。

（三）性困扰频繁

伴随着性的成熟，青少年也感到性困扰频繁。这种困扰有生理方面的困扰、早熟或晚熟的困扰、性冲动的困扰、未婚先孕等，也有心理方面的困扰，如默默地喜欢一个异性，但又害怕会影响学业，却又控制不住这种情感，不知如何是好。此时的性困扰若没有引导好，会造成青少年心理上的伤害。

第三节 青春期心理发展特点与辅导

一、关于青春期的理论探索

青春期是一个特殊的时期，是从幼年向成年过渡的时期，它

引发了心理学家们的浓厚兴趣。关于青春期的发展特点,不同的理论流派有着不同的解释:

(一)生物发生论

生物发生论认为,青春期的心理发展是由生理发育派生出来的。青春期的性发育和生理成熟导致青少年与之相应的心理变化,如果过早或过晚经历这种变化会影响青少年的自我意象、心情、亲子关系、同伴关系以及与异性的关系等。这一观点的主要代表有美国心理学家霍尔(Stanly Hall)、格塞尔(Gesell)等。

霍尔被誉为"青少年心理学之父",他于1904年发表了两卷本的《青少年:它的心理学及其与生理学、人类学、社会学、性、犯罪、宗教与教育的关系》,标志着科学的青少年心理学的诞生。霍尔深受达尔文进化论思想的影响,将生物学中"进化"的概念扩展为心理学的复演论(recapitulation theory),认为个体发展的各个阶段重复了人类进化的相应阶段:婴幼儿期复演了动物阶段,儿童期复演了渔猎时期,少年期复演了农业时代的稳定生活,而青年期则复演了人类历史中骚乱的过渡时期。霍尔用"暴风骤雨"(storm and stress)来形容青春期,认为青春期在本质上是动荡的,充满了种种矛盾和冲突。"在矛盾和冲突之中,个体的心灵可以在尽量大的范围内探索人类的经验,不断地达到新的成熟,以更好地适应生活"[1]。霍尔对生物因素在个体心理发展中的作用的强调是有一定贡献的,但他完全用"复演论"将个体的心理发展与人类的种族发展等同,是没有实证依据的,同时他也忽视了社会文化和个体主观能动性在发展中的作用。

---

[1] 张文新.青少年发展心理学[M].济南:山东人民出版社,2002:33.

格塞尔则强调基因指导下的成熟因素在个体心理发展过程中的决定作用。他认为青少年阶段是从童年向成年过渡的时期，大约从 11 岁开始。这时，个体在机体上发生了重大的变化，性机能逐渐成熟，引起了心理上的一系列改变，如冲动、情绪不稳定、违抗父母等。格塞尔断言，这只是成长过程中的暂时现象，随着个体年龄的增长和成熟会逐渐消失。格塞尔强调了生理成熟为心理发展提供的可能性，却抹杀了个别差异和环境、教育的因素。

（二）社会发生论

社会发生论不太看重遗传和生物因素对心理发展的作用，十分强调社会背景的影响。这一观点的代表人物有勒温（Kurt Lewin）、玛格利特·米德等。

勒温是格式塔学派的心理学家，他借助物理学上的场论，认为个体是一个场，这个场包括个人和心理环境的生活空间，人的行为是由当前这个场决定的。勒温指出，个体行为是生活空间的函数，即 $B=f(P, E)$（其中，B 是行为，P 是个人，E 是个体的心理环境）。青少年的行为也是由他的生活世界和交际范围决定的。勒温形容青少年是跨立在童年期和成年期门槛之间的"边缘人"，他们既不完全属于儿童群体，又不完全属于成人群体。他从三方面解释青少年：（1）生活空间扩大，接触的环境信息和自我的信息迅速增多；（2）扩大的生活空间使青少年对许多新的领域充满了不确定性；（3）与发身期有关的生理变化对个体心理和行为有调适作用。按照勒温的理论，青少年最大的任务就是扩大活动和交往的范围，建立新的"心理场"。勒温借助"场"来解释人的心理发展，很有新意，但在追溯青少年行为的本源上有一定的局限性。

玛格利特·米德则是研究了萨摩亚文化环境,"在萨摩亚,青少年女孩与未达到发身期的妹妹相比,在一个主要方面有所不同,这就是在年龄较大的女孩身上发生了某些身体变化,而在年龄较小的女孩身上则没有这种变化。"萨摩亚儿童的青春期是非常平静的。由此她认为青春期的表现与人所处的文化环境关联十分密切。

(三)心理发生论

心理发生论是从个体心理发生的角度解释青春期的心理发展。

弗洛伊德认为,个体发展到青春期就进入了心理性欲发展的生殖期,性欲望的焦点转向异性成员。他们的任务是从父母那摆脱出来,建立自己的生活,寻找同龄伙伴,考虑建立稳固、长期的性关系。在这期间,他们可能表现出矛盾性,情绪、行为不稳定、不合逻辑等,在总体尊重父母与权威的同时,在爱与恨、依赖与独立的愿望之间摇摆不定。

在艾里克森的心理社会理论中,青春期正处于人生发展八阶段中的第五阶段,即同一性对同一性混乱的时期。所谓"同一性",就是关于自己是谁的认识。同一性的发展并非青春期才出现的,个体在儿童时期就已形成各种同一性,只是到了青春期由于性的成熟等变化,个体先前所形成的自我同一性必须进行调整和整合以适应新的要求。青少年进行同一性探索的过程并不轻松,他们要努力去评价自己已经拥有什么、还缺少什么、要发展成一个什么样的人。在确立之前,他们需要一个"暂停"的时期,艾里克森称之为"心理社会的合法延缓期","允许还没有准备好承担义务的个体有一段拖延的时期,或者强迫某些个体给自己一些时间,以满足自己避免同一性提前完结的内心需要"(艾里克森，1998）。青少年若在这一时期不能成功地建立自我同一性，就会产生同一性混乱，即无法发现自己，不知道自己是个什么样的人，也不知道自己究竟要发展成为什么样的人。同一性混乱的个体可能会陷入自我怀疑、角色扩散、角色混淆中，可能会沉溺于自我破坏、精神障碍、反社会行为中。对于这样的青少年，艾里克森认为要鼓励他们克服消极的同一性，在现实社会中找到一个献身的事业，"只有当忠诚找到它表现的场所时，人类才可以依赖它自己的翅膀在生态学等级中找到成人的位置，在自然中安顿下来。"

斯普兰格（Spranger）则从整个人格的发展入手来研究青少年的心理发展。他用"第二次诞生"来形容青少年阶段的心理特点，青少年将对儿童期形成的却与青春期不相适应的自我意识进行改造，这是一个人格形成和发展的时期，也是自我意识蓬勃发展、精神生活巨大变化的时期。青少年的自我意识有三个主要特征：(1) 自我的发现，探索的视线对准自己内部，发现了自己独立于其他一切事物的主观意识世界；(2) 产生了对未来生活的设想和新态度，意识到生活的连续性，明白了未来对自己的重要意义；(3) 扩大了生活领域，不再被动模仿，开始进行属于自己的艺术创造、思索、社交生活和建立经济的计划。

何林渥斯（Hollingwerth）把青少年期的意义称为"心理性断乳"。个体的第一次断乳是生理性断乳，切断生理上与母亲的联系。"心理性断乳"指的是从家庭中独立出来、成为独立个体的过程。何林渥斯认为青少年所面临的直接问题，在未开化的种族里所举行的青春期的公众仪式（也称成年礼）中表现得非常清楚：第一，从家庭的羁绊中解放出来并成为部族独立的一员；第二，青少年自身的食粮必须通过努力去获得，即面临着职业选择的问题；第三，青少年已达性成熟并已具备了生殖能力这一事实获得确实的认定；第四，作为成熟的人必须具备世界观的形成。青少年的"心理性断乳"是痛苦的，必须改变许多原有的习惯，因此会带来一时的激动与混乱。

二、青春期心理发展的一般特点

青春期是半幼稚半成熟的时期，带有一系列过渡期的特点。亚里士多德曾抱怨青少年是"暴躁的，易发脾气的，易于为冲动所驱而失去控制"。青春期面临着一系列的改变，这种改变使青春期呈现出与其他年龄阶段不同的特点。

（一）过渡性

青春期是童年向成年过渡的时期，其过渡性突出表现在三个方面：一是生理上的过渡；二是认知上的过渡；三是社会地位的过渡。

生理上的过渡表现为青春期是生长发育的高峰期。个体在青春期经历了身体各方面发展迅速和性的逐步发育成熟。从身体外形上看，进入青春期的个体身高体重增长迅速，增长速度比青春期前快1~2倍；从生理机能上看，脑的内部结构和机能不断分化。神经系统科学家杰伊·吉德在研究健康青少年的大脑时发现：青少年在经历青春期时，大脑似乎会以出人意料的方式发生变化。最剧烈的变化大多出现在脑前部。这片区域对推理、判断和自我控制等高级的大脑功能至关重要。同时，身体的其他器官系统如心脏、肺等的机能也明显提高。另一方面，男孩和女孩的性器官开始逐步发育成熟，并出现第二性征。女孩的性发育开始于乳房的发育，大约在11岁左右，13岁左右月经初潮，达到性成熟。男孩在14~15岁左右首次遗精，之后，阴茎、阴囊也迅速发育,最终达到性成熟。女孩的第二性征主要表现为音调变尖,乳房突起,长出阴毛,骨盆变宽,臀部变大,皮下脂肪增多,形成丰满的女性体态;男孩则是喉头突起,音调变低,上唇出现胡须,长出阴毛和腋毛,肌肉和骨骼发育坚实,体态显得魁梧。这些生理上的突变使青少年在外形上像个成年人,在身体机能方面也基本接近成熟的成年人。这为"成人感"的出现奠定了基础。

认知上的过渡主要表现在认知结构的质的改变。按照皮亚杰的认知发展阶段理论,个体的认知发展经历了感知运动阶段、前运算阶段、具体运算阶段和形式运算阶段。形式运算代表个体认知发展的成熟水平。青少年就处在由具体运算阶段向形式运算阶段过渡的时期,初步获得形式运算,抽象逻辑思维占主导地位,思维已从具体事物中解放出来,能运用假设、推理去解决问题,思维有了很强的预见性,出现了反省思维,即对思维的自我意识和监控增强。并且,在社会认知方面,青少年的观点采择能力已经达到塞尔曼所划分的"相互观点采择"阶段,即能同时考虑自己和他人的观点且能站在第三者的角度看问题;到了青春期的中后期,多数青少年就达到了"社会和习俗系统的观点采择"阶段,能通过与社会系统观点的比较来理解别人的观点,能期望他人考虑和采纳其社会群体中大多数人所持的观点。但是,青少年在社会认知方面又存在着新形式的自我中心主义,即高度的自我意识,阿尔金德(Elkind)将其表现概括为假想观众(imaginary audience)和虚构自我(personal fable)。假想观众指的是青少年认为每个人都像他们自己那样对他们的行为特别关注;虚构自我是关于个人独特性的认识,即青少年相信自己是独特的、无懈可击的、无所不能的。这种自我中心的思维形式又在青少年已接近或达到成年人的认知水平上带上了不成熟的色彩。

社会地位的过渡指的是随着青少年个体的生理成熟和认知的改变，其社会角色发生了变化。人们不再把他们当作儿童来看待，而开始把他们当作成人来对待了，对他们提出了新的更高的要求。例如，他们的政治地位、法律地位都发生了变化。宪法规定，小于14周岁，属于无行为能力年龄，14～16周岁被称为限制行为能力年龄，18周岁以上称为有行为能力年龄。《刑法》第14条规定，小于14周岁，不负刑事责任年龄；已满14周岁，未满16周岁，相对负刑事责任年龄，除重罪要负刑事责任，其他不负。18岁的青少年获得了政治上的选举权和被选举权。

这三种过渡构成的过渡性是青春期最突出最本质的特征。

（二）闭锁性与开放性

闭锁性是指青少年的内心世界日趋复杂，不轻易将自己的内心活动表露出来。这种闭锁性在青春早期表现得更为明显，他们自己保管自己的物品，自己选择交往的对象。"带锁的笔记本"就是典型的写照。青少年的这种闭锁性是面向一定对象的，即他们是对父母、教师等成人闭锁。这种闭锁也使他们产生了强烈的孤独感，他们十分渴望与人交往，希望有人来关心、理解他们。于是，他们就将目光投向了同龄人。他们对同龄伙伴是很开放的，愿意向对方敞开心扉，愿意暴露自己的真实情感。

（三）社会性

与儿童期相比，青少年受社会环境的影响越来越大。随着社会交往范围的扩大，青少年在认识方面已不再拘泥于儿童时那种仅仅对自己或自己周围生活中的具体事物的关心，而是以极大的兴趣观察、思考和判断着社会生活中的种种现象与问题，政治、历史、文化艺术、法律道德、社会风气、人际关系等都成了他们认识和思考的对象。他们也很容易受到社会现象的影响,如追逐明星,追求时尚等。

(四)动荡性

霍尔对青少年的"暴风骤雨"的形容就形象地指出了青春期的动荡性,它指的是青少年思想敏感、偏激、敢于行动,情绪不稳定、容易激动、不安。这是因为他们童年的模式被打破,成人的模式尚未建立,呈现出一种不平衡、不稳定的状态,这就以矛盾和动荡的心理现象表现出来。青少年面临着独立需要与社会地位以及心理成熟之间的矛盾。由于"成人感"的出现和自我意识的发展,青少年的独立意向特别强烈。他们强烈要求摆脱父母的管教,希望父母和成人别再把他们当小孩,希望尊重和理解他们,希望不要干涉他们。但由于心理成熟程度还不够,经验不足,他们常会出现过失或犯错误。由于性的成熟,他们希望像成人那样追求异性、恋爱、结婚,但他们经济不独立、社会成熟度不够、心理发展不成熟,还不善于正确认识和处理两性关系、不足以承担恋爱婚姻的责任。在这种矛盾面前,青少年容易出现心理障碍,容易产生行为偏差。

三、青春期的心理辅导

"心理辅导是一个过程,是受过专业训练的辅导员,致力于与受辅学生建立一种具有治疗功能的关系,来协助对方认识自己,接纳自己,进而欣赏自己,以至可以克服成长的障碍,充分发挥个人的潜能,使人生有整合、丰富的发展,迈向自我实现"(林孟平)。心理辅导的目标是让个体学会适应、寻求发展。在青春期进行心理辅导,要根据青少年的心理发展规律和特点,帮助青少年建立积极的心态、克服发展中出现的矛盾与问题,更健康地发展。我们将青春期心理辅导的内容分为情绪情感辅导、人际关系辅导、自我意识辅导和性心理辅导四个方面。

(一) 情绪情感辅导

对于青少年的情绪情感辅导,应从正确认识情绪、合理表达情绪和适当调节不良情绪以及培养良好的情绪习惯这四方面着手:

1. 正确认识情绪。

青春期的个体情绪波动大,易冲动,容易出现消极情绪。心理辅导的首要是教会青少年正确认识情绪,提高情绪的自我认识水平。正确认识情绪包括两个方面:一是正确识别自身的情绪情感;二是正确认识自身情绪情感产生的根源。正确识别自身的情绪情感,其目的在于对自身的情绪情感进行实时监控,"做自己情绪的主人",最终达到对情绪的有效调节与控制。教师要通过各种途径告诉青少年关于情绪情感的基本知识,帮助他们正确认识自己的情绪,提高理智水平。另一方面,作为情绪多变时期的青少年也要能认识到自身情绪产生的根源,如生理上的变化、学业成就的影响、同伴交往的作用以及性心理的发展等,使青少年对自身的情绪"有备而来",理解自己情绪的缘由,达到对情绪的有效调控。

2. 合理表达情绪。

情绪情感往往发生于交往活动之中,在交往活动中合理表达自己的情绪显得十分重要,这将成为人际关系质量的"指示灯"。在合理表达情绪的过程中,首先要正确认识情境中的信息,并将情境刺激与自身的需要合理结合。例如,某甲从学校的操场边走过,冷不丁一个足球从天而降,正中他的脑门,他摸着头往操场上一看,正是他平日的"对手"某乙抬脚踢球所致,某甲顿时怒火中烧。在这个情境中，情境刺激是某乙的一球砸中了某甲的头，某甲将此情境与平时对某乙的意见相联系，认定某乙的行为是恶意的，因此产生愤怒的情绪。在进行情绪情感辅导的过程中，教师要帮助学生正确合理地分析情境因素，提高学生的情境认知水平。上述的例子中，同样的情境刺激，若某甲将其理解为某乙的行为是无意的，情绪就会发生很大的改变。

同时，合理表达情绪还要注意根据环境背景适时适当地表达情绪。例如，在足球比赛中，甲队员故意踢倒对方的乙队员，乙根据情境可以表达对甲的愤怒情绪，但由于当时的情境背景是在足球比赛中，所以乙要将这种愤怒情绪暂时搁置。所以，在情绪情感的辅导中，教师除了要引导学生正确表达情绪外，还要注意适度、适时表达情绪，使学生的情绪表达能力逐步走向成熟。

3. 调节不良情绪。

对不良情绪情感的调节控制是情绪情感辅导的另一重要目的。中学生的情绪调节能力虽然随年龄增长不断提高，但到高二时才趋于平稳（沃建中、曹凌燕，2003）。所以有必要在辅导过程中，针对青少年中出现的不良情绪教给他们一定的情绪疏导调节的方法。

（1）了解自己的情绪情感问题，纠正认知偏差。

根据情绪情感是由一定的情境刺激配合主体自身的认知需要而产生的体验这一原理，在进行情绪情感调节时首先要弄清情境刺激以及自身的认知需要，通过调整认知需要达到情绪调控的目的。

（2）学会具体的调节不良情绪的方法。

教师要教会学生具体合理的情绪调节方法，使学生在处于不良情绪状态时能运用这些方法及时进行情绪调节。调节不良情绪的方法很多，如宣泄法、转移法、幽默法、运动法、放松法、森田疗法等。

4. 培养良好的情绪习惯。

个体的情绪习惯是在长期环境的作用下形成的，教师要根据学生的情绪情感特点，培养学生积极的情绪情感，消除或减少负面的情绪习惯。例如，有的学生对自己的期望过高，看不到自己的长处，凡事都习惯性地往坏处想，遇事总是习惯性地产生消极情绪，这就影响到他的情绪健康发展。教师就要努力营造积极和谐的教育环境，引导学生产生积极向上的情绪情感，促进身心和谐发展。

（二）人际关系辅导

1. 亲子关系辅导。

青春期亲子关系的辅导要从父母和青少年两个方面入手。

从父母方面，亲子关系辅导主要在于三方面：

（1）了解青春期的孩子。

作为父母，要与孩子建立良好的亲子关系，首先必须了解孩子。了解处于青春期孩子的一般特点，了解自己孩子的个性特点，了解孩子对父母的看法和期待。

青春期是个体发展的第二加速期，父母要正视并了解孩子进入青春发育期的生理和心理变化，了解青春期给孩子带来的发展上的困扰。这些变化包括了青春发育时生理上的改变、认知能力的提高、成人感的出现以及各种青春期的一般特点。这样就能让父母在面对孩子的一系列变化时做好充分准备、镇定自若。

除了了解作为青春期个体的一般特点外，父母还要有针对性地了解自己孩子的个性特点。每一个进入青春期的孩子除了会表现出青春期的一般特点外，还有自己对青春期的特殊反应，这种特殊反应体现了青春发育期的个体差异,表现在生理上的早熟、晚熟、情绪特点、自我意识变化以及自主性等各个方面。父母只有结合青春期的一般特点,加上对自己孩子发展特性的了解,才能真正客观地评价孩子。

第三,对于已经具有了成人意识的孩子来说,父母更要了解他们对父母的看法。父母对自己教养方式的理解与子女感受到的教养方式可能不同,如父母认为自己对孩子已经十分民主了,可孩子可能会觉得父母对他们管得太多、没有自由的空间,这就提醒我们的父母必须了解子女对父母的期待。

(2) 恰当合理的期望。

父母的期望代表了父母的教育要求,天津市的一项调查发现,45.38%的初中学生认为父母对他们的期望过高,这容易使孩子达不到父母的期望而自暴自弃,同时也使父母丧失对孩子的信心,亲子关系陷入恶性循环。所以,父母要根据孩子的特点,结合自己的要求和孩子自身的理想,对孩子建立合理的期望值。

(3) 良好的教养态度与教养方式。

良好的教养态度和教养方式是促进亲子关系和谐发展的重要途径。父母应该对子女采取理解、接纳的态度,关心孩子的成长,理解孩子,给孩子足够的自主空间,在适当的时候给孩子恰如其分的指导与帮助。这种民主的教养有利于亲子关系的良性发展,也有利于孩子的健康顺利成长。

从子女的角度,亲子关系的辅导主要在于:

(1) 理解父母、体谅父母。

青少年要与父母建立良好的亲子关系,就要理解父母的特点以及父母的良苦用心。父母有父母的年龄特点,有他们成长的时代背景,有他们的压力,青少年若能站在父母的年龄特点角度来考虑父母的行为,对他们从积极善意的角度进行分析,沟通就显得容易多了。

(2) 与父母进行良好的沟通交流。

在理解体谅父母的基础上,要建立良好的亲子关系,还必须与父母进行良好的亲子交流。青少年要善于倾听父母的心声,也要勇于把自己的真实想法以耐心、合理的方式呈现给父母,做到沟通渠道的畅通。

2. 同伴关系辅导。

同伴关系是青春期另一十分重要的人际关系,有研究表明,青少年社会交往策略会影响其同伴接纳性(高琨等,2002)。所以对同伴关系的辅导重在从个体的社会技能角度进行。Puttalaze 和 Gttuman(1982)提出社会技能的六个行为维度:(1) 一般性的积极状态。(2) 解决冲突和争端的能力。(3) 对群体规范和社会规则的意识。(4) 准确地沟通的能力。(5) 在自己和他人之间建立共同点的能力。(6) 积极的自我觉知。

综合以上内容,对同伴关系中社会技能的辅导可以从以下两方面进行:首先是关于自我及情境认知方面的辅导,其次是具体交往中的社交技能的辅导。

自我认知和对他人及情境认知技能的辅导的目标是正确认识自己、客观地评价自己、选择合适的交往对象;正确客观地认识他人,对情境有相对客观的认识和评价。这可以通过角色扮演、情境模拟、游戏活动等方式进行。

交往中具体的社交技能的辅导包括言语沟通技能、情绪调控技能、解决冲突的能力等。这些技能的辅导也可以通过具体的角色扮演、情境模拟等方式进行。

3. 网络交往与辅导。

青少年是网络使用的主力军,也是网络交往的主体。张炳富等人对广州市中学生的上网情况进行了调查,发现在被调查的对象中有30.1%的调查对象有经常上网的习惯;大约40%的学生曾经一次上网时间超过6个小时,一次上网时间超过9个小时的学生占全部被调查学生的31.8%;57.1%的青少年在互联网上有特别聊得来的朋友。

青少年的网络交往扩展了青少年人际交往的范围,使交往形式更加多样化,交往更加自主、直接、平等。网络交往也为那些性格内向、羞于言谈、社交能力较弱的青少年进行社会交往打开了方便之门(马倩、裴旭,2000)。但如果青少年过度沉迷于网络的虚拟时空,离开了真实的社会交往和深刻的社会体验,网络就会成为阻碍他们正常成长的因素,导致出现心理健康问题。同时,中小学生在上网时,若缺乏应有的认知能力,就容易受到色情网站的"侵袭",甚至结交不良的网友,使心理健康受损。所以,教师和父母要指导青少年合理使用网络。《全国青少年网络文明公约》指出要善于网上学习,不浏览不良信息;要诚实友好交流,不侮辱欺诈他人;要增强自我保护意识,不随意约会网友;要维护网络安全,不破坏网络秩序;要有益身心健康,不沉溺虚拟时空。

有专家给父母提出10条建议:(1)不要将电脑安装在孩子的卧室,最好放在家中的明显位置。(2)控制孩子使用电脑的时间和方式。(3)经常了解孩子的网上交友情况。(4)与孩子共同阅读电邮来信,预先删除含色情内容的垃圾邮件。(5)在电脑上安装禁止访问色情网址的软件。(6)非经父母许可,不要让孩子与网上结识的陌生人会面。(7)安装可过滤检测并禁读"性"、"色情"、"黄色"等字词的软件。(8)控制孩子远离网上聊天室。

(9) 教育孩子不要轻易将个人信息在网上发布。(10) 与孩子一起上网。

(三) 自我意识辅导

青春期是自我意识发生飞跃的时期,结合青少年自我意识的发展特点,青春期的自我意识辅导要从如下几个方面进行:

1. 全面客观正确地认识自己、悦纳自己。

全面、客观、准确地认识自己是自我意识成熟的标志之一。教师首先要帮助学生全面、客观地认识自己的生理、心理和社会等方面的特点,既看到自己的优势,又要看到自己的不足,扬长避短。其次,教师在帮助学生认识自己的过程中,要注意予以全面、公正的评价,要引导学生进行恰当的社会比较。虽然青少年已经能够进行独立的自我评价,但由于认知和社会经验的不足,他们容易低估别人、高估自己,对自己的评价不稳定。当他们取得一点成绩,就容易把自己看成很了不起的人;若碰到一点挫折又容易把自己贬得一无是处,容易走极端。所以此时教师的引导显得十分重要,教师可以通过榜样、角色扮演等方法给学生提供恰当的社会比较模本,使学生在取得成绩时不得意忘形、在失败时也不妄自菲薄。

全面客观正确地认识自己,其根本目的是悦纳自己。悦纳自己包括悦纳自己的长处,同时也要善待自己的不足,乐于接纳自己,努力完善自己。

2. 确立现实合理的理想自我。

理想自我是青少年自我发展的目标,其内容的合理性对青少年的发展十分重要。理想自我若过高,无法实现,会使青少年丧失发展的信心或使理想自我成为空想而失去理想自我本身的目标价值;理想自我若过低,也会使青少年失去发展的目标,陷入自我满足之中。所以，确立理想自我必须根据自身的特点、根据社会所提供的可能性，按照社会的要求进行，使理想自我具有现实的可能性，而不是脱离实际的空想。

3. 培养良好的自我控制能力。

青少年的自我控制欲望强烈，但自我控制的水平偏低（高平，2001）。所以教师在教育的过程中要注重学生自我控制能力的培养，提高自我监控、自我调节的能力。这种培养可以从学习生活中的小事做起，也可以设计专门的活动进行。

4. 克服自我意识障碍。

青少年在自我意识的发展过程中，会因为各种原因使自我意识的发展出现障碍，心理辅导的目标之一就是要消除青少年自我意识发展中的障碍，使自我意识健康发展。在青少年中，常见的自我意识的障碍有过于追求完美、过度自我接受、过度自我拒绝、丧失自我等。

过于追求完美的人对自己要求过高，希望自己完美无缺，离开了自己的实际情况，从而使"完美"期望受挫，增加适应的困难。他们对自己的所谓"不完美"之处过分看重，甚至把人人都会出现、遇到的问题看成是自己"不完美"的表现，从而影响自己的情绪与自信。对于这样的青少年，要引导他们认识追求完美是健康发展的本能，但要表现得十全十美、不肯迁就现实中平凡的或有缺点的自我，这是一种非理性的观念，要教会他们理性地分析思考问题，改变这样的非理性观念。

过度自我接受的人高估自己，对自己的肯定评价往往有过之而无不及，盲目乐观、自以为是，他们往往在人际交往中受挫。教师要引导他们客观公正地认识自己，既要看到自己的优点，也要认识自己的不足。

过度自我拒绝的人与过度自我接受的人正相反，他们不喜欢自己，自我否定，甚至怨恨自己，他们看不到自己的价值，只看到或夸大自己的不足，感到自己处处不如人，低人一等，丧失信心，严重的会走向自我毁灭。对于这样的个体，教师同样也要引导他们客观认识自己，在看到自身不足的同时，更要看到自己身上的优点与长处。教师可以通过鼓励、增加他们的成功感受的方法提高他们的自我价值感。

丧失自我的人常常把他人的期望当作自我认识的一部分，以他人期望作为自我发展的方向。这样的青少年在自我发展的过程中常常因为他人意见的不统一而迷失发展方向，成为没有统一自我的人。教师应帮助他们客观地分析对待他人的评价，建立独立的自我评价，不盲从他人。

（四）性心理辅导

随着青少年性生理发育的提前，性生理成熟和性心理成熟之间存在差距，青春期的性心理问题越来越突出。目前，青少年所面临的性问题主要有性知识缺乏和性早熟与性心理困惑。据宋桂云等人（2005）一项调查，青少年对性知识的了解不尽人意。目前高中学生获取性知识45.25%来自医学类书籍，28.4%来自网络、影视、小说杂志，来自同性朋友的占19.5%，来自家庭、老师的只有6.85%；72.1%的人认为进行性教育十分必要（陈英杰等，2005）。在异性交往方面，霍金芝（2003）发现，有2.0%~12.3%的青少年在心理上回避和害怕异性交往。青少年的性心理困惑主要来自性心理发展与不能认知的矛盾、性要求与性道德的矛盾。

由于我国长期以来封建思想的束缚，人们视"性"为洪水猛兽，不能登大雅之堂，性教育、性心理辅导一直是个薄弱环节。

近年来，随着社会的迫切需求、随着人们思想观念的改变、随着社会各界的呼吁，青少年的性教育问题逐步受到了重视。

首先，对青少年进行性心理辅导要选择合适的时机。青春期的突然到来有时会让青少年手足无措，因此青春期的性教育要"走在青春期的前面"。在青春期到来之前就对儿童进行有关的青春期性教育可以达到预防青春期困惑的目的，让儿童对即将到来的青春期有充分的思想准备。

其次，青春期性心理辅导可以围绕以下内容进行：第一，要让青少年通过正常的渠道获得性生理、性卫生及性保健方面的知识；第二，要传授给他们性心理知识，如青春期心理发展的基本特点，青春期性心理的发展与表现，如何与异性交往、建立友谊、青春期心理保健知识与技巧等；第三，是进行性道德及婚姻家庭的有关教育。

再次，进行青春期的性心理辅导要注意辅导的方式和方法。对不同内容可以采用不同的辅导方式，如进行性生理、性卫生、性保健方面的知识传授时，可以采用录像、书籍阅读、讲座、小组讨论等方式；对于性心理和性道德知识，可以通过阅读、讨论、案例分析等方式进行。传统的实施性心理辅导的主体是青少年的父母和学校中的老师。有专家提醒，在家庭中由父母进行性教育要注意两点，一是要将"性"的问题融入日常生活的点滴中，不要正式谈"性"，要找机会由父母双方共同进行教育；二是应强调在性方面"能做什么"，不要老是强调"不能做什么"，若一味强调"不能做什么"，孩子易产生逆反。现在，有人提出可以根据青少年对同伴群体的依赖，让青少年作为实施性心理辅导的主体，这就有了以青少年同伴群体的影响力为基础的"同伴性教育"。这种模式可以打破成人与青少年之间的代际隔阂，利用青少年对同伴群体的"开放"与信任进行性心理辅导,提高性心理辅导的效果。

第四,除了给青少年提供必要的性知识外,在进行心理辅导中还要注意帮助他们消除性心理困扰,诸如女性月经、男性遗精、手淫行为、异性吸引、性幻想、性压抑、性恐惧、性骚扰和性侵犯等困扰。

同时也要注意由之引发的所谓"早恋"问题的处理。实际上,青少年的所谓"恋爱",有别于真正的恋爱,它实质上是接近异性期的表现,这种"小狗小猫的爱"是怀春心理的表现,是一种自然朦胧、稚嫩脆弱、盲目冲动的爱,家长和教师要谨慎对待和处理,不要简单地"一棒子打死"。对于青少年间正常的异性交往应该鼓励,并帮助他们正确地看待青少年异性间的正常交往;对于超越了正常的异性交往而建立起来的朦胧的爱,应该用合适的手段引导他们将青春期的性冲动转向更加积极的方向。

总之,对于青少年的性心理辅导,最终的目的是要帮助青少年建立正确的性价值观,正确看待青春期的性生理和性心理变化,抵御社会上不良性刺激的侵袭,有效控制自己的性冲动和性欲望,建立正常的异性关系,顺利度过青春期。

【主要结论与应用】

1. 广义的社会性是指人在社会上生存过程中所形成的全部社会特性的总和;狭义的社会性指由于个体参与社会生活、与人交往,在他固有的生物特性基础上形成的那些独特的心理特性,它们使个体能够适应周围的社会环境、正常地与别人交往,接受别人的影响,也反过来影响别人,在努力实现自我完善过程中积极地影响和改造周围环境。个体的社会性发展是指个体从自然人发展到社会人的过程,即个体在生物遗传的基础上,通过与社会环境的相互作用，掌握社会行为规范、价值观念、社会行为技能，适应社会生活，成为一个独立的社会人的过程，也即社会化的过程。遗传是个体社会性发展的基础；社会性发展是通过与社会环境相互作用进行的；这是一个毕生发展的过程。

2. 历史上不同的心理学流派对个体社会性发展做出了不同的解释。弗洛伊德强调力必多在个体社会性发展中的作用，根据力必多投射的位置不同，将个体的社会性发展划分为五个阶段；艾里克森根据个体在不同时期心理社会危机的特点，提出了人生发展的八阶段论；文化决定理论强调文化因素在个体社会性发展中的重要作用；布朗芬布伦纳提出了人类发展的生态学模型，将个体发展的生态环境分为微观系统、中间系统、外系统、宏观系统和长时系统。

3. 影响个体社会性发展的因素可分为生物学因素和社会环境因素两大类。生物学因素包括了遗传和包括母亲年龄、疾病、食用药物、烟酒、情绪等在内的母亲在孕期体内的生物环境；社会环境因素主要包括家庭、同伴、大众传媒。

4. 青少年时期包括了少年时期和青年初期，是一个从幼稚走向成熟的时期。青少年的年龄界定很难，可以从生理、智力、社会学、法律等方面考虑。根据大多数学者认可的青少年时期的年龄界限，我们把青少年的年龄范围大致定在十一二岁到十七八岁，即个体的中学时期。

5. 青少年社会性发展包括了情绪情感、人际关系、自我意识、性心理发展等方面的内容。情绪情感是人的主观需要是否得到满足而产生的态度和体验，青少年的情绪情感表现出一系列矛盾的特点；青少年的人际关系主要包括亲子关系和同伴关系，它们在青少年阶段都经历了与儿童时期不同的变化；自我意识是对自己存在的觉察，即认识自己的一切，包括自己生理状况、心理特点以及自己与他人的关系，青少年阶段是自我意识发生飞跃的时期；由于青少年身体的生长发育和性的成熟，青少年在性心理方面表现出异性意识发展、异性感受强烈和性困扰频繁等特点。

6. 以霍尔、格塞尔为代表的生物发生论强调青春期的心理发展是生理发育派生出来的；以勒温、玛格利特·米德为代表的社会发生论十分强调社会背景对青春期的影响；弗洛伊德、艾里克森、斯普兰格、何林渥斯等心理发生论者从个体心理发生的不同角度解释了青春期的心理发展。

7. 青春期的一般特征可以概括为：（1）过渡性：体现为生理过渡、认知过渡和社会地位的过渡；（2）闭锁性和开放性：内心世界向成人闭锁，向同龄人开放；（3）社会性：心理受社会环境的影响更大；（4）动荡性：青少年思想敏感、偏激，敢于行动，情绪不稳定，容易激动、不安。

8. 青春期的心理辅导包括情绪情感辅导、人际关系辅导、自我意识辅导和性心理辅导等方面。

【学业评价】

一、名词解释

1. 社会性
2. 社会性发展
3. 情绪情感
4. 自我意识
5. 青春期
6. 心理辅导

二、思考题

1. 如何理解个体社会性发展的特点？

2. 试比较弗洛伊德理论、艾里克森理论、文化理论和生态学理论对个体社会性发展的解释。

3. 遗传与生物环境如何影响个体的社会性发展？

4. 社会环境对个体社会性发展发生什么影响？

5. 青少年的情绪情感如何表现出一系列矛盾的特点？

6. 青春期的亲子关系发生了哪些变化？同伴关系表现出什么样的特点？

7. 为什么青少年阶段是自我意识发生突变的时期？青少年的自我意识有何特点？

8. 青春期具有什么一般特点？

9. 试比较生物发生论、社会发生论和心理发生论对青春期的解释。

10. 对于青少年的情绪情感辅导应从几个方面入手？

11. 如何从父母和青少年双方进行有关的辅导以建立良好的亲子关系？

12. 网络在青少年的生活中具有哪些作用？如何引导青少年合理使用网络？

13. 青少年中常见的自我意识障碍有几种，如何克服？

14. 如何选择时机对青少年进行性心理辅导？

15. 如何正确看待青少年的"早恋"？

三、应用题

1. 青少年阶段是个体成长的第二加速期，个体面临着生理、心理、社会的变化，请寻找一个或几个青少年，针对他们的社会性发展特点进行分析。

2. 根据家庭环境对个体社会性发展的影响，试分析什么样的家庭环境以及什么样的父母最受青少年欢迎，最有利于他们的社会性发展。

3. 个案分析：某中学生学习成绩优异，对自己要求严格，但与人交往总觉得不自在、显得拘谨，怕别人对自己有看法，怕别人对自己的态度不好，常常有想法却不敢表达出来，怕遭到非议。试分析该中学生出现心理问题的原因，并为他制定一份辅导方案。

【学术动态】

1. 社会性发展是心理发展的一个重要组成部分。从上个世纪90年代开始，我国开始十分重视个体社会性发展的研究，并由著名心理学家领衔，着手进行了一系列有关个体社会性发展的研究课题，可以说研究成果十分丰硕。目前社会性发展研究除了那些原有的研究领域外，还常与认知发展的研究相结合，形成新的研究领域，如社会认知的研究等。

2. 当前行为遗传学对遗传对个体社会性发展的影响研究已从定量遗传学研究发展到分子遗传学研究。人们逐渐发现，大多数行为性状受到多种基因的影响，个体之间的差异并不在于基因数量和位置的多大差别，而在于比人们先前考虑的更小效应的数量性状位点。因此试图寻找与某种社会行为相关的数量性状位点就成了工作的重点。

3. 社会环境对个体社会性发展的影响一直以来都受到心理学界和教育学界的关注，家庭环境、同伴群体、大众传媒等始终是研究的热点。如何利用这些研究结果促进个体的社会性发展是教育工作者们长期的任务。

4. 青春期是一个从幼稚走向成熟的时期，具有过渡性、闭锁性与开放性、社会性、动荡性等特点。这是让不少老师和父母"头疼"的时期。如何根据青少年的特点进行教育、如何帮助青少年顺利地度过青春期是摆在我们面前的一个重要问题。目前关于青春期的探讨试图从青春期的大脑发育特点来解释青少年的种种行为，从而给予相应的教育对策。

5. 在青少年的心理发展中，情绪问题是青春期最突出的问题之一，情绪与大脑的神经调节有很大的关系。如何理解青少年的情绪、如何基于大脑发育特点来帮助他们调控情绪，是情绪心理辅导的重点。在人际关系方面，如何建立良好的亲子关系，如何帮助青少年协调同伴关系、确立在同伴群体中的地位等都是关注的焦点。同时，网络作为现代科学技术，在青少年的发展中起了很大的作用，如何引导青少年合理使用网络、避免网络的不良影响、消除网瘾，这也是教育界关注的焦点。青少年时期是自我意识突变的时期，帮助青少年正确客观地认识自己、建立适当的理想自我、消除自我意识的障碍，这始终是青春期自我意识辅导的重要内容。青少年的性心理发展目前正引起教育界的足够重视，帮助青少年建立正确的性价值观，正确看待青春期的性生理和性心理变化，抵御社会上不良性刺激的侵袭，有效控制自己的性冲动和性欲望，建立正常的异性关系是性心理辅导的重要内容。

【参考文献】

1. 陈会昌. 儿童社会性发展的特点、影响因素及其测量——《中国3～9岁儿童的社会性发展》课题总报告 [J]. 心理发展与教育，1994，(4)：3.

2. 白云静等. 行为遗传学：从宏观到微观的生命研究 [J]. 心理科学进展，2005，13 (3)：305～313.

3. 刘晓陵、金瑜. 行为遗传学研究之新进展 [J]. 心理学探新，2005，25 (2)：21.

4. 邵惠训. TORCH综合征与先天畸形 [J]. 生物工程进

展，1999，19（5）：52.

5. 崔丽娟、赵鑫等. 网络成瘾对青少年的社会性发展影响研究 [J]. 心理科学，2006，29（1）：34～36.

6. 崔丽娟、刘琳. 互联网对大学生社会性发展的影响 [J]. 心理科学，2003，26（1）：64.

7. David R. Shaffer 著，邹泓译. 发展心理学——儿童和青少年（第六版）[M]. 北京：中国轻工业出版社，2004.

8. 张文新. 儿童社会性发展 [M]. 北京：北京师范大学出版社，1999.

9. 王耘等. 小学生心理学 [M]. 杭州：浙江教育出版社，1993：304～305.

10. 邹萍、杨丽珠. 父母教育观念类型对幼儿个性相关特质发展的影响 [J]. 心理与行为研究，2005，3（3）：182～187.

11. 易进、庞丽娟. 夫妻冲突与母亲儿童教养关系的研究 [J]. 心理发展与教育，1995，(4)：48～54.

12. 陈会昌等. 青少年对家庭影响和同伴群体影响的接受性 [J]. 心理科学，1998，(3)：264.

13. 高平. 对中学生自我意识发展水平的调查分析 [J]. 天津师范大学学报（基础教育版），2001，2（3）：48.

14. 霍金芝. 青少年性心理和性行为发展及表达 [J]. 中国心理卫生杂志，2003，17（5）：351～352.

15. 张文新. 青少年发展心理学 [M]. 济南：山东人民出版社，2002.

16. 张进辅. 现代青年心理学 [M]. 重庆：重庆出版社，2002.

17. 程利国. 儿童发展心理学 [M]. 福州：福建教育出版

社，1997.

18. 吴增强. 现代学校心理辅导 [M]. 上海：上海科学技术文献出版社，1998.

19. 沃建中、曹凌燕. 中学生情绪调节能力的发展特点 [J]. 应用心理学，2003，(2)：11~15.

20. 周宗奎. 儿童的社会技能 [M]. 武汉：华中师范大学出版社，2002.

21. 张炳富、涂敏霞、刘玉玲. 广州青少年网络生活调查报告 [J]. 中国青年研究，2006，(2)：10~16.

22. 陈英杰、李可欣. 中学生性心理现状调查 [J]. 中国校医，2005，19（4）：封3.

23. 陈向东. 初中生性教育研究 [D]. 西安：陕西师范大学，2002.

24. 林虹. 青少年性教育的有效抓手：同伴性教育 [J]. 当代青年研究，2005，7：36~40.

【拓展阅读文献】

1. 张文新. 儿童社会性发展 [M]. 北京：北京师范大学出版社，1999.

2. 张文新. 青少年发展心理学 [M]. 济南：山东人民出版社，2002.

3. 雷雳、张雷. 青少年心理发展 [M]. 北京：北京大学出版社，2003.

4. （美）劳伦斯·斯腾伯格著，戴俊毅译. 青春期——青少年的心理发展和健康成长（第7版）[M]. 上海：上海社会科学院出版社，2007.

第五章
人格发展

【内容摘要】

促进学生人格的健康发展是现代学校进行素质教育的重要组成部分。本章的内容学习有助于提高学习者对人格的全面了解，学会科学地看待各种人格现象。本章还通过对各个人格理论流派的分析，让学习者学会把握心理学研究人员看待人格现象的视角，以便更好地掌握各个理论流派的观点，逐步形成自己对人格的看法。此外，对青少年人格特点的探讨也有助于学习者更全面地了解青少年，在今后的教育工作中更好地引导青少年学生人格的健康发展。

【学习目标】

1. 能说出对人格定义的理解。
2. 掌握人格的基本特征。

3. 掌握影响人格发展的因素。
4. 把握自我意识在人格发展中的作用。
5. 掌握人格理论及其功能。
6. 学会用人格理论的评价标准对各人格理论进行评判。
7. 掌握人格理论的研究领域。
8. 学会用人格理论基本问题来区分几个主要的人格理论。
9. 掌握青少年人格发展特点。
10. 学会对青少年问题行为进行分析。
11. 了解青少年不良人格特征。
12. 掌握青少年异常人格类型。

【关键词】

人格　人格发展　人格理论　青少年人格

在日常生活中，我们常常使用人格这个词。比如：我们常说一个人"人格高尚"或"人格低下"，人格指的是人品、品格；在法律上也有"侵犯某某人格"的说法，这是将人格视为权利义务的主体；在商业领域，我们常听到使用某些产品"能增强你的人格魅力"，在这里人格是容貌、仪表、风度；等等。

在教育领域，我们也讲促进学生"个性"或"人格"的发展，这里的人格所指的是什么？心理学中"人格"的确切涵义是什么？个性与人格是相同的概念吗？人格由哪些成分构成？个体的人格又是如何发展的？在人格发展进程中，有哪些因素是比较重要的？在实施课程改革中如何把握学生健全的人格的培养？

第一节 人格发展概述

一、人格的涵义

人格一词的英文为personality，源于拉丁语persona，其原意是指演员所戴的面具，即演员在表演时为表现剧中人物的身份、性格等特征而选用的面部化妆或脸谱。后指演员本人，一个在生活中具有某种特性的个体，他（她）有着独特的角色特征、个人品质、声誉和尊严等。

解放后，我国心理学界从俄文著作中翻译了大量的心理学文献。在这些文献中，许多作者都把"人格"意义上的俄文单词都译为"个性"。应该说，"人格"与"个性"的概念是有差别的，"个性"更多是指人与人之间的差异，而"人格"既包含个体差异，又包含同一文化影响下的形成的某种共同性。

心理学家对人格所下的定义并不完全一致。人格定义的多样性事实上反映了人格具有丰富的内涵。许多心理学家从不同的角度对人格进行诸多探讨，这与盲人摸象颇为相似。抓住尾巴的说大象和绳子一样，摸着耳朵的说大象像把扇子，抱着腿的说大象长得跟树一样，真是见仁见智，莫衷一是。应该说，各个心理学家给人格所下的定义都是从不同的方向向人格的实质靠拢。因此我们有必要了解人格的多种定义。

总体来说，心理学家对人格所下的定义，大致可分为以下几种类型：罗列式定义，认为人格是个人所有属性的组合，一般只是列举出属于人格的东西；整合式定义，强调人格的组织性和整合性；层次型定义，认为人格不仅是有组织的，而且这种组织是有层次的；适应性定义，强调个体对环境的适应，认为人格是个体在适应环境的过程中所形成的独特的适应方式；区别性定义，强调了人与人之间的区别，即独特性。

我国心理学界一般认为，人格是"具有一定倾向性的心理特征的总和"，强调人格的结构性、层次性和多侧面性。认为人格由以下几方面复杂的心理特征的独特而有机地结合构成：完成某些活动的潜在可能性的特征，即能力；心理活动的动力特征，即气质；对现实的稳定的态度和行为方式，即性格；活动的倾向性特征：如需要、动机、兴趣、理想、信念、世界观等。

综合以上各种定义，我们认为人格是个体内在身心系统的动力组织，它表现为个体适应环境时在能力、气质、性格、需要、动机、信念、人生观、价值观和体质等方面的整合，是具有动力一致性和连续性的自我，是个体在社会化过程中形成的具有个人特色的身心组织。

我们可以这样来理解人格的涵义：

1. 人格是一种动力组织。

人格是一个整体性的组织，人格的各个成分是相互协调、相互渗透的。人格具有动力性，对人的外部行为起着决定作用：人格具有稳定的动机，习惯性的情感体验方式和思维方式以及稳定的态度、信念和价值观等等。

2. 人格既是生理的又是心理的。

人格在其形成与发展过程中，既受到个体遗传因素的影响，又受到外界环境、个体经验等的影响，所以人格既不是纯粹生理的，也不是纯粹心理的，而是身、心不可分割的统一体。

3. 人格是相对稳定的。

个体的人格及其特征在时间、空间上具有一贯性和一致性，一个人在不同时间、不同场合下的稳定的行为特点才是他的人格表现。而偶尔出现的不同的行为不是个体的人格表现。

4. 人格是独特的。

每个个体的人格都是独特的,这种独特性不仅表现在某个具体的心理和行为特征上,而且表现在整个行为模式上。构成人格的各个主要特质在其性质、强度、稳定性等方面都是不同的,因此所整合而成的人格也具有独特性。

二、人格的基本特征

一般认为,人格具有独特性和共同性、整体性、稳定性和可塑性、社会性和生物性这四个基本特征。

(一) 人格的独特性和共同性

正如德国哲学家莱布尼兹所说:"世界上没有两片完全相同的绿叶。"世界上也没有两个人格完全相同的人。人格的独特性指的就是这种人与人之间心理和行为方面的不相同。即使是同卵双生子,在遗传上是完全相同的,但人格是在遗传、环境、成熟和学习许多因素的影响下发展起来的,除遗传因素外,还有其他因素和这些因素的相互关系都不可能是完全相同的。人格的独特性可以通过人格测验来测量,也可以通过日常生活来了解。

因此我们在实施教育的时候,应该知道孩子是千差万别的。孔子在很早就提到要因材施教。即便都是外向的人,表达方式也会有很大差别。每个人都是独一无二的。我们在教育时,不能抹煞孩子的个性特点,在一定时候,要让他充分展示他的独特性。

我们强调人格的独特性,并不排除人与人之间在心理和行为上的共同性。对每一个人来说,人类文化的影响使个体具有人类的心理特征。同一民族、阶级和群体的社会文化影响,使个体间具有某种相似的人格特征。这种同一文化陶冶出的共同的人格特征称为群体人格或社会人格，是人格结构的核心部分，源于群体的基本和共同的经验。

(二) 人格的整体性

人格的整体性是指人格虽有多种成分和特质，如能力、气质、性格、意志、需要、动机、态度、价值观、行为习惯等等，但是在一个现实的个体身上他们并不是孤立存在的，也不是这多种人格特质机械凑合或简单堆积，而是综合成为一个有机的整体，正常人的行动并不是某一特定成分（如能力或情感）运作的结果，而是各个成分密切联系、协调一致所进行的活动。正如机器的运行，各零件必须协调一致，作为一个整体才能进行正常的运作。心理的完整性是人格健康的表征。

所以，在培养学生健全人格时，我们不应只抓他的行为，只抓他的认知，或者只抓他的情感某一方面。但我们在实际操作时，有时是从行为习惯开始的；有时是通过激发他的情感，让他产生一种愉快的情感体验，然后再进行认知与行为培养；有时是从认识一个道理，了解概念入手。不管是从行为、情感、认知、价值观念等其中的哪方面入手，人格都是一个不可分割的整体。

多重人格

对于大多数人而言，人格是单一的、相对稳定的。但在临床上却发现有些患有一种现在被称为同一性解离失调疾病的患者，他们正经受着多重人格紊乱的疾病的困扰。

有位名叫克里斯·科斯蒂娜·赛泽莫尔（Chris Costner Sizemore）的妇女是一位典型的多重人格患者，后来将自己的多重人格问题写成《我是夏娃》一书。故事随后被南奈利·约翰逊（Nunnally Johnson）拍成电影《三面夏娃》（*The Three*

Faces of Eve)。故事讲述了一个深陷困惑的美国南方家庭主妇——夏娃：有时她是情绪压抑、较体面的年轻妇女"白夏娃"。有时她是情绪非常混乱、具有攻击性行为的"黑夏娃"。"白夏娃"不知道有"黑夏娃"的存在，而"黑夏娃"却知道"白夏娃"，"黑夏娃"有时会阻止"白夏娃"保持矜持稳重的意图而表现出轻浮的行为。人格中还有一个是"简"，她是三个人格中最稳定的一个，"简"知道"白夏娃"和"黑夏娃"的存在。"简"好像更加偏爱"黑夏娃"。后来，她又宣称自己有21种不同的人格。(Sizemore & Pittillo，1977)

有临床证据表明，一个人格所习得的信息通常不被其他人格所知晓。(Nissen et al.，1988)。这也支持了"有人拥有几个不同的人格"的论断。但至今对这种病症尚缺乏深入、系统、详尽的科学研究。关于人格尚有许多问题亟待解决，如每个人内部都有不同的自我，可为什么不是每个人都有多重人格呢？多重人格者从一种人格转向另一种人格的机制是什么？这种疾患是取决于环境、遗传、情绪，还是其他因素？在相同的情况下，一种人格怎么能够控制一些人格的行为而不能控制其他一些人格的行为？一种人格的愿望和意图的表达怎么会受到另一人格的阻碍？

（三）人格的稳定性和可塑性

所谓稳定性是指跨时间的持续性和跨情境的一致性。所谓跨时间的持续性，是指人格是稳定的行为特征，不会在短时间内有很大变化。持续很长时间都在一个人身上观察到同一个特点，才能够说这是一个比较稳定的人格特点。我们常说，三岁看大，七岁看老。从儿童小时候的某些人格表现就可推测他未来的发展。而所谓跨情境的一致性，就是在不同的情境下，都表现出某一种比较一致的特点。

人格的稳定性源于孕育期，经历出生、婴儿期、童年期、青少年期、成人以至老年。随着年龄的增长，儿童时代的人格往往变得日益巩固。也正因为人格具有稳定性，才能够将一个人与他人在心理面貌上加以区分，才能够了解人和使用人，才能够预测他人在特定情境下的行为。

人格具有稳定性并不意味着人格是一成不变的，人格还具有可塑性。儿童的人格还不很稳定，受环境影响较大；成人的人格比较稳定，但自我教育、自我调节在人格改变上起重要作用。人格在一定程度上决定于个人的主观努力。人格是在主客观条件的相互作用下发展以来的，同时又在主客观条件的相互作用下发生改变。人格是稳定性和可塑性的统一。

（四）人格的社会性和生物性

人格的社会性是指社会化把人这样的动物变成社会的成员，人格是社会的人所特有的，社会性强调人格是在社会化的过程中形成的。同时，人格又是在个体的遗传和生物性基础上形成的，人格受到个体的生物特性的制约。

每个人在生下来时只是一个生物实体，具有生物性特征。但是出生以后，他就进入到社会活动中去，他和周围的各种人结成了不同的人际关系。为了将来能够很好地适应他所生活的社会、文化环境，他就要掌握这个社会的行为道德规范、价值观念、信念体系、社会的风俗习惯、风土人情。只有这样，他才能够让自己的行为符合社会的行为道德规范，才能够融入到这个社会，跟大家很好地相处。在这个社会化的过程中，他获得了他的社会性，让他变得更像社会当中的大多数人。从这个意义上讲，人格是个体的自然性与社会性的综合。

但人的生物性需要和本能，也是受人的社会性制约的。例如人满足食物需要的内容和方式也是受具体的社会历史条件制约的。所以，人格作为一个整体，作为一个系统主要是由社会生活条件所决定的。

> ### 人格的生理基础
>
> 1983年曾发生一个奇特的病例。一个名叫汤姆的19岁英国人，患有严重强迫型障碍。他反复淋浴，每天洗手50多次。他找不到工作，心烦得几乎发狂，所以他母亲有一天说气话，让他开枪自杀，结束自己的痛苦。他真的干了，把0.22英寸口径的枪管插进口中，并扣动了扳机。但枪弹并没有杀死汤姆，反而很明显地破坏了他脑中负责强迫性障碍的那一部分。一位神经外科医生说："这是百万分之一可能性的一枪。"汤姆活下来了，返回高中上学，成为A级学生，后来反而过上了正常的生活。
>
> 20世纪40年代到50年代，美国神经外科医生沃尔特·弗里曼（Walter Freeman），在欧洲研究成果的鼓舞下，建立了一个小小的产业，其理论基础就是心理问题在大脑中有其物理位置。他说，对于严重焦虑之类情绪障碍，精神外科是最好的疗法。他的手术之一叫作额叶前部切除术，做法是在颅骨上钻一个洞，用一把钝刀刺穿脑组织。后来，为了方便快捷，他仅从眼窝部位插进一把碎冰锥，就完成手术。这一技术被称作"穷人的额叶切除术"，但弗里曼因此赚了很多钱。他本人做过3500例手术，一般在他的办公室或者在病人的家里进行。标准收费是1000美元。不幸的是，由于手术对脑组织的伤害，很大一部分病人后来变得冷漠，或智力受到损伤。
>
> 额叶切除已成为过去，但一些精神外科手术仍在进行。有一种手术是在颅骨上钻一个小孔，插进一个电极，烧焦扣带的一小部分。扣带是连接大脑的情绪和思维区的一个神经纤维

束。此手术对强迫性障碍和严重抑郁的患者有效，并且似乎不会影响他们的智力或人格。

资料来源：时代生活图书荷兰责任有限公司著，刘善红译. 人格之谜[M]. 北京：中国青年出版社，2002：174～175.

三、影响人格发展的因素

在人格发展问题上有两种极端的观点：一是遗传决定论，一是环境决定论。现在这种极端的看法已经很少了。因为遗传因素和环境因素在人格的形成和发展中不是全或无的问题，个体从受精卵到人格发展完成，这两种因素都是相互作用的。此外，研究表明，自我与自我意识也是一个重要的影响因素。我们就人格发展中的影响因素作简要介绍：

（一）遗传因素与人格发展

细胞的全部奥秘至今尚未搞清楚，但已知道遗传与细胞核中的染色体有关。目前还不能确切知道遗传因素对人格发展的影响程度，但许多事实表明，个体的人格特质，确与遗传因素密切相关。近期研究发现遗传因素决定大脑的结构形态和大脑皮层细胞群内配置、酶系统和生物化学变化特点以及大脑皮层神经过程的特性。心理是人脑的机能，大脑的结构和先天机能特性由遗传因素决定，不可否认遗传因素对人的心理活动有制约作用。

双生子研究法是经常用来研究人格形成中遗传因素与环境因素作用的方法。这种方法是由高尔顿（Galton）首创。比较同卵双生子和异卵双生子的人格特质就可大致看出遗传与环境因素的作用。通常显示：在生理、智力、气质等人格特质的形成发展中遗传较为重要；而理想、信念、世界观，则明显地受环境因素的制约。

厄伦迈耶—金林和贾维斯（Erlenmeyer-Kimling 和 Jarvik）经研究指出：遗传关系越密切，测量的智力也越相似。父母与亲子智商平均相关为 0.50；父母与养子相关为 0.25；同卵双生子智商相关高达 0.90 左右；异卵双生子智商相关约为 0.55。

而林崇德教授对类似或相同环境中长大的 24 对同卵双生子和 24 对异卵双生子进行研究，结果表明：在气质类型上的相关与人们在遗传因素上的接近程度一致。无论是同卵双生子或异卵双生子，其平均相关系数均超过 0.50，属显著相关。（见表 5-1）

（二）环境因素与人格发展

影响人格发展的环境因素包括自然环境和社会环境两部分。

表 5-1 不同双生子的各类气质问题调查相关

		幼儿	小学生	中学生	平均总相关	差异的考验
同卵双生子		0.84	0.79	0.71	0.78	
异卵双生子	同性	0.74	0.81	0.48	0.66	$P<0.01$
			0.6		0.59	
	异性	0.67	0.5	0.39	0.52	

自然环境中又包括两个方面：一方面是胎内环境，胎内环境中的每一天对一个人的发展是很重要的。孕妇的营养、情绪、疾病，药物，放射线，烟酒等都是影响胎儿发育的环境因素，它不仅影响胎儿的生理健康，也影响胎儿今后人格的发展。此外，纽约大学托马斯·伯尼博士（Thomas Burney）等人长期研究表明，胎儿不仅有感知觉、记忆和思维活动，而且还能与母亲进行情绪交流。所以，母亲的心理活动对胎儿发育有重大影响。另一方面是地理环境和气候条件。这些自然条件对人格的发展也有一定的影响。如地中海沿岸的民族偏外向型，北欧民族偏内向型。当然这些自然环境不是纯粹自然的，其中也渗透着社会文化的

影响。

社会环境在人格的形成与发展过程中的重要。它主要有以下几个方面：

首先是家庭。父母的教养方式对儿童的人格发展有着很重要的影响，父母教养方式又分为三种类型：宽容型父母：对孩子没有任何要求，放纵孩子的不成熟行为；威信型父母：具有威望但不独断，对孩子既有严格的要求，又鼓励孩子独立自主；专制型父母：对孩子过分苛求，孩子缺乏关爱与温暖。这三种类型中，威信型的父母教养下的儿童最成熟、自信、有能力。

此外，出生次序和独生子女也影响着亲子关系，影响着双亲对孩子的教养态度和孩子在家庭中的地位，从而影响人格的发展。有研究表明，体贴、温暖的家庭环境能促进儿童成熟、独立、友好、自控和自主等特征的发展。家庭气氛近乎无形，却能从各种不同角度向儿童传递信息，对儿童的人格发展起着潜移默化的作用。(黄希庭，1992)

其次是学校教育。学校不仅传授知识，进行政治思想教育，还促进和指导学生人格的发展。学校通过各种有组织的活动使儿童和教师、同学发生相互作用，从而促进儿童的人格发展。其中，教师的不同管教方式（专制型、民主型、放任型）儿童的人格发展具有明显的影响作用。

再次是社会实践。学生走进社会的各个工作岗位后，各职业的要求对人格发展上也有重要作用。在职业生涯中，人们必须进行和自己职业相应的活动，扮演相应的社会角色，从而形成不同的人格特征。

最后是社会文化因素。如文化背景、社会制度、社会传媒和经济地位等都对儿童人格发展产生深刻影响。

(三) 自我意识与人格发展

自我意识是人们对自己的认识，或者说对自己和周围人关系的认识。它具体包含三方面内容：物质或生理的自我，即人对自身生理状态的认识和体验；精神或心理的自我，即个体对其心理过程的知觉、理解以及由此产生的情感；社会或文化的自我，即个体对自己的社会角色以及自身与客观外界关系的认识和体验。

人所特有的自我意识不是与生俱来的遗传物，是个体生长发育到一定阶段，随着语言与思维的发展，并通过社会实践逐步形成和发展起来的。许多心理学家都曾论述到人自身，或自我与自我意识在人格发展中的作用。归结起来，学生自我意识在发展中的作用主要表现有以下几个方面：可主动选择学校的教育以及社会文化对其产生的影响；在经受学校教育影响的同时也反过来影响教师，并在一定程度上改变教育环境；学生可以通过自定目标、自定计划、自我教育，通过自我调节、实践等手段来达到塑造自己人格的目的。

现在人们普遍意识到，在对人格发展发生影响的时候，各种制约因素并非静止、孤立地各自平行地发挥作用。遗传、环境与自我或自我意识之间，已经成长起来的人格主体与环绕他的社会环境之间，发生着各种形式的复杂的交互作用。因此，人格发展是各种制约因素交互作用的产物。

第二节 人格理论

一、人格理论及其功能

人格理论是一套用于描述、解释和说明人格心理现象的假设性符号系统或研究框架，其内容主要涉及人格的界定、人性观、人格结构、人格动力、人格发展理论以及人格的研究与评鉴方法，反映了人格心理现象的本质与规律，同时提出可验证的理论假设和启发人格研究的新观点、新方法。日常生活中，人们也对他人的人格特征进行判断或者对他人是什么样的人作出假设，如三角眼的人奸诈、愚人长个矮个长心、漂亮的人不可靠等。这种假设被称为内隐人格理论。内隐人格理论是个体在不知不觉中形成的印象，仅仅凭借经验进行推断，这类印象通常是很片面、表面的。它与人格理论的区别主要表现在三个方面：人格理论力求对人类的大部分行为作出一致性的解释，对不同的行为作出恰当的说明；而内隐人格理论的一致性则相对较差。人格理论不仅想要说明一个人现时的或过去的行为，而且还力求预测其未来；而内隐人格理论仅是过去经验的总结。人格理论不仅仅停留于推测，而且力求以实证资料加以检验，经得起实践的验证。而内隐人格理论则较为混乱，仅凭直觉很难解释。

　　人格理论虽说是人格理论家用来描述和解释人的心理特征和行为倾向的一套假设系统，但它们仍具有相当的价值。人格理论是人格研究的核心，一方面它们系统地说明或解释了各种人格心理现象，另一方面为我们提供了研究的框架。

　　现代人格理论也是一种科学的理论。作为系统化知识的科学理论，标志着我们对人的认识从事物的现象深入到事物的本质。人格理论也具有一般科学理论的功能：

　　1. 启发指导功能。

　　在研究人格现象过程中，我们必须先提出相应的理论假设，而后进行验证，人格理论在此发挥了启发指导的作用；验证假设时人格理论又提供了理论研究框架；在数据的处理与分析过程中提供背景知识等。科学人格理论的假设、主张和推论是相当系统化和有组织的,也便于人们就每种人格理论进行交流和讨论,共同促进人格理论的发展。

2. 组织整合功能。

科学的人格理论是在一系列的研究的基础上总结出来的,虽然并非每一个研究的结论都可以发展为理论,但每一个研究都描述了某一现象或检验了某一假设,都丰富了人格心理学的知识。人格理论必须对那些比较零碎的知识加以整合,使之条理化、系统化,使人格科学的理论体系得到丰富和发展。

3. 解释说明功能。

科学研究的主要目的之一就是解释研究对象的本质及其发展变化的规律,在解释现象时通常是用"三段论"的逻辑规则进行的。人格理论为我们了解人类的行为提供了某种解释框架。各种人格理论实际上是从各种不同的侧面和水平,例如,弗洛伊德运用无意识来解释人类行为、卡特尔则关注表面特质与根源特质的结构模型、斯金纳强调从外部的奖励与惩罚等等,对人格现象进行描述和解释,力求回答某种人格现象的"怎么样"、"是什么"、"为什么"等问题。虽然这些描述和解释都有其局限性,但仍不失为了解人类行为的解释框架。

4. 预测发现功能。

预测人格心理现象的发展变化是人格理论的重要功能。预测是对新事实的提示,是指向未知的。预测是根据人格理论所反映的心理现象及其发展规律,按照理论所确立的现象或变量之间的关系,对人格将来的发展变化趋势与程度作出推断。预测是检验理论科学性、准确性的最佳方法之一。一个好的人格理论能为我们探索未知提供思路和研究假说,从而有助于扩展和加深我们对人格的认识，也有助于人格理论自身的发展。

二、人格理论范型与流派

（一）人格理论流派

不同的哲学家对于科学发展的关键环节持有不同的观点：早期的实证主义哲学家认为科学发展的关键就是通过实证研究来证实其理论假设；波普尔的证伪主义则认为鉴定理论假设的关键是证伪，而非证实，他们认为任何理论假设都不可能被完全证实，只有那些有可能被证伪的假设才是科学命题。20世纪60年代出现的历史主义代表人物库恩（Kuhn）在其著作《科学革命的结构》中提出了"范型"（paradigm）的概念。他认为范型是一定时期在某一或多个学科中的多数科学家所共同接受的一套理论和方法，是为科学家进行研究提供框架的一组基本假设。

一种范型有两个组成部分：专业基体（disciplinary matrix）与共有范例（shared examplars）。专业基体是支持理论建立的一组基本假定，它们在理论体系中没有进行具体的阐述，是约定俗成的，通常不被人所意识，尤其是它们并不受经验的检验。然而就是这组假定却为庞大的科学理论体系的理论假设提供了基础。共有范例是一些较高水平的研究样板，它们提供理论研究课题的具体方法，被训练有素的科学工作者看作是自己研究方式的示范。每一种心理学范型或流派都有一个或多个共有范例，受该种范例训练的心理学家将自动地运用它们去研究各种心理学现象。

现在心理学领域中还没有能被众人公认、可解释所有心理学现象的理论体系，有的只是在某些领域内适用的理论与假设。心理学理论并没有像一般科学体系中那种统一的理论范型，每种理论都有其存在的理由、适用的领域。现存的人格理论主要有以下几种范型：古典精神分析流派，代表人为弗洛伊德；新精神分析流派，代表人为荣格、阿德勒、埃里克森、霍妮、弗洛姆等；特质论流派，代表人为奥尔波特、卡特尔、艾森克等；行为主义与学习论流派，代表人为斯金纳、多拉德、米勒、班杜拉等；人本主义流派，代表人为马斯洛、罗杰斯等；认知主义流派，代表人为凯利、威特金等。

这些人格理论范型，在描述、解释与说明各种人格现象时，采用不同的假设、概念、术语和理论解释。古典精神分析流派倾向于用无意识、本能来解释人格现象；新精神分析流派也用潜意识来解释人格现象，但他们注意到了社会文化对人格的影响；特质论流派则关注人类行为的特质成分，关注遗传的作用；行为主义与学习论流派强调外在刺激条件的影响，他们认为人格是社会学习的结果；人本主义流派认为人都是被自我实现需要所引导，人性原本是向善的；认知主义流派研究人们对外部信息的加工方式。

（二）人格理论评价标准

人格理论与一般科学理论一样都是一种相对真理，因而我们有必要对各种人格理论进行评价与检验，分析现有理论中科学与不科学的部分，发展并完善其科学性，批判其不科学之处，同时对其进行修订，增强理论科学性，使其更具普遍性与适用性。同样我们可用一般科学理论的评价标准来对人格理论进行评定，通常有以下几方面：

1. 理论的精确性。

一种理论是否科学及其科学性程度如何大部分依赖于其理论的精确性，理论的好与坏取决于它所反映的事物本质及其现象间规律性的联系的精确程度。现存的大多数人格理论的精确性均有待提高,这是由人格理论研究对象的特殊性所决定的,但随着科学研究技术水平的发展与研究的深入,这种情况是可以改变的。

2. 理论的可操作性。

理论的可操作性,包括可验证性、可证伪性与可反驳性。一种科学的人格理论应该用可观察与可度量的方式来描述与解释人格现象、阐述人格理论,使该理论的相关概念能被操作、控制与检验,科学的理论只有在不断地被检验的过程中才能得到发展与完善。

3. 理论的简洁性。

在科学理论中,一种理论所包含的假设、所运用的概念和术语越少,对现象的解释越简明,理论的概括能力越强,其科学性程度就越高。这一评判标准就是科学史上著名的"威廉奥卡姆剃刀"。

4. 理论的逻辑一致性。

科学的理论体系要求其观点前后连贯、一致,各个概念、假设与实证材料之间相互吻合、印证,具有较高的逻辑一致性。

5. 理论的激发性。

一种好的人格理论体系能激发从业人员的热情、兴趣与激情,是他们有完善理论的理想,并将理论运用于较广阔的现实生活场景中,如咨询、治疗、评估、人员选拔,以及人事管理等等实践领域。

三、人格理论的研究领域

人格理论的主要任务包含两方面:一方面是要寻求描述与解释个别差异,即个体间各种不同的表现方式;另一方面是要探索导致这种种不同的原因,研究在人格成长历程中的各种综合因素，包括遗传与环境交互作用的所有过程，以便综合地描述人之所以这样。人格理论的主要研究领域包括人格结构、人格动力、人格的发展、人格适应、人格的研究与评鉴六个方面。

（一）人格结构

人格结构是人格心理系家用来形象地描述人格状态的假设性概念。这种概念很好地解释了个体间的差异现象。大多数人格理论家都认为人们在心理特征和行为倾向上存在着稳定的个别差异。但他们解释这种个别差异所提出的人格结构的观点并不一致。一些人格理论家用意识的层次来解释个别差异；一些用特质或类型来解释；一些用自我实现或需要来解释；还有的用个体对外部信息的加工方式来解释；还有一部分认为根本不存在人格结构，有的只是外在刺激条件；等等。

现在在该领域内尚有众多问题有待解决，如人格结构由哪些要素构成？诸要素是如何整合的？是否存在核心要素？该结构的性质怎样？等等。

（二）人格动力

人格动力是推动个体差异性行为的内在因素，是人们从事各种活动的支持力量。各人格理论流派对人格动力的解说有较大差异：有些理论认为个体行为源自于内在的本能冲动；有些理论认为个体行为来自机体的驱力降低；有的认为是自我效能，即个人对自己从事某项工作所具备的能力以及完成该工作可能性程度的一种主观评价；还有的认为是自我实现需要引导着个体行为；等等。

在人格动力问题上也还存留着一些问题：哪种人格动力理论的适用范围更广泛？除了以上的动机外，是否还有人格动力机制未被关注？人格动力如何形成？其影响因素有哪些？等等。

（三）人格的发展

人格发展是指个体从生到死亡的整个生命过程中的人格状态的发展情况。人格会随着年龄的增长和经验的习得而发生某些变化。有些人格理论认为人格受遗传影响较大，是与生俱来的；有些认为人格受外界影响较大，它有一个形成与发展的过程；还有些理论认为人格是由婴幼儿时期的早期经验决定的。人格发展的研究与人格结构的探索、人格动力的考察是紧密联系的，对人格发展的探究必然要涉及人格结构的变化以及人格动力的形成与发展，三者是相互联系、相互影响、不可分割的。现在大家已经达成一种共识，即人格的发展是遗传和环境等众多因素交互作用的结果。有种观点认为，遗传规定了人格特征发展变化的范围；在这个范围内，人格发展的具体状态是由环境因素决定的。

在对人格发展进行研究时，同样有问题需要解决：人格是如何发展的？人格发展是否有阶段性？如果有，那么人格发展都经历了哪些阶段？遗传和环境在各阶段发展中的作用是什么？婴幼儿时期的早期经验对人格的发展有多大影响？等等。

（四）人格适应

人格适应是指个体与其生活的环境互动中所表现出来的人格状态。人格适应与动植物对环境的被动顺应有着质的差别。一般情况下，个体可以通过对环境进行主动的改造而使自身与环境相适应，即保持和谐状态。个人与环境若保持和谐状态，就表现为心情愉快、情绪积极稳定，这有助于维持个体健康人格；若不能与环境保持和谐状态，则个体的行为表现就会出现各种问题，即适应障碍。有些人格心理学家研究适应良好的正常人格，也有些人格心理学家研究适应不良的问题人格。不管从哪个角度对人格适应进行研究，心理学家们的目的都只有一个，就是希望人们都过着幸福的生活，都能与环境保持和谐状态，都拥有有一个适应良好的人格。

人格适应研究领域需要解决的问题有：人格适应的内部机制是什么？怎样才能拥有适应良好的人格？适应障碍是如何形成的？用哪些方法可改变人格的适应障碍问题？等等。

(五) 人格的研究与评鉴

人格研究心理学家对人格领域中尚未掌握的知识以及对现有思想和行为所依据的理论和原理进行检验的一种活动。人格理论对人格现象的描述与解释均带有假设的性质，它们是否符合客观实际，唯有通过研究才能确定。

人格评鉴则是为加深对人格的理解而系统收集有关的个案资料以及运用人格理论来预测行为结果或进行决策。人格评鉴至少得收集四个方面的变量：行为情境的性质、环境刺激的性质、行为者接收到讯信的性质以及行为者反应的性质等。人格评鉴可采用的方法较多样，如自陈测验、投射测验、行为评鉴等。

大多数人格心理学家都认为人格理论的发展应当依靠实证研究，不能光用描述与思辩来解决复杂的人格问题。可也有不少心理学家认为用严格的实验来探讨人格是不恰当的，实验室研究出来的结果及其理论是与真实生活情境中的人格现象有较大的出入，因此，人格研究应寻求不同的资料来源与研究取向。现有的人格理论研究主要有三种取向：实验研究、临床研究与相关研究。除了现有的评鉴技术与研究方法外，人格心理学家还在搜寻新的评鉴技术和研究方法。人格评鉴和人格研究是人格心理学研究的两个重要领域。这两个领域的研究进展对人格心理学的科学化起着十分重要的作用。

四、人格理论基本问题

人格理论流派众多,如何区分这些流派及其主要观点逐渐被关注,一些心理学家对此进行了探讨。人格理论中必然涉及一些不可回避的问题,人格理论就是基于对这些问题作答的基础上发展起来的。而对这些问题的不同看法正是人格理论的核心思想。耶尔和齐格娄(Hjelle & Ziegler,1981)对此进行过较为深入的探讨,提出了九个基本维度对各人格理论进行区分。这九个维度是:自由意志对决定论,理性对非理性,整体说对元素说,体质论对环境论,主观性对客观性,前动性对反应性,稳态对异态,可知性对不可知性,可改变对不可变性。这九对基本设想分别构成两极连续体,任何人格理论都可在每一连续体上找到它特定的位置。

1. 自由意志对决定论。

自由意志(free-will)是指个体能随心所欲地支配自己的一切,在遇到问题时能自行决定自身的思想与行为。认为个体对自己的行为是有意识的、自主的,能在某种程度上超脱环境对他的种种影响。决定论(determinism)则认为个体的思想与行为均受制于各种内外部因素,如无意识动机、外部刺激、早期经验、生理过程、文化影响等。该维度表现个体在支配自身行为上有多少内部的自由,其行动在多大程度上是由意识之外的因素决定的。有的人格理论把人看作是一种自动装置,受外界强化操纵;有的认为人是能量动力系统,受本能驱动;还有的认为人是有意识、自主的,能发挥其主观能动性来创造人生的最高价值;等等。

2. 理性对非理性。

理性（rationality）是指个体的行为由理智控制。理性维度主张个体是有理性的，能够用理智指导自己的行为。而非理性（irrationality）则强调个体是受非理性力量支配的。该维度主要针对个体能在多大程度上通过他的理智改变自己行为的问题。有的人格理论强调无意识心理活动的重要性，认为恶性膨胀的本我阻碍了个体成为精神生活的主人；有的强调认知和智力过程对人的行为的重大影响等。

3. 整体说对元素说。

整体说（holism）强调人类行为的统一性，认为必须对个体进行全面考察方可了解其人格状况。元素说（elementalism）则认为可将人类过于复杂的行为分解成特殊的、相对独立的成分来考证。该维度争议的焦点就在于对人格的探讨要分开逐个分析，还是要进行整体把握？有些学者认为，人格是一个完整的实体，若对其进行分割，只会将人格抽象化，越分析越脱离真实的人格状况；而有些学者却认为探究人格必须从整体的局部入手，掌握特殊的、确切的材料，才能逐步接近复杂的人格真相，从而揭示人格的本质与规律。

4. 体质论对环境论。

体质论（constitutionalism）强调体质或遗传素质对人格的决定性影响，认为人格是依赖或固定于人体素质而遗传下来的。环境论（environmentalism）则强调环境影响对人格发展的决定性作用，认为是环境因素造就了人格的差异性。该维度争议的焦点在于人的基本特性有多少是由躯体或素质决定的，还有多少是由环境影响造成的？在众多人格理论中，有些支持前者，有的则支持后者。但更多心理学家主张素质与环境相互作用的理论，认为素质因素所起的作用因环境不同而有所变化；环境作用的影响也因人如何感知与运用这些素质因素而有所不同。

5. 主观性对客观性。

主观性（subiectivity）强调个体行为背后的主观因素，认为人不是对真实的外部情境进行反应，而是根据自己对外界的主观感受以及过去经验来产生行为的。客观性（objectivity）则否定个体的主观经验，越过个体内部的变化直接考察行为刺激与反应间的联系。该维度争议的焦点在于是否存在个体对外部世界的主观反应，且该反应直接影响着行为的性质与方向？或者外在刺激直接决定了个体的行为表现？有些学者认为人的内部世界比外部环境刺激对其行为有更大的影响。外部见到的刺激如无内部经验作为参照，仍是不可理解的东西，因此，他们强调研究个体独特经验的重要性。而另一些学者认为个体人格是由其生活的外部情境所决定，因而强调对个体行为以及该行为与引发行为的情景因素之间相关的研究。

6. 前动性对反应性。

前动性（proactivity）认为个体所有行为的根源在于个体内部而非外部，个体行为都具有主动性、超前性。面对当前刺激，个体都能主动把握自己的行为，对于未来，个体有自己的发展计划。反应性（reactivity）则强调个体行为仅仅是对外部刺激所产生的应答性反应，个体内部并不存在任何活动，活动就是对外部刺激的反应本身。该维度争议的焦点在于探讨产生行为的诱发因素，即行为由什么所引起的，个体行为的真实原因应该到哪里去寻找？行为是个体内部活动本身，还是对外界刺激的一系列应答反应？有的人格理论试图解释个体之所以产生前动性和主动性行为的内部结构。有的人格理论则认为个体的存在完全没有重要性，行为只是建立在各种外边刺激基础上的行为库中的一个样本。

7. 稳态对异态。

稳态（homeostasis）强调个体内部人格状态的平衡。异态（heterostasis）则强调个体内部人格状态的不平衡。该维度争议的焦点在于个体行为的动力问题。个体行为是源于消除紧张而达到内部平衡状态还是追求不断成长而达到自我实现？有的人格理论认为人格是习得的，而学习又涉及强化与内驱力的相互关系。强化可减低内驱力原先的强度，从而消除张力，达到内部平衡。而后新的内驱力又使机体再次失去平衡，再解除张力来恢复平衡。这种人格理论认为，若没有稳态作为人格动力的基础，人格的发展就没有可能。有的人格理论则强调行为的其他动力，如认为个体总是不断要求向上的，他的生活目的不仅要减低内驱力，更重要的是寻求新的刺激，追求变化，通过不断地打破平衡来求得发展，达到自我求知、自我求成。理论的重点在于探讨自我的性质与自我实现。

8. 可知性对不可知性。

可知性（knowability）强调人格是可以被认知的，人类可用科学的方法来来对人格现象进行研究，揭示人格现象的内在本质规律，为解释与预测人格现象提供理论指导，从而提高人们生活质量。不可知性（unknowability）则强调人格是不可能被人类所认知的。该维度争议的焦点在于人的行为与本性能否运用科学方法来进行研究，探究其本质与活动规律，还是有某些超越科学而不可能为人所知的东西？有的心理学家认为可通过系统观察与实验来揭示人类行为的原理和规律。他们长期以来以严格的科学实验与思考的方法，测试和验证着人格的规律。而有些心理学家则认为每个人的主观经验都在不断地改变，只有主观经验才是人类行为的中心和本质，但人类的经验是个人的、私有的、内隐的，人类的本性只有个体自身才能认识到，不管运用什么样的科学方法都不可能探究到个体真实的主观经验。

9. 可改变对不可改变。

可改变（changeability）强调人格是在不断发展变化着的，人格发展的影响因素有很多，各种内外部的条件都会对人格发展造成影响。不可改变（unchangeability）强调人格是不能发生变化的。该维度争议的焦点在于在人类的一生中其人格状况是否可能发生根本性的改变。如果可能，这种变化是人格发展的必然结果吗？变化是表面性的还是实质性的？有的人格理论认为，人类的人格在一生中不断发生着变化，其发展的每一阶段都会面临不同的心理危机，而这些危机的解决影响着今后人格的走向。有的人格理论则认为，人类的早期经验对人格的发展起着根本性的作用，一个人的基本人格结构在婴幼儿阶段就已基本定型，成人的人格可能发生表面性的变化，但内在的人格结构是不可能改变的。

在学习一种人格理论时，我们可用上述九个人格理论的基本问题对其先进行分析，理清该人格理论的整体理论框架与思路，而后再掌握理论要点，可大大提高学习效率。我们先要把握该人格理论在这些维度上的基本位置（见表5-2），从总体上掌握其理论的主要立场与基本框架。然后将其与别的人格理论进行比较，分析它们的异同，从而更清晰地掌握各人格理论的基本思路，更好地学习人格理论。

表 5—2 人格理论家在人格基本问题上的观点

分析维度	极端	有些	居中	有些	极端	分析维度
自由意志	罗杰斯、马斯洛	奥尔波特	班杜拉、凯利	艾里克森	弗洛伊德、斯金纳	决定论
理性	罗杰斯、马斯洛、凯利、奥尔波特、班杜拉	艾里克森			弗洛伊德	非理性
整体说	罗杰斯、马斯洛、凯利、艾里克森、陈德勒	弗洛伊德、奥尔波特		班杜拉	斯金纳	元素说
体质论	克瑞奇米尔、谢尔顿	弗洛伊德、罗杰斯	奥尔波特		斯金纳、班杜拉、艾里克森	环境论
主观性	罗杰斯、马斯洛、凯利	弗洛伊德、奥尔波特	班杜拉	艾里克森	斯金纳、多拉德、米勒	客观性
前动性	罗杰斯、马斯洛、凯利、奥尔波特	弗洛伊德、艾里克森	班杜拉		斯金纳	反应性
稳态	多拉德、米勒			艾里克森	罗杰斯、马斯洛	异态

可知性	斯金纳、班杜拉	奥尔波特、艾里克森		罗杰斯、马斯洛	不可知性
可改变	罗杰斯、马斯洛、凯利、斯金纳、艾里克森		奥尔波特	弗洛伊德	不可改变

第三节　青少年人格发展特点与辅导

重视青少年健全人格的培养是现代社会发展的要求。只有培养与造就大批有知识、有能力、会生活、会创造、能适应现代社会激烈的社会竞争，能经受困难与挫折考验的高素质人才，社会的发展才有坚固的"基石"与保障。

一、青少年人格发展现状分析

青少年期是个体从幼稚向成熟过渡的时期，随着生理发展与青春期的到来，青少年的人格状态正发展并渐渐成熟。他们的认识水平、情感体验和自我调控能力都在这一时期发生了质的飞跃，他们理想、信念、世界观、人生观、价值观也慢慢地形成和定型，这为他们走向社会，步入人生奠定了基础。

（一）需要与动机

需要是个体对生理与社会需求的反映，是推动个体行为的内在动力。心理学家马斯洛认为正因为有了需要，个体常常处于不安分状态：个体必须通过一定的行为来满足自身的需求。而动机则是建立在需要的基础上，当需要被个体意识到并转为行为动力时，动机就产生了。动机将激发并维持行为直至需要获得满足。

马斯洛把人的需要分成三类：基础性需要（生理需要；安全需要）；心理性需要（归属与爱的需要；自尊需要）；成长需要（自我实现需要），如图5-1。

青少年的需要较童年期有了新的发展，增添了不少新的内容，其需要更具广泛性和丰富性。但由于青少年的思想还是相对较幼稚，对一些问题的认识不够全面，容易受社会上不良风气的影响，导致他们有时采取不恰当的行为来满足自身需要，因而学校教师与家长的正确引导对于青少年来说是非常必要的。

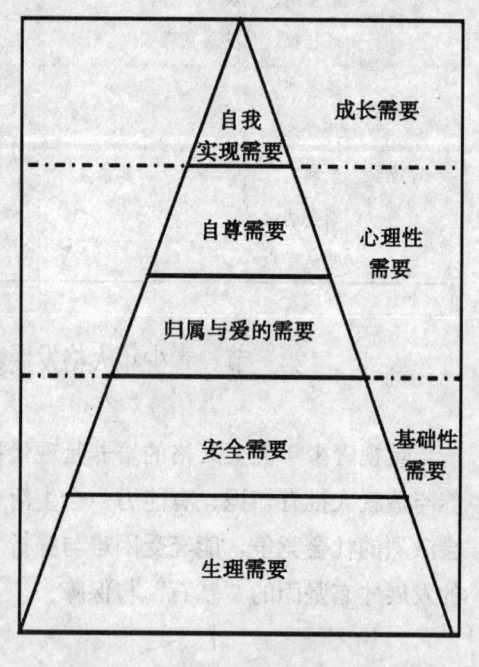

图5-1 马斯洛的需要层次图

随着青少年自我意识的不断增强，他们需要朋友，需要在团体中与同学建立深厚的友谊，这便是归属与爱的需要。青少年都力图在行为上与这个团体的成员保持一致，因而青少年必须对这个团体成员的观念异常重视，甚至超过老师与家长。青少年不仅有归属和爱的需要，还有自尊的需要。他们不但希望自己有能力、有成就、能独立和自由，而且他们渴望得到关心、得到重视、得到他人高度的评价以及尊重。为此，青少年会刻意模仿理想中的"榜样和楷模"，当然这个"榜样和楷模"有正面人物也有反面人物。青少年也有自我实现的需要，只是他们要表达的这种需要仅仅是展现自己、展示自己不同于别人或高于别人的某个方面，从而获得同龄人的赞赏，此时也是青少年能力迅速发展的时期，他们可能展现其创造能力，也可能发展某种特殊能力，还可能通过自我表露等方式来获得需要的满足。

（二）兴趣与人生观

兴趣是个体对特定的人、事以及活动等所产生的积极的和带有倾向性、选择性的态度与情绪。兴趣是爱好的前提，爱好是兴趣的发展和行动，爱好不仅包含对事物的优先注意和向往心情，而且表现为某种实际行动。青少年的兴趣和爱好有了相对稳定的指向，兴趣逐渐趋于稳定，爱好逐渐广泛而深入。由于电影、电视、电子游戏及互联网等传播媒体的普及与宣传，当代青少年兴趣所涉及的内容更加广泛，如果不注意组织学生的课余活动和兴趣爱好，许多青少年的课余兴趣明显流向社会，随波逐流，从而影响学习。兴趣是一个人行为的最佳动力，如果教育者能够将学生的兴趣引导到学习和求知上来，将使师生双方都受益无穷。

人生观是个性心理结构中最高组成成分，它与兴趣是相关联的。所谓人生观就是人们对人生目的和意义的根本认识和态度，具体包括公私观、义利观、苦乐观、荣辱观、幸福观和生死观等。它是世界观的重要组成部分，是世界观在人生问题上的具体体现。进入青春期后，大多数青少年开始了思考人生问题。青少年对人生问题的思考表明他们心理发展逐渐趋于成熟。但社会信息渠道的快速发展，引起青少年的思想观念、道德行为、价值取向等方面发生深刻的变化，也引起青少年人生追求的全方位的、多层次的变迁。部分青少年对理想的选择和前途的设计具有较强的功利性，贪图享乐、追求安逸。此外，有些青少年还表现出自我意识恶性膨胀,片面强调自我权利的维护,不顾他人利益;个体游离于集体之外,纪律观念、集体主义观念淡薄,缺乏社会责任感与使命感。青少年的理想往往充满浪漫色彩,大多是一种朦胧美好的憧憬与向往;青少年的理想由于是一个雏形,所以不太稳定,具有较大的可塑性,这也为实施教育提供了很大的空间和余地。

(三) 能力

能力是人们在解决问题时表现出来的个性心理特征,是使得活动顺利完成的重要内在心理因素。能力直接影响活动的效率,它是个体在后天的生活实践中逐步形成的。青少年期是能力发展迅速的时期,他们的一般能力已近乎成人,特殊能力也基本显露,也具备了相当的创造能力,但青少年的能力发展也还存在许多问题:

1. 动手能力。

随着家用电脑的普及,青少年的动手能力和创新发明的能力都较上一代有所下降,曾经广为提倡和流行的模型制作及比赛,已经越来越引不起青少年的兴趣了。同济大学教授、工业与自动化专家章大章对此痛心不已。他指出,做模型、参加航模比赛,是真正的寓教于乐。通过实践,青少年开阔了思路,拓宽了视野,明白了创新发明的重要,知道了要从实际情况出发,做实实在在的事情。模型的制作和比赛能使青少年学生多方面能力得到锻炼,如设计制作、耐心细致、临场应变、组织协调等能力,而且这些能力的提升将是青少年受用无穷,也是电脑所无法替代的。我们应当认识到电脑只是工具,而不是全部,不能因为一种好工具的出现就将最基础的东西丢掉。

事实上,这也是应试教育带来的不良影响。有许多青少年不属于书呆子型，他们聪明灵活，手脚麻利，但读书成绩却很一般，更不喜欢死记硬背，其结果往往是他们与大学无缘，十年寒窗苦读，最后的命运却只能是背井离乡去打工。另外，用人单位片面强调电脑的运用以及外语等一般技能，也导致社会上形成了这种短视的风气。

2. 独立生活能力。

独立生活是指一个人在脱离外界帮助的情况下的独自生活。独立生活能力中包含着相当多的能力。学会独立生活不仅能促使人更趋于成熟，而且独立生活能力更是步入社会所必备的技能之一。因为独立生活是要靠自己的力量去解决所有生活中遇到的困难，这对个体社会生存能力的提高，对个体的心理成长都是极其有利的。

许多研究均显示，中国有一半以上的青少年不具备独立生活的能力，这个数字是相当惊人的。究其原因，多源自父母的宠爱，很多父母根本没给孩子学习的机会。中国的多数父母抱有这样的观念：孩子只要会念书就好，生活琐事自然由长辈代劳。甚至有些父母还用这种概念影响青少年参与家务劳动的积极性。时间一久，孩子的生活自理能力自然很低下。在父母们严密的保护中成长，青少年的自主行为大大减少，对成年人的依赖性也越来越强。如果离开了父母的保护伞，一旦遇到困难，孩子便寸步难行了。

3. 学习能力。

学习能力是学生适应学习活动、完成各项学习任务、掌握各种知识与技能的能力，学习能力是一种综合能力，它包括自学能力、理解能力、表达能力、运用知识能力以及动手操作能力等。学习能力是成为一个优秀的个体所必须具备的最基本、最重要的能力。学习能力是具备其他能力的前提,只有会学习,人们才能更好地学会、掌握并使用其他方面的能力。学会学习、具备终身学习的能力,是现代社会高素质人才不可缺少的基本素质。随着国际竞争的加剧和科学技术的快速发展,迫切要求学校培养出既能适应社会的需求和变化,又具有独立意识和敢于创新的具有系统的科学文化知识的学生。同时中学教育又是培养学习能力的关键时期,因此,培养学生的学习能力已成为学校教育的重要任务之一。

有研究表明,国内外学习能力困难的发生率在青少年中的比例约为20%~30%。(新华网北京电 翟伟、胡涛涛,2007. 4. 18)中国国家自然基金"九五"重点课题实验基地北京金色雨林学习能力研究中心的专家研究表明,青少年学习能力失衡往往通过以下日常行为表现出来:感觉—动作感觉—动作(大运动、精细动作)能力不足;听觉—语言听觉—语言能力差;视知觉能力不足;思维能力不佳;行为能力不足以及社交能力弱等特征。

4. 社会交往能力。

社会交往是指在社会生活中,人们运用语言或非语言信息进行沟通、交流的过程。社会交往能力则表现为个体与周围人的接触面是否广泛,人际关系是否融洽。社会交往是健康的心理得以维护和发展的必要途径,交往可增进信息的互通、可协调人际关系、可排解内心孤独以及促进个体成熟。此外,社会交往还对个体事业的成功起着不容忽视的重要作用。戴尔·卡奈基经过长期实践得出一论断:一个人的成功只有15%靠他的专业技能,85%是靠人际关系和他的为人处世能力。

现代青少年大多热情开朗、乐于交往、积极乐观、思维活跃、精力旺盛。但也有些青少年受生活中各种因素的影响,情感淡漠、自我封闭、不愿与他人交往。青少年在社会交往中表现出的问题主要有：社交知识缺乏和社交技能不足而宁愿自我封闭；过于以自我为中心而导致无法站在他人角度思考问题；情感淡漠，不会也不愿意关心他人；认知的片面性与极端性常引起争执；用理想化的概念来考证同伴关系而导致友情的短暂性；等等。

近日，中国少年儿童新闻出版总社和联合国儿童基金会在部分省份的青少年中进行了一项题为"倾听儿童心声——被忽视和被排斥的伙伴"的调查。其调查结果显示有三分之一的青少年认为自己不受同伴重视和欢迎，感到孤独。他们虽然很想改变自己，但找不到解决问题的有效方法，而努力后的挫败感加重了他们的压抑和自卑情绪。[1] 由此可见对青少年交往能力和技巧的培养是十分重要的。

（四）气质与性格

气质是指个体与生俱来的心理活动动力方面的特征，这种动力特征主要表现为心理过程的速度（如知觉的敏锐性、思维的灵活程度）、强度（如情绪体验的强弱、意志努力的程度）、稳定性（如注意保持的时间、心境持续的时间）、指向性（如内、外向，情绪的外露程度）等方面的心理特征。心理动力方面特征的不同程度的不同组合就构成了个体独特的气质特点。如，有的人脾气暴躁、行为粗鲁，有的人性情温顺、举止得体；有的人善于交往、随机应变，有的人沉默寡言、反应迟钝，等等。由先天素质

---

[1] 东北教育网. 1/3青少年感到孤独 专家：交往能力训练迫在眉睫[EB/01]. http://edu.northeast.cn/system/2007/06/01/050835780.shtml, 2007-06-01

决定的个体的气质特征也会随着年龄的增长而发生部分变化，如一个具有焦虑特质的人，在幼儿期表现为对离开父母、独自入园的害怕；在童年期表现为对升入小学、面临新的考试的担忧；在青年期表现为对新的工作环境、新的工作任务、新的人际关系的焦虑；在老年期表现为对疾病、对死亡的极度恐惧。此外，气质还可随着自我教育、自我调控、长期职业训练、经验的积累、生活重大事件而发生不同程度的改变。

性格是人对现实的稳定态度以及与之相适应的、习惯化的行为方式方面的个性心理特征。性格是一个十分复杂的心理构成物，它是由多种不同的性格特征所组成的。这些性格特征不同的组合，就形成了个体独特的性格。一般认为性格的结构分为：性格的态度特征、性格的意志特征、性格的情绪特征、性格的理智特征四个方面。

青少年时期是人生的关键时期，处在这个年龄段的孩子性格特点鲜明，也是性格定型的关键时期，因而需要家长和老师认真加以引导，避免孩子误入歧途。现代青少年存在的主要性格问题有：偏激、早熟、好奇心强、自我中心、自制力差、意志薄弱、叛逆、判断力差等。我们在教育教学中应当帮助学生克服其性格中的缺陷和弱点，努力帮助他们形成热情、开朗、诚实、勇敢、果断、坚毅、勤奋、自信等良好性格品质，从而为国家培养既具有丰富的科学文化知识、高尚的道德情操，同时又具有健康心理品质的二十一世纪合格人才。

二、青少年的人格问题剖析

青少年时期的心理问题和人格问题与儿童或成人是有差别的，特别是他们正经历着青春期的烦恼，还有面对来自家庭、考试、情感、升学、恋爱等等社会问题,他们会无从适应、茫然失措,甚至出现自我认同感缺失,出现种种心理与行为问题。一般情况下,青少年特有的心理发育问题并不是疾病,有的会随年龄增长自然消失,有的通过矫治即可纠正,还有的终身保留也不一定会引发其他问题。

(一) 青少年的情绪问题

情绪问题是学生人格问题中的一大类,也称为情绪障碍,内部化障碍,超控障碍或焦虑障碍等,以取代过去神经症的称谓。情绪问题在青少年中的发生率并不高。常见的有焦虑、退缩、恐惧、强迫、抑郁等。

1. 焦虑。

焦虑是一种没有明确对象与固定内容的忧虑、害怕和紧张不安的情绪反应。焦虑又可分为分离性焦虑,境遇性焦虑,素质性焦虑。焦虑以女孩居多,其主要表现是对外界刺激过度敏感,多疑,缺乏自信心,因细微小事而过度焦虑,烦躁不安,担心害怕。在学习中总是十分严肃认真,老担心学习成绩不好。青少年中较常见的是考试焦虑,它是由考试情境所引发的一种焦虑,多由学校方面的原因引起,如升学压力、频繁的考试、给学生成绩排名次、题海式与填鸭式教学方法,等等。

引发焦虑的原因有很多,如个体的先天素质、不良的外部环境、不恰当的教育方式、心理应激源等均可引起发病。最主要的还是社会心理因素,如适应困难、学习压力、社会竞争、遭遇挫折与失败、发生不幸事件、人际关系紧张等等。内部因素也不容忽视,一般认为焦虑与青少年个性特点也有关系,如胆小怕事、易受惊吓、神经质、优柔寡断、缺乏自信等与焦虑的发生有较高相关。

对青少年焦虑的预防主要是改善环境与教育方式，如改变对学生不合理的要求，培养学生坚强意志与开朗性格，建立克服困难的信心，提高学生应试技巧，排除环境中存在的不良应激源等。通常可采用支持性心理治疗和行为治疗来医治焦虑，如系统脱敏、放松治疗和家庭治疗等。

2. 社会性退缩。

社会性退缩又称社交敏感性障碍，指个体对新环境或陌生人产生的恐惧、焦虑情绪和回避行为，达到了异常程度。社会性退缩行为一般多见于低龄人群或性格内向人群中，其特征表现为孤僻、不合群，态度冷淡、害羞，还可能表现为语言表达障碍与莫名的忧郁。其主要原因是个体不能向外界合理表达自己的情感与思想，令他人无法理解而缺乏沟通交流，因此往往被忽视和冷落，社会地位呈边缘化。大多数社会性退缩者自尊水平较低，经常出现认知歪曲——放大自身缺点。社会性退缩者容易脸红、出汗而更加阻碍了他们的社会交往，进一步增加了他们的焦虑而形成了恶性循环。这种障碍限制了个体选择的机会，使他们进入狭小的行动模式中，严重干扰了个体的生活。如，有人宁愿寻找一个远远低于自己能力的工作，做一份低收入的工作而不愿意和别人经常接触。

建立和培养自信心是矫治社会性退缩的关键，则应鼓励多参加集体活动，多培养业余爱好，内心有压力的时候要学会向朋友和家长倾诉，或采取其他行之有效的减压方法。

3. 恐怖症。

恐怖症是指个体对某种物体或情境产生持续的和不必要的恐惧和紧张，并不得不采取回避行为，同时伴有明显的自主神经症状，如脸红、气促、出汗、心悸、血压变化、恶心、无力，甚至晕厥等。恐怖对象可能是单一的或多种的，常见的有动物、广场、高地、社交场所等。患者明知这种恐惧反应是过分的或不合理的，但在相同的场合下仍然反复出现，难以自制，以至于极力回避所恐惧的客体，影响其正常的生活和社交活动，患者自身也感到很痛苦。

恐怖症在临床上主要有：场所恐怖症、社交恐怖症和单纯恐怖症。场所恐怖主要表现为对街道、学校、广场、公共场所、交通工具、高处或密室等场景的恐惧，因此不敢出门来回避这些场所。社交恐怖主要因为害怕处于人多的场合，害怕大家注视自己；或害怕当众出丑，使自己处于难堪或窘迫的境地。因而个体在行为上表现出害怕当众说话或表演，害怕当众进食，害怕去公共厕所解便，当众写字时控制不住手发抖，或在社交场合结结巴巴不能作答等。单纯恐怖表现为对某一物体或动物发生恐怖现象，如对某种动物的恐惧，害怕蜘蛛、老鼠、猫、鸟、青蛙、蛇等；对鲜血或尖锐锋利物品的恐惧；对自然现象产生的恐惧，如黑暗、大风、雷电等；对某种疾病产生的恐惧，如癌症、狂犬病、肝病、性病等。在青少年中发生的恐怖症主要有：学校恐怖症、社交恐怖症、道德恐怖症等。

对恐怖症尽早采取心理治疗会有很好的效果。心理治疗主要采用系统脱敏法、满灌疗法、计划实践法、生物反馈疗法、认知疗法和家庭治疗等。当然，采用这种方法还需得到患者和其家属的密切配合。同时，还需要鼓励患者积极参加一些社会活动，培养其对有益事物的浓厚兴趣和活泼、开朗、坚强的性格，锻炼自己的意志。

4. 强迫症。

强迫症包括强迫观念和强迫行为。强迫观念表现为反复出现在患者脑海里的多种毫无意义的观念、思想、印象和冲动，患者能认识到这些是没有现实意义、不必要的，很想摆脱，但又摆脱不了，因而十分苦恼。其主要表现有：强迫回忆、强迫联想、强迫疑虑，强迫性穷思极虑和强迫性对立思维等。强迫行为表现为是反复出现的刻板行为或仪式动作，是患者屈从于强迫观念，为求减轻内心焦虑的结果，主要表现为强迫意向，强迫性计数，强迫性检查、强迫性洗手、强迫性仪式等。其行为本身毫无意义，患者十分苦恼，但无法摆脱，可伴有明显的焦虑不安情绪，若强行控制强迫症状，会加重焦虑情绪。

引发强迫症的因素很多，遗传因素、强迫性性格特征及心理社会因素均在强迫症发病中起作用。如先天素质不良、过于拘谨、胆小、呆板、思虑过多的个性；突然的精神创伤、长期高度精神紧张、严重躯体疾病、环境重大变迁；不当的教育，过分苛求，对生活制度过于刻板化要求，教师惩罚和父母不和等。有些患者的父母有性格不良、强迫素质、强迫症和其他精神异常。

很多强迫症患者起病于青少年，严重影响个人学习、生活和工作。但由于对疾病认识的局限性，往往认为单凭自身的努力能够克服，延缓了治疗。尽早诊断与治疗对于强迫症是非常必要的。强迫症的治疗一般采用药物治疗和心理治疗相结合，可产生良好的效果。通常运用的心理治疗有行为治疗、认知治疗、精神分析治疗。心理治疗的目的是让患者对自己的个性特点和所患疾病有客观的认识，对外部环境、现实状况有正确客观的判断，减轻不安全感；学习合理的生活应对方式，增强自信，减轻不确定感；不好高骛远，不过分精益求精，减轻不完美感。同时要求家长按正常态度对待患者，帮助患者积极从事体育、文娱、社交活动，培养患者的良好个性，同时使其逐渐从沉湎于穷思竭虑的境地中解脱出来。药物治疗则要遵从医生的指导。

5. 抑郁症。

抑郁症是由多种因素引发的以情绪抑郁为主要表现的心境障碍或情感性障碍，是以抑郁心境自我体验为中心的临床症状群或状态。抑郁有明显的外部表现，主要有三大症状：情绪低落、思维迟缓和运动抑制。抑郁一般是轻度的，但由于长期受不良情绪主导，患者很痛苦，常主动求治，其日常生活不受显著影响。但也有严重患者由于情绪低落、悲观厌世，容易产生自杀念头，由于患者思维逻辑基本正常，实施自杀的成功率也较高，因此自杀是抑郁症最危险的一种行为表现。有研究揭示抑郁症患者的自杀率比一般人群高 20 倍。

引起青少年情绪低落的原因很多。患者均有不良的人格倾向，如无能，倔强，违拗，依赖，孤独，被动，攻击性、强迫性、癔病性人格等。生活压力也会导致抑郁的发生，在学习、生活中，青少年也会产生无用感，如果朋友、家庭不能及时帮助其改变心理状况，那么他们很有可能患上抑郁症。遗传因素与抑郁症有密切联系，约 50% 患者的父母是抑郁患者，抑郁症的单卵双生同病率高达 70%，而双卵双生同病率只有 19%。

抑郁症的诊断很难，没有确切的方法，医生常通过心理测试和与他本人、家人、同学及老师朋友细致地了解情况作出判断。抑郁症的治疗方法很多，如心理治疗、睡眠剥夺治疗、光疗和电痉挛治疗等，但当代仍以药物治疗为主，心理治疗为辅。一般抑郁症的治疗效果较差，主要还是强调预防。要解除患者的心理压力，调整亲子关系与同伴关系，消除心理应激源，提供和睦的家庭氛围。父母患有抑郁症的须积极治疗，其孩子应从小培养开朗、健全的个性。

(二) 青少年的行为问题

青少年的行为问题较常见,它常常与违法犯罪相关,受到家长与社会的广泛关注。青少年行为障碍是指反复、持续地侵犯他人或公共利益,破坏或违反与年龄相应的社会道德准则或纪律。

1. 攻击行为。

攻击行为也称为侵犯行为,是指基于挫折、愤怒、敌意、憎恨和不满等情绪,有意对他人、自身或其他目标所采取的破坏性行为。青少年攻击行为的类型主要有:需求不满足型、取乐型、迁怒型、模仿型、报复型、病态型等等。一般具有隐蔽性、偶然性、复杂性等特点。近年来更表现出组织性、破坏性、效仿性、预谋性和手段成人化的特点。青少年攻击性甚至可发展为斗殴、凶杀等为社会道德、行为规范及法律制度等所禁戒的恶性攻击行为,它在客观上导致物品的损毁、肉体的伤害和心灵的苦痛,具有一定的残忍性和破坏性。

影响青少年攻击行为形成的因素有很多。一般认为,内在需求和外部压力之间的矛盾冲突会导致遭受挫折的个体出现攻击反应。引起攻击的客观因素主要有家庭环境和社会环境两方面。家长自身的品行问题以及对孩子的不良教育方式都会导致青少年产生攻击性行为。社会媒体对违法、犯罪行为的报道,低级、庸俗的黄色书籍泛滥,都会使青少年攻击性行为的发生率增加。还有学校教育者教育观念的落后、思想方法的片面、教育方式的简单化、教育措施不得力以及教育者本身的错误行为,也会造成青少年攻击性行为的蔓延。主观方面主要是个体的道德情感低下、个体私欲膨胀、自视过高、感情冲动、自制力弱、思维幼稚盲从等不良个性特点。

攻击行为经过适当干预可以减少。干预方法有家庭治疗、学校教育、示范和强化疗法等。要注意行为转换，开展体育锻炼，让愤怒的情绪得以疏泄。还要加强社会舆论监督和法律制裁措施。

2. 说谎。

说谎是指有意或无意地诉说与事实不相符的情况的行为。虽然说谎行为在各个年龄阶段都会出现，但青少年说谎行为的表现尤其突出，危害也比较严重。

根据说谎动机的不同可以把说谎分成：防卫性说谎、恶作剧性说谎、牟利性说谎、报复性说谎、幻想性说谎以及表现性说谎等。有些青少年由于从说谎中得到某种益处，因而常采用说谎的手段来达到自己的目的和愿望，说谎成了一种待人接物的行为模式，这种说谎就是一种品行障碍。有些说谎行为是在一些病理状态下发生，如癔病性说谎、脑病、精神病性说谎等，对这些说谎的干预应重在治疗原发病。还有的说谎甚至可能是青少年创造性思维的表现，我们得注意区别对待。

对于说谎的青少年，我们应当善于发现其说谎背后真正的动机与原因，对症下药，对青少年的说谎行为予以及时纠正和教育。要让孩子明白一个道理：诚实也可以化解难题，诚实也能减少被老师、教练或家长斥责的机会

3. 逃学与离家出走。

青少年的离家出走行为多是由于厌恶学习、反抗教师或家长以及贪玩等原因造成的，往往是向成人权威反抗的一种表现。他们赌气背着书包离家出走，声言自己要独立生活，不再依赖父母，也不要家长、教师再限制自己的"自由"。离家出走较多的是花季少女，因父母或教师反对她们交男朋友，就索性不回家，甚至与男孩未婚同居。还有的在外游荡，被社会上的流氓引诱或

利用，结成团伙参与违法犯罪行为。鉴于此，家长与教师要密切合作，经常互通信息，发现问题，及时干预。

青少年离家出走的主要原因是父母或老师不尊重青少年的人格，忽视他们的独立要求，而又采用责备、谩骂、强制等手段来使之屈服。年龄较大的青少年出走的原因和手段更为复杂，如为了冒险、自暴自弃、认为流浪生活比家里自由、恋爱与性问题、对家庭歧视和虐待的反抗、不良影视榜样或坏人的引诱等等都会使他们多次出走。因此，对青少年的教育和指导必须耐心细致，摆事实，讲道理，特别是对那些个性很强的青少年，更不能采取"蛮横"手段。否则，会酿成不良后果。

4. 偷窃。

偷窃不仅是一种品行障碍，也是少年违法的重要表现之一。许多青少年的偷窃行为都属于小偷小摸，既构不成犯罪，也谈不上治安处罚。但也有少数青少年的偷窃行为是严重的，甚至触犯了《刑法》，构成了犯罪。

轻微的偷窃行为与要受刑罚制裁的盗窃犯之间，是没有不可逾越的鸿沟的，小偷小摸是可以发展成为盗窃犯的。开始偷窃的对象常常是父母、兄弟姐妹、同学或小伙伴，经常得手后，他们的胆量会变得越来越大，偷窃的技巧越来越高，逐步走上违法犯罪的道路。

青少年偷窃行为往往是一种秘密窃取的方式，常有两种形式：一是"顺手牵羊"式的，本无事先的计划，在外界便利情景诱惑下，激发了偷窃的动机，实施了偷窃行为。另一种是预先计划好的，主动地找寻行窃的对象与场合，然后实施偷窃行为。这种事先有计划的偷窃更为恶劣，是严重品行障碍的表现。还有一种偷窃被称为"偷窃癖"或"偷窃狂"，它是一种冲动控制障碍，患者反复出现不可克制的偷窃冲动,其偷窃行为并非出自经济目的,而是为满足其偷窃欲望。

对青少年偷窃的干预需要家庭、学校和社会的共同参与和努力,从价值教育与法制教育入手,对偷窃行为要及时批评。对于偷窃癖患者可采用厌恶疗法和系统脱敏法。

5. 青少年违法犯罪。

青少年违法犯罪主要表现是反复、持久的反社会行为,包括违法行为和犯罪行为,前者是指情节轻微、危害小、不能定为犯罪的行为;后者是指抢劫、凶杀和强奸等犯罪行为。青少年违法犯罪大致发展路线有:从不良行为、恶作剧发展到违法犯罪;由成绩差自暴自弃而影响思想品德的发展,出现逃学等不良行为,而后发展成违法犯罪行为;从冒险、游乐引发对金钱的不合理需求、进而侵犯他人利益造成违法犯罪;从娇生惯养到自我中心乃至行凶打人;从被歧视、虐待到行凶报复;从被遗弃流落街头,受坏人教唆而犯罪;从小偷小摸发展到盗窃抢劫;模仿影视里的暴力和色情镜头,从好奇到偷尝禁果而违法犯罪,等等。

青少年违法犯罪的诱因有很多,如社会经济的负面效应、社会的不良文化、家庭的不良教育、法制道德教育的滞后、自身素质差抵御能力低下、社会不良分子的教唆等。其中最关键的应该是教育,青少年案犯家庭状况普遍较差,多数是畸形家庭,如父母不和、离异、再婚,家庭教育不当,家长自身的品行不良,疏于管教、放任自流等对青少年的影响至关重要。

6. 吸烟和酗酒。

吸烟是一种成瘾行为,影响面宽,危害大。烟草燃烧时所产生的烟雾中,含有大量的有害物质,尤其是尼古丁、烟焦油和一氧化碳及各种致癌物质,对人体的危害十分严重。许多发达国家已将吸烟行为与吸毒行为相提并论。国内总吸烟率为33.88%,男性吸烟者高达60%,据估计,我国有近一半的儿童青少年处于被动吸烟状态。一项对北京城乡中小学生所作的吸烟状况抽样调查发现,19~20岁青少年的吸烟率为26.2%。[①] 这些都说明在青少年中宣传吸烟的危害十分必要。

儿童青少年吸烟主要是受心理社会因素的影响,一是对吸烟给人体造成不良影响的认知不足,二是受社会环境文化的不良影响。对青少年吸烟动机的调查表明,他们吸烟主要是为了交朋友、消遣、应付礼节、好奇、显示身份、享受、仿效他人、成人感等。此外父母及家庭成员的吸烟行为、教师的榜样作用、影视主角的示范等均对青少年有着潜移默化的影响。

适量饮用低度酒有益健康,少量饮酒也被当作一种娱乐消遣和增进人际交往的手段,因此,人类自古以来就有饮用低度酒行为。少数青少年由于行为的冲动性以及自制力较差往往使饮酒升级为酗酒行为。酗酒也是一种成瘾行为,是影响儿童青少年违法犯罪的因素之一。醉酒后,个体出现意识模糊、意志失调等症状,对各种外界刺激失去正常反应,变得冲动、易怒、粗暴、不能自制,甚至使人放弃责任感、道德感与法制观念,从而导致品行问题和违法犯罪。

有某种特定类型人格的人容易形成酗酒行为。酗酒者具有对社会心理压力的耐受力较差,应对方式贫乏;常回避对社会、家庭的责任;缺乏自知之明;内心空虚,容易冲动性等特点。青少年的饮酒行为常常是出于模仿和抗拒心理,一方面是模仿父母长

---

① 转引自:朱家雄. 教育卫生学[M]. 北京:人民教育出版社,1997:162~163.

辈的饮酒行为，另一方面是用饮酒表达自己的独立和长大的愿望。

7. 吸毒与赌博。

吸毒指的是对有毒药物的主动寻求和过分服用的行为且造成自身无法控制的瘾癖，又称药物依赖或药瘾。常见的使人成瘾的毒品及药物有：海洛因、可卡因、大麻和巴比妥类以及医用的杜冷丁、吗啡和某些麻醉药和止痛药等。吸毒成瘾会导致性格发展异常，自控能力下降，焦虑感增强，易发生攻击行为、流氓行为和性犯罪活动；为了购买毒品，常不惜倾家荡产，沦为盗窃、诈骗、赌博分子；吸毒成瘾还会导致身体素质下降，直至衰竭死亡。

随着我国边境的开放，一些毒贩借机而入，使我国的吸毒人数呈上升的趋势。我国青少年的吸毒现象屡见不鲜。青少年往往生性好奇，易受不良暗示，顺从坏人的引诱，相互模仿，对政府的禁令和家长的劝说存有逆反心理，吸上一、二次后便不能自拔。因此要加强学校、家庭和全社会的禁毒教育，通过立法禁止毒品的生产、销售和滥用，搞好药品的规范化管理。对已成瘾者，要采取坚决的戒毒措施，施行住院治疗和行为矫治。

赌博是指用财物作注争输赢的行为，是人们意识有地进行某种部分或全部由机会决定结局的游戏或类似游戏的活动。青少年参与赌博活动可以分为结伙赌博、纠合赌博、补缺赌博三类。较常见的是使用电子游戏机、下棋、打牌以及参与成人麻将聚赌等多种形式进行赌博。青少年赌博的危害较大，赌博会使他们的人生观、价值观发生扭曲；浪费学习和休息的时间，严重影响学习；使他们形成好逸恶劳、尔虞我诈、投机侥幸等不良心理品质；赌博活动盈利的间歇强化，使他们沉溺赌博，不易戒除等。

青少年赌博的动机多半是为了寻求刺激、好奇、被坏人引诱、逃避学习、娱乐、竞争、少数为了发财。赌博行为的控制要采取社会、学校和家庭的综合措施，加强法制建设，开展禁赌教育。对赌博成瘾者可采用厌恶疗法和系统脱敏疗法进行医治。

8. 自杀行为。

自杀行为是指有意识、自愿地伤害或自我毁灭生命的行为。近年来自杀行为在青少年中呈上升趋势，在青少年死亡原因中，自杀已列入前三位。我国周达生等人用艾森克人格维度问卷对不同社会人群自杀意念的发生率进行调查，发现我国中学生的自杀意念发生率为18%～39%，大学生为21%～45%。[①]

自杀与个体的身心状态和社会因素紧密相关。自杀者的个性特点往往是充满敌意的、独立性差、人际关系不良、挫折耐受力低、认知狭隘、情感易冲动、自制力差、孤僻内向或抑郁。多数存在早期的心理创伤，如父母离异，遭受虐待等。青少年自杀的直接起因主要有学校问题、异性关系、精神病以及家庭问题等。

三、青少年的不良人格特征

不良人格状态严重影响了青少年的身心健康，不利于青少年的生长发育。我们应密切关注青少年的成长历程，及时发现并纠正出现的心理问题，以确保青少年的健康成长。

1. 自卑。

自卑是个体对自身评价过低甚至轻视自己所而产生的自惭形秽的情感体验。每个人都有或多或少的自卑心理，仅当自卑达到

[①] 转引自：朱家雄. 教育卫生学[M]. 北京：人民教育出版社. 1997：166.

一定程度，影响到学习和工作时，才将其归为心理疾病。具有较强自卑感的青少年对自己的能力、品质等自身因素评价过低；心理承受能力脆弱；经不起较强的刺激；谨小慎微、多愁善感，常产生疑忌心理；行为畏缩、瞻前顾后等。由于自卑心态而缺乏交往，不愿当众发表言论，不愿尝试新鲜事物，存有过多烦恼。

自卑产生的原因往往是青少年不能全面认识自我和他人，将自己与他人进行不恰当的比较造成。自卑来自于现实的差距与挫折感，甚至有时是青少年想像中的差距与挫折。青少年自卑主要表现在几方面：现实交往受挫所引发的交往自卑心理；由某些生理因素引起的消极自我暗示；对自己的智力状况低估带来的消极暗示；对自我的性格与气质评价不足造成的消极暗示等。因此，纠正自卑感首先必须促使青少年正确全面地评价自己，发现自己的优点和长处，并创造力所能及的成功机会，以建立自信心。

2. 依赖。

依赖是指个体在生活或观念上需要依靠他人，不能独立的一种人格特点。由于自我意识的发展，青少年期开始有强烈的独立要求，独立性、自尊心、好胜心明显增强。他们开始批判性地听取家长和教师的意见，对家长和教师过多的照顾和过细的要求表现出反感的态度。但他们在认知、情感、经济、行为上还是很幼稚的，客观上他们都是不能完全独立的。在遇到困难或挫折时，还需要同伴、成人的帮助。经过这种冲突，青少年就可以逐步脱离父母的监护，成为真正独立的个体。

但事实上有很多因素阻碍了现代青少年的独立意识与独立行为。父母的过分溺爱，对孩子包办过多，在观念上对书本知识学习的过分强调，轻视对青少年生活能力的培养以及现代科技带来的负面影响等，造成了现代青少年的依赖性增强。许多青少年在生活上表现为缺乏基本的生活自理能力，上街、看病需要父母的陪同，总想获得别人的帮助；遇到问题与困难，首先想到的是求助，而非想办法尝试解决；缺乏基本社交技巧害怕面对面的沟通而产生网络依赖、手机依赖等；在学习中则表现为缺乏自己动脑动手的习惯，在思想观点上人云亦云，缺乏主见。要消除青少年的依赖性，必须给他们一个相对独立的生活环境，如参加培养自立能力的夏令营、鼓励他们自行解决生活中的琐事、让他们说出自己对人对事的看法和态度等均可增强其独立性。

3. 虚荣心。

虚荣心是指通过不恰当的手法来炫耀自己的一种追求虚表的个性缺陷。虚荣心的产生跟自尊心有极大的关系。应该说每个人都有自尊心，都希望得到社会的承认，但虚荣心强者不是通过自身的努力来获得他人的肯定，而是用撒谎、投机取巧等不正常手段去渔猎名誉。虚荣心的背后往往是自卑与心虚等深层个性缺陷。追求虚表与外在是种补偿作用，事实上是要掩饰心理上的缺陷。青少年的虚荣心主要表现为奇装异服，超经济能力的消费、摆阔，爱出风头、自吹自擂，不符合自己实际情况地追求时髦等。

虚荣心的产生与个体人格倾向有关。爱虚荣的人多半性格外向、冲动、善变、造作、浮躁、自我中心，具有浓厚、强烈的情感反应，好表现，有戏剧性人格倾向特点。虚荣心常常使青少年在行为上有过之而无不及，而陷入内心更加空虚和自卑的境地。克服青少年虚荣心的方法主要有：帮助其树立正确的荣辱观，学会在社会生活中把握攀比的尺度，帮助其找到一种能正当满足其自尊心的努力方向，运用行为疗法对其不良的虚荣行为进行纠偏等。

4. 虚伪。

虚伪是指为人不诚实、不实在、表里不一、口是心非、为谋求个人利益而弄虚作假的一种人格特点。青少年的虚伪主要表现为说谎，当面一套背后一套、欺瞒等。青少年虚伪是过度社会化的产物，是一种不良的人格特征。虚伪者往往道德品质低下，具有自私的人格特点，常为自己的不良行为寻找庇护的理由，结果反使自身的人格发展受到限制，为周围的人所不齿。

青少年的虚伪品性形成的原因有如下几种情况：曾经因为虚伪行为而获得某种好处或避免了某种惩罚；虚荣心作祟，为了提高自己在同伴心目中的地位而说谎、造假；受虚伪的不良社会风气的影响；父母、老师等的教育要求和方式不统一，无所适从而导致虚伪。对于青少年要经常进行"诚实"教育，并要求教师、家长以身作则对青少年的诚实行为给以及时的肯定和强化。

5. 敷衍。

敷衍是指做事马虎、有头无尾、缺乏奉公守己的精神、办事不负责任、将就应付的一种人格特征。青少年的敷衍可表现在学习、生活、劳动等方面。在工作方面办事责任心不强、随意迟到早退、只是表面应付一下；在家庭中自我中心、情感淡漠、不关心他人，对长辈阳奉阴违；对待朋友情感易变、朝三暮四、不守信用等等。

敷衍是在不良的教育环境下逐渐形成的一种习惯性行为特点，具有这种特点的青少年常常精神空虚、缺乏进取心，很少有获得成绩与成功的机会，由于不负责任，还常常造成对他人的危害。因此，对青少年的责任心教育是十分重要的，一个没有较强责任感的人，是不可能成为国家、民族的栋梁之材的。

【主要结论与应用】

1. 人格是个体内在身心系统的动力组织，它表现为个体适应环境时在能力、气质、性格、需要、动机、信念、人生观、价值观和体质等方面的整合，是具有动力一致性和连续性的自我，是个体在社会化过程中形成的具有个人特色的身心组织。人格是一种动力组织，既属于生理的又是属于心理的现象，是相对稳定的与独特的。人格具有独特性、整体性、可塑性与社会性等特征。影响人格发展的因素主要有遗传与环境两大方面，其中环境因素又包含自然环境和社会环境两部分。

2. 人格理论也具有一般科学理论的功能：启发指导功能、组织整合功能、解释说明功能与预测发现功能等。

3. 现存的人格理论主要有有以下几种范型：古典精神分析流派，代表人为弗洛伊德；新精神分析流派，代表人为荣格、阿德勒、埃里克森、霍妮、弗洛姆等；特质论流派，代表人为奥尔波特、卡特尔、艾森克等；行为主义与学习论流派，代表人为斯金纳、多拉德、米勒、班杜拉等；人本主义流派，代表人为马斯洛、罗杰斯等；认知主义流派，代表人为凯利、威特金等。可用一般科学理论的评价标准来对人格理论进行评定，通常有以下几方面：精确性、可操作性、简洁性、逻辑一致性与激发性。

4. 人格理论的主要研究领域包括人格结构、人格动力、人格的发展、人格适应、人格的研究与评鉴六个方面。耶尔和齐格娄提出了九个基本维度对各人格理论进行区分。这九个维度是：自由意志对决定论；理性对非理性；整体说对元素说；体质论对环境论；主观性对客观性；前动性对反应性；稳态对异态；可知性对不可知性；可改变对不可变性。这九对基本设想分别构成两极连续体，任何人格理论都可在每一连续体上找到它特定的位置。

5. 从发展心理学的角度看，人从出生到死亡是一个精神活动的连续体，在这个连续体的不同阶段上，心理活动有其各自的特征，对一般心理活动来说如此，对人格问题也如此。青少年时期的心理问题和人格问题与儿童和成人是有差异的，特别是他们正经历着青春期烦恼，对未来还来不及作充分的准备。面临家庭、考试、友谊、升学、恋爱和就业等等社会问题，他们有时无法适应，甚至茫然失措，失去自我认同感，产生出种种心理和行为问题。

【学业评价】

一、名词解释

1. 人格
2. 人格理论
3. 气质
4. 性格
5. 异常人格

二、思考题

1. 如何理解人格的特点？
2. 试分析各影响因素在人格发展历程中的作用。
3. 人格理论有哪些功能？
4. 人格理论涉及哪些研究领域？这些研究领域的主要内容有哪些？
5. 如何用人格理论的基本问题来把握各主要人格理论？
6. 青少年人格的主要特点有哪些？
7. 青少年群体中存在哪些人格问题？其影响因素有哪些？

三、应用题

1. 试用所学的人格理论知识解释类似"三面夏娃"的人格分裂现象。

2. 结合近年来人格研究的发展情况,谈谈如何培养学生健全人格。

【学术动态】

1. 系统人格理论研究始于弗洛伊德,他之后出现的人格理论观点均可看作是对弗洛伊德所提出的人格理论观点的回应。有的理论支持并发展了他的某些观点与研究,有的则是对他理论的批驳,在批判的基础上形成自己的人格理论。

2. 大多数人格心理学家都认为人格理论的发展应当依靠实证研究,不能光用描述与思辨来解决复杂的人格问题。可也有不少心理学家认为用严格的实验来探讨人格是不恰当的,实验室研究出来的结果及其理论是与真实生活情境中的人格现象有较大的出入,因此,人格研究应寻求不同的资料来源与研究取向。

3. 人格心理学家对如何区分众多人格理论流派及其主要观点进行了深入探讨。人格理论涉及一些不可回避的问题,人格理论就是基于对这些问题作答的基础上发展起来的。而对这些问题的不同看法正是人格理论的核心思想。

【参考文献】

1. 黄希庭. 人格心理学 [M]. 杭州:浙江教育出版社,2002.

2. L·A·珀文著,周榕等译. 人格科学 [M]. 上海:华东师范大学出版社,2001.

3. 郑雪. 人格心理学 [M]. 广州:广东高等教育出版社,2004.

4. 艾森克著,阎巩固译. 心理学——一条整合的途径

[M]. 上海：华东师范大学出版社，2000.

5. 陈少华. 新编人格心理学 [M]. 广州：暨南大学出版社，2004.

6. 时代生活图书荷兰责任有限公司著，刘善红译. 人格之谜 [M]. 北京：中国青年出版社，2002.

7. [美] 珀文，约翰著，黄希庭译. 人格手册：理论与研究 [M]. 上海：华东师范大学出版社，2003.

8. Lawrence A·Pervin, *Personality: Theory and Research* (*Sixth Edition*) [M], New York, John Wiley & Sons, Inc., 1993.

9. S·Howard Friedman and W·Miriam, Schustack, *Personality classic theories and modern research* [M]. Boston, Allyn and Bacon, 1999.

【拓展阅读文献】

1. 黄希庭. 人格心理学 [M]. 杭州：浙江教育出版社，2002.

2. L·A·珀文著，周榕等译. 人格科学 [M]. 上海：华东师范大学出版社，2001.

3. 艾森克著，阎巩固译. 心理学——一条整合的途径 [M]. 上海：华东师范大学出版社，2000.

4. 郑雪. 人格心理学 [M]. 广州：广东高等教育出版社，2004.

5. 时代生活图书荷兰责任有限公司著，刘善红译. 人格之谜 [M]. 北京：中国青年出版社，2002.

6. 韦有华. 人格心理辅导 [M]. 上海：上海教育出版社，2000.

下编 教育心理

第六章
学习理论

【内容摘要】

学习理论是对学习的实质及其形成机制、条件和规律的系统阐述，从而为教育实践提供了科学的心理学基础。本章在分析了发展、学习与教育间的关系后，从学习的定义、学习的特点、学习的分类和学习的意义对学习的实质进行深入的阐述。着重介绍了20世纪以来对教育教学实践产生了重要影响的行为主义的学习观、认知主义的学习观、建构主义的学习观、精神分析主义学习观和人本主义的学习观。通过本章的学习可以在不同观点的比较中获取有助于我们改善学习和教学的理论观点，提升学习者的学习能力和教师的教学水平。

【学习目标】

1. 理解学习与发展、学习与教育的关系。

2. 记住学习的定义和学习的特点。

3. 了解学习的分类和学习的意义。

4. 掌握行为主义的学习观、认知主义的学习观、建构主义的学习观的基本观点。

5. 分析精神分析主义和人本主义的学习观的观点。

6. 思考学习观在教学实践中的运用。

【关键词】

学习　学习理论　行为主义　认知主义　建构主义　精神分析主义　人本主义

学习理论试图回答学习是如何发生的？它有哪些规律？它是什么样的过程？如何才能进行有效的学习？其根本目的是要为人们提供对学习的基本理解，从而为形成自己的教育、教学观奠定科学的心理学基础。从历史来看，任何一种教学理论总是有它的学习理论基础，布鲁纳（Bruner，1966）就认为："教学理论必须考虑到学习与发展两个方面，必须同那些他所赞同的学习理论和发展理论相一致。"教师的教学行为总是受到一定的学习观点的支配，问题在于是否有正确的学习观来指导，"一个没有学过学习理论的教师，也许可以成为一个好教师，也可以成为一个坏教师，但好却好得有限，而坏却可能每况愈下"（布鲁纳）。因此，学习理论是教师指导学生学习的重要基础。

本章主要就发展、学习与教育之间的关系进行探讨，在阐述学习的实质的基础上，介绍了主要的学习观，包括行为主义的学习观、认知主义的学习观、建构主义的学习观，以及在学习理论发展中虽不占主导地位，但对教学实践也产生了重要影响的精神分析主义学习观和人本主义的学习观。

第一节 发展、学习与教育

一、学习与发展

发展是学习的基础，为新的学习提供必要条件，为有效学习提供可能性。有了一定的发展作为基础，学生才能够进行有效的学习。另外，学习能促进生理和心理的发展，是影响个体成熟和心理发展的一个至关重要的因素。

（一）发展是学习的必要条件

学习依赖于个体心理发展的已有水平，皮亚杰（Piaget）认为，儿童自身的成熟是认知发展的根源，儿童运用因成熟而获得的能力去解决他们在社会环境中遇到的问题。在皮亚杰的智慧发展阶段中，认知结构的发展阶段，其顺序是固定不变的，不能逾越，也不能颠倒，认知结构的发展是一个连续建构的过程，每一阶段的结构都是后一阶段的先决条件。儿童只有掌握了一定的认知结构，才能进行该阶段的学习。发展是基础，为儿童学习提供新的可能性。有了一定的发展作为基础，儿童才能够进行有效的学习。如，皮亚杰认为儿童进入形式运算阶段后，思维不再局限于可观察的事物上，才可以在理解抽象的概念的基础上，进行逻辑式的推理。正是该阶段儿童的思维具有这样的特点，才能够进行一些抽象的运算。在奥苏伯尔的认知同化学习论中，强调已有的知识经验的作用，即原有的认知结构的作用。奥苏伯尔说："假如让我把全部教育心理学仅仅归结为一条原理的话，那么，我将一言以蔽之：影响学习的唯一最重要的因素，就是学习者已经知道了什么。要探明这一点,并应据此进行教学。"① 原有的认知结构是学生学习的必要条件,原有的认知结构有助于学生对新的知识进行学习。例如:学生首先要有关于数字的知识,才能够进行数学运算的学习。关于数字的知识不仅为学生学习数学运算提供基础,还有助于学生对数学运算的规律进行很好的理解,进行新旧知识的整合。现代信息加工心理学家都十分强调原有知识在新的学习中的重要作用,加涅(Gagne)就认为,在教新知识前,要激活学生长时记忆中相关的原有知识。

(二)学习促进了发展

学习促进了儿童生理和心理的发展,是影响个体成熟和心理发展的一个至关重要的因素。许多事实和研究表明,儿童在生命的最初几年中,如果缺乏适当的学习训练或教育,将给身心的发展带来不利的影响。

印度狼孩卡玛拉出生后不久就在狼群里生活,当她被救回到人类社会时,在动作姿势、情绪反应、生活方式等方面都表现出狼的习性。她用四肢行走,不会说话;惧怕人,白天躲藏起来,夜间潜行;每天午夜到早上3点钟,像狼似的引颈长嚎。据研究,卡玛拉当时虽然已七八岁,但她的智力却相当于6个月的乳儿水平。人们花了很大气力都不能使她适应人类的社会生活方式。卡玛拉4年内只学会了6个词,听懂几句简单的话,她在7年后才学会45个词,能勉强地学说几句话。卡玛拉死时已经十六七岁,但她的智力仅相当于3~4岁的孩子。在卡玛拉身上,人类特有的行为和智力都得不到发展。

---

① 邵瑞珍主编. 教育心理学[M]. 上海:上海教育出版社,2003:47.

这个例子说明，如果在婴幼儿期缺少教育与学习的机会，将使儿童的成熟受到阻碍、智力发展低下，个性心理品质也得不到正常的发展。

学习能够对心理发展起着积极的促进作用，这得到许多研究和事实的证明。怀特对初生婴儿眼手协调的动作进行了研究，他发现，经过训练的婴儿，平均在3.5月时便能举手抓住面前的物体，这些婴儿眼手协调的程度相当于没有经训练的5个月的婴儿的水平。怀特的研究说明了学习、训练对成熟的促进作用，学习促进了潜能的表现和能力的提高。维果茨基（Vygotsky）的社会文化理论（sociocultural theory），强调了社会文化对于儿童认知发展的影响，即学习对于发展的影响。他的"最近发展区"思想注重儿童发展的可能性，强调教学不能只适应发展的现有水平，而应适应最近发展区，从而走在发展的前面，通过学习来促进儿童的发展。

二、学习与教育

学习与教育的关系密不可分。学习领域的研究为教育改革提供坚实的心理学基础，人们对学习看法的每一次变化都影响着教学实践。并且，随着我们进入了"学习社会"，终身学习与终身教育成为生存的必须，使得学习与教育原本密切的关系更是如胶似漆。

（一）学习观念的变化成为教育改革的先导

20世纪以来，人们对学习的看法发生了几次重大的变化，每一次变化都对教学实践产生了重大影响。在20世纪上半叶，行为主义的学习理论占据着主导地位。从最初巴甫洛夫（Pavlov）提出的经典条件作用到随后斯金纳（Skinner）的操作性条件作用，再到班杜拉（Bandura）的社会学习理论，行为主义对教育产生了深远的影响。例如，课堂教学中的掌握学习、程序性教学、计算机辅助教学（CAI）以及新近的自我管理和自我教学等方法都是在行为主义学习理论的基础上发展起来的。在众多的行为主义心理学家中，斯金纳和班杜拉的学习理论对现代教育影响最大。

50年代至60年代的认知革命，引发了学习观念的变化，学习的认知主义观点逐渐取代了行为主义的观点。认知主义强调学习是获得知识、形成认知结构的过程。学习的基础是学习者知识结构的形成、重组和使用，而不是通过练习与强化形成的反应习惯。学习者也不再是被动地受练习和强化决定的接受者，而是一个活动的积极参与者。学生学习效果的差异制约于自身的内部心理机制的差异。认知主义在其学习观的基础上认为，教师是帮助学生进行有效的信息加工的协助者，教师必须激发学生的内在学习动机，教会学生学习，使之爱学、会学，必须指导学生建立良好的认知结构，提高学生的学习能力。

到了20世纪末，作为认知主义进一步发展的建构主义学习观，使人们又开始以新的眼光看待学习。随着认知主义学习理论的进一步发展，建构主义思潮开始盛行，对信息加工的学习理论提出了挑战。建构主义者认为知识不应只考虑客观世界，更重要的是要将客观世界与学习主体的主观经验世界联系起来，要重视学习主体的能动性和知识的社会性、情境性等，使学生的学习从接受客观知识的活动走向在具体社会情境中探索世界的活动。在此基础上，建构主义形成了自身独特的知识观和教学观，为当今我国的新课程改革提供了新思路。在新课程改革中，首先确立了课程改革目标，改变了课程过于注重知识传授的倾向，强调形成积极主动的学习态度,让获得基础知识与基础技能的过程同时成为学会学习、学会合作、学会生存、学会做人的过程。[①] 这个目标就体现了建构主义学习观的思想。

(二)终身学习与终身教育的理念

教育是为了帮助人们更好地学习,终身学习的理念决定了教育应是终身的。终身教育把人生各个阶段的学习活动视为一个整体,把社会所有的教育活动都整合在一个统一的和相互衔接的教育体系中。联合国教科文组织在《学会生存——教育世界的今天和明天》中明确指出:教育是贯穿于人一生的、不断积累知识的长期、连续的过程;终身教育是现代化社会的基石,惟有全面的终身教育才能培养完善的人;我们需要终身学习去建立一个不断演进的知识体系——"学会生存";要使教育更好地为社会发展服务,必须积极发展终身教育的思想;只有终身教育的思想,才能使教育变成有效的、公正的、人道的事业。[②] 现代信息技术,则使各行各业、各年龄段的人都能根据自己的实际情况而随时随地地享受教育得以实现。

第二节 学习的实质

学习是人之为人的基本需要,是人的生命的本性。古人言:"学而时习之,不亦说乎","玉不琢,不成器,人不学,不知

---

① 朱慕菊主编. 走进新课程 [M]. 北京:北京师范大学出版社,2002.

② 联合国教科文组织. 学会生存——教育世界的今天和明天 [M]. 北京:教育科学出版社,1996:16~24.

道。"我们正走在从"学历社会"向"学习社会"转化的时代，学习将成为贯穿人们一生的重要活动。如何激励、指导、促进学生的学习已成为现代教育的核心问题之一，教师只有科学地了解学生的"学"，才能更有效地"教"。

一、学习的定义

"活到老，学到老"，学习是我们最为熟悉的概念。在学生的眼里，学习就是看书、听课、做作业，而这些在学习心理学家看来只是狭义的学习，而且只是人类学习的一种形式。人类学习还通过使用语言、养成生活习惯、获得价值观念等方式。不但人类需要学习，动物也需要学习，马戏团里的猴子会算数，狮子会滚绣球，狗熊会骑自行车，都是由于学习的结果。所以，广义的学习包括人类与动物的学习，狭义的学习则专指学生的学习。

为了认识学习的本质，许多心理学家根据自己的观察做出了不同的解释。鲍尔（Bower）和希尔加德（Hilgard）认为："学习是指一个主体在某个规定情境中的重复经验引起的、对那个情境的行为或行为潜能变化。不过，这种变化是不能根据主体的先天反应倾向、成熟或暂时状态（如疲劳、酒醉、内驱力等）来解释的。"[1] 加涅更明确地定义学习，他认为："学习是人的倾向（disposition）或能力（capability）的变化，这种变化能够保持且不能单纯归因于生长过程。"[2] 我国著名的教育心理学家邵瑞

---

[1] （美）G. H. 鲍尔，E. R. 希尔加德著，邵瑞珍，皮连生，吴庆麟等译. 学习论 [M]. 上海教育出版社，1987：22.

[2] 邵瑞珍主编. 教育心理学 [M]. 上海：上海教育出版社，2003：27.

珍将教育情境中的学习定义为为：凭借经验产生的、按照教育目标要求的比较持久的能力或倾向的变化。[1] 在这些不同的解释中，较为流行的观点是把学习定义为"学习是指学习者因经验而引起的行为、能力和心理倾向的比较持久的变化。"[2] 这个定义说明：

1. 学习是学习者通过获得经验而产生了某种稳定的变化。从不知到知，从不会到会，从不懂到懂，就是变化过程。这种变化可以是知识、技能、能力的获得，也可以是兴趣、信仰、价值观的形成，还可以是情感、态度、人格的养成。

2. 学习是学习者适应环境的生命活动。我们常感叹说，不学习就会被时代所淘汰，表达的就是学习与适应的关系。人只有通过学习产生积极的心理变化才能适应不断变化的现实世界，实现与环境的动态平衡。

人类的学习不同于动物的学习。人类的学习是人在社会生活实践活动中，以语言为中介，自觉地、积极主动地掌握社会的和个体的经验的过程。学生的学习是人类学习的特殊形式。学生的学习主要是在教育情境中和在教师的指导下，自主而策略地获取间接经验的过程。

二、学习的分类

学习现象是极为复杂的，具有不同的类型。学习数学知识是一类学习；学会游泳是另一类学习；交警惩罚违法司机，另一位

---

[1] 邵瑞珍主编. 教育心理学 [M]. 上海：上海教育出版社，2003：29.

[2] 施良方著. 学习论 [M]. 北京：人民教育出版社，1994：5.

司机看到后不再犯同样的错误,也是一类学习;父母赞扬了孩子饭前洗手的行为,孩子后来养成了这种好习惯,同样也是学习。学习种类多种多样,为了能说明人类复杂的学习,并对不同类型的学习进行有效的指导,心理学家们依据不同的标准对学习进行了分类。但是在学习的分类标准上,心理学家们的分歧是相当大的,有的按照学习目标进行分类,有的按照学习的内容进行分类,有的按照学习的形式进行分类,还有的按照学习的结果进行分类。下面我们就一些有代表性的学习分类作一些说明。

(一)依据学习目标

美国著名教育心理学家布卢姆(Bloom)认为,教育目标即预期的学生的学习结果,应该包括认知学习、情感学习和动作技能学习三大领域。认知学习由低到高分为六级:(1)知识。指学习具体的知识,能记住先前学过的知识。(2)领会。指对所学习的内容的最低水平的理解。(3)应用。指在特殊和实际情况下应用概念和原理,应用反映了较高水平的理解。(4)分析。指对事物的内部结构进行区别,并能了解它们之间的关系。(5)综合。指能把已有经验中的各部分或各要素组合成新的整体。(6)评价。指对所学的材料能根据内在标准和外部证据作出判断。情感学习领域的教育目标由低级到高级分为五级:接受、反应、价值化、组织、价值与价值体系的性格化。动作技能学习领域的教育目标可分为七级:知觉、定向、有指导的反应、机械动作、复杂的外显反应、适应和创新。

(二)依据学习的内容

我国一些学者根据教育工作的实际需要,依据学习的内容,将学习分为:(1)知识的学习;(2)动作技能的学习;(3)智力技能的学习;(4)社会行为规范的学习。

（三）依据学习方式

奥苏伯尔（Ausubel）认为，根据学习方式的不同可以将学习分为（1）接受学习。指学生通过教师的讲授现成地获得结论、概念、原理等。（2）发现学习。指学生独立地通过自己的探索寻找，从而获得问题的答案。根据学习材料与学习者的原有知识的关系又可将学习分为，（1）机械学习。指学习者没有理解材料的意义，只是死记硬背。（2）意义学习。是通过理解学习材料的意义进而掌握学习的内容。将以上这两个维度相结合，可以将学习分为机械的接受学习、机械的发现学习、有意义的发现学习与有意义的接受学习。

（四）依据学习结果

加涅认为，学习所得到的结果或形成的能力可以分为五类：（1）言语信息，即我们通常所称的"知识"。学习理解言语信息的能力和陈述观念的能力，帮助学生解决"是什么"的问题。（2）智慧技能，即能力。指能使学生应用概念、符号与环境相互作用的能力，是学习解决"怎么做"的问题。如运用运算规则解答习题，使动词和句子的主语一致等。（3）认知策略，即学会如何学习。是学生在学习过程中调节和支配自己的注意、记忆和思维的内在组织的技能，是学习者用以"管理"自己的学习过程的方式。（4）态度，即品行。是习得影响个人行为选择的内部状态或倾向。（5）动作技能，即技能。是获得平稳、精确、灵活而适时的操作能力。

（五）依据学习的意识水平

目前，依据学习的意识水平将学习分为内隐学习和外显学习成为一个研究热点。内隐学习是指有机体在与环境接触的过程中不知不觉地获得一些经验并因之改变其事后某些行为的学习，例如，儿童在入小学以前并没有经过专门的语法学习，却可以把话说得符合语法规则。外显学习是指受意识支配、需要付出心理努力并需按照规则做出反应的学习，例如，我们现在对书本知识的学习。

总的来说，各种不同的学习分类都有其根据，分类标准不同，侧重点也不尽相同。学习现象是极为复杂的，从不同的分类标准出发，学习分类也就不同。分类是为了认识和研究上的方便，清晰而明确的学习分类为教育实践提供有力的理论支持。

三、学习的特点

人类的学习最重要也是最典型的是学生在学校中的学习，也就关于是认知或者知识的学习，它是学习的最重要的形式，也是学习研究的主要范畴。学生的学习是一种特殊的认识活动，具有自己的特点和规律。加涅认为，学生的学习和心理发展就是形成一个在意义上、动机上和技能上相互联系着的越来越复杂的抽象的认知结构体系，新的学习一定要适合学习者当时的认知水平。布鲁纳认为，学生的学习是认知结构的组织和再组织，强调学生学习中的发现学习的重要性。奥苏伯尔提出的认知学习论，则认为学生的学习是有意义的接受学习，学生的学习就是将有意义的材料纳入他原有的认知结构中去。国内的心理学家对学生学习的特点也进行了广泛的研究，如：林崇德教授认为学生的学习具有五个特点：(1) 在学习过程中，学生的认知或认知活动要越过直接经验的阶段；(2) 学生的学习是一种在教师指导下的认知或认知活动；(3) 学生的学习过程是一种运用学习策略的过程；(4) 学习动机是学生学习或认知活动的动力；(5) 学习过程是学生获得知识经验，形成技能技巧，发展智力能力，提高思想品德水平的过程。

（一）学生的学习具有计划性、目的性和组织性。

教育是有目的、有计划地培养人的活动，这就决定了学生的学习要在有计划、有目的、有组织的情况下进行。学生学习目标、学习内容、学习的安排等等都是由国家根据社会发展的需要，学生的身心发展规律、年龄特征以及各个学科的知识体系而作出明确的规定的。这反映了学生学习的系统性的特点。如：我国实行九年义务教育，抓好国家的基础教育，并通过新《义务教育法》来保证基础教育的质量。

（二）学生的学习具有间接性。

人的认识可以分为直接认识和间接认识。直接认识指的是人们亲身参加实践活动的过程中所获得的认识，之中认识的特点是不经过任何中间环节；间接认识指的是人们不必亲身参加某种实践活动，而是通过某些中间环节，如书本、讲授等途径而获得的认识。对于学生来说，他们要在有限的时间内掌握人类最基本最主要的知识、技能和技巧，因此，间接经验的学习形式是主要的，他们可以从学习现有的经验、理论、结论开始，而没有必要事事从直接经验开始。

（三）学生的学习具有自主性、策略性和风格性。

学生的学习要能够有效地进行，其学习过程就必须是积极主动的、讲究方法的、能充分发挥自己潜力的，表现为自主性、策略性和风格性。自主性是学生主体性的体现，其学习是建立在自身内在需求的基础上；策略性是指学习通过运用策略知识去调节和控制自己的学习，从而提高学习效率；风格性是指学生的学习是极其个人色彩的，是以自己所偏爱的方式投入学习的。

四、学习的意义

学习是人类最有意义的基本活动,是每个人的生存和发展的基础,只有通过学习,人才能成为全面发展的新人,才能成为社会所需要的人。学习具有生物适应意义、个体成长的意义以及社会发展的意义等等。

（一）生物适应意义

在活着的有机体中普遍存在着一种现象,那就是学习。从生物进化的角度来看,学习是有机体适应环境的重要方式。有机体适应环境有两种方式。其中有一种是先天决定的反应倾向。这种先天的反应倾向是每一个物种的本能,是本身所固有的、不学而能的。比如：当奶头、手指或其他物体碰到嘴唇,新生儿就立即做出吃奶的动作,这是吮吸反射,是一种食物性无条件反射,是吃奶的本能。其他哺乳动物也具有这种本能。但是这种先天的本能所适应的环境非常有限,仅仅靠这种先天的本能来适应变化的环境是不够的,有些物种因适应不了迅速变化的环境而消亡。

有机体还有另外一种方式,即通过学习来适应环境。这是人类相对于动物来说,具有不可比拟的适应能力的原因。人类婴儿与初生的动物相比,相对来说,独立能力低。但是,人类却能够在瞬息万变的世界中存活下来,并成为世界的主导者,是因为学习。人类通过学习获得生存和发展的知识,从而更快、更好地适应时代和环境的变迁。本能方面的变化需要千万年的演进,而学习的变化有时只需要几分钟。学习使得人类在适应环境的过程中,迅速而有效。

（二）个体成长意义

学习促进了个体身心的发展,全面提高了个体的素质。古人云:"好学近乎智"。诸葛亮在我国历史上可以说是人们心目中的聪慧与才智的化身。他在《诫子书》中说:"才须学也,非学无以广才。"他的才华、聪明完全来自广泛的学习。战国时代思想家墨子也说:"智也者,知也;而必智若明。"世界上没有先知先觉的人,也没有一生下来就有本事的人。人的一切知识、技能、思想、观念、行为方式、道德品质、审美趣味乃至认知策略和个性特征都是学习的结果。心理学和生理学的研究证明,学习使学习者的身心行为发生了三个方面的变化:1. 心理变化,包括认知能力、认知策略、知识结构、思想观念、价值标准、情感特征和个性品质等。2. 行为变化,包括操作技能、运动技能、行为方式、言语特征、反应特征等。3. 生理变化,包括神经系统、内分泌系统、呼吸系统、循环系统和消化系统等方面的变化。总之,学习是一种能够给学习者的身心行为带来持久性变化的活动过程。

(三) 社会发展意义

学习是传播人类文明的纽带。几千年来的人类文明史,积累了极其丰富的自然科学、社会科学和工程技术的知识。通过学习,我们能够把人类千百年来积累的最基本、最主要的知识学到手,把前人积累的经验逐步转化为自己的经验,才能适应环境与时代的要求。十八世纪以蒸汽机的出现为标志的技术革命,十九世纪以电力为标志的技术革命,以及二十世纪以电子计算机、原子能、空间技术为标志的新技术革命,无一不证明学习对人类文明与进步的巨大推动作用。试想一下,如果野蛮时代的人类不世代相袭地向先辈学习使用火,就只能像自己的祖先一样过着茹毛饮血的生活;文明时代的人类如果不世代相袭地向先辈学习畜牧业和农业,也只能像自己的远祖一样靠现成的天然产物为食。

在今天的信息时代，人类积累的知识越来越多，知识增长的速度也越来越快，科学技术的进步给现实生活带来了巨大的变化，学习对我们人类文明与进步变得更加重要。我们今天的学习不仅在于继承，更在于发扬、发现、发明和创造。

第三节 学习观

学习是如何进行的呢，有没有规律，为什么不同的学生听同样的课、做同样的作业，却会有不同的学习效果？对这些问题的回答和解释就构成了所谓学习理论。学习理论是对学习的实质及其形成机制、条件和规律的系统阐述，其根本目的是要为人们提供对学习的基本理解，从而为形成自己的教育、教学观奠定较为科学的基础。20世纪以来，人们对学习的看法发生了几次重大的变化，每一次变化都对教学实践产生了重大影响。在20世纪上半叶，行为主义的学习理论占据着主导地位，50年代至60年代的认知革命，引发了看待学习的观念的变化，认知主义的观点逐渐取代了行为主义，而到了20世纪末，作为认知主义进一步发展的建构主义学习观，使人们又开始以新的眼光看待学习，"在教育心理学里正在发生一场革命，人们对它叫法不一，但更多地把它称为建构主义的学习理论"（史莱文，Slavin，1994）。建构主义又成为学习理论发展的一个新方向。

一、行为主义的学习观

行为主义心理学作为传统心理学的叛逆，是在机械唯物主义的哲学基础上，在动物心理学和机能主义心理学的影响下产生的现代心理学派别。尽管各个行为主义者看待学习的角度和研究的侧重点不尽相同，但他们的基本观点都没有超出刺激—反应的范式。他们关注的是环境在个体学习中的重要性，学习者学到些什么，是受环境控制的，而不是个体决定的。其基本观点是，学习者的行为是他们对环境刺激所做出的反应，所有行为都是习得的。行为主义学者根据对动物学习问题试验研究认为，刺激—反应的联结是直接的，成功的反应会自动地得到加强，而失败的反应会自动地被削弱，也就是说，刺激—反应之间的联结，会根据环境的反馈结果而自动地得到加强或削弱。例如，孩子哭闹，母亲赶忙用糖果去哄他，孩子就不哭不闹了。糖果刺激与哭闹停止的行为反应之间就形成了联系，渐渐地，孩子就养成了通过哭闹去获得糖果的不良行为习惯。

行为主义的发展经历了两个阶段，通常把它们分别称为早期行为主义和新行为主义。

（一）早期行为主义的学习观

早期行为主义一般是指20世纪30年代以前华生时代的行为主义。

1. 桑代克（Thorndike）的联结主义学习观。

桑代克虽不属于华生的行为主义，但其学习观同样来自于对动物学习问题的研究，强调学习为刺激—反应的联结，对行为主义学习观产生了重要的影响。其主要观点为：

（1）学习的实质在于形成刺激—反应联结，联结是通过试误而建立的（无需任何中介）

个体所学到的就是一系列刺激—反应的组合。桑代克通过一系列的动物试验认为，学习过程是尝试与错误的渐进过程。当动物处于一定的问题情境中时，它被一定的动机所推动，会对这一情境尝试进行各种反应，由于满意的结果使错误的反应逐渐减少并最终学会正确反应。试误的实质结果是刺激—反应建立联结。

(2) 尝试错误的学习过程总是受一定规律支配的。

①练习律。指刺激—反应间的联结，由于练习次数的多寡而有别。所谓的"业精于勤"、"熟能生巧"可为这条规律的说明。②准备律。指刺激—反应的联结，随个体的身心准备状态而异，学习者有准备而又给以活动就感到满意，有准备而不活动则感到烦恼。学习者无准备而强制活动也感到烦恼。③效果律。指刺激—反应的联结，因获得满意的效果而被强化，以后出现同样情境时就容易引起该反应。相反，如果反应带来痛苦的结果，以后出现同样情境时就不会作出该反应。后来，桑代克发现，奖赏比惩罚更有动力，因而更强调奖赏而不强调惩罚。

桑代克的学习理论对教学实践产生了重要影响。学校教育就是通过提供刺激来引发学生的反应，让学生形成大量的刺激—反应联结，反复练习这些联结，并且奖励这些联结。

2. 华生（Watson）经典条件作用的学习观。

华生的基本观点为：(1) 心理学的研究方法是科学的方法。(2) 经典条件作用研究所得行为原则，不但可以了解动物行为，而且可以解释人的行为。(3) 人类的一切行为，其构成的基本要素是反应，一切行为表现只是多种反应的组合；而在这些反应中，除少数是生而具有的反射之外，全部都是个体在适应环境时，与其环境中各种刺激之间的关系，通过经典条件作用的学习过程所形成的。(4) 只要能了解环境刺激与个体的关系，就可以设计并控制刺激，通过条件反射的方法，建立起所要建立的反应，从而组合成预期的复杂行为；而且，也可根据条件作用法则（削弱），消除个体已有的行为。(5) 学习的巩固首先在于所学的反应的多次重复。同时重复其他动作的次数逐渐减少，从而使要学习的动作不断得到巩固。

经典条件作用中所建立的刺激—反应联结,可以用来解释很多学习现象。如:教幼儿初学单字所用的图形与字形联对法,正是条件作用原理的实际运用。又如在某些并不具有伤害力的情境中,儿童却表现了恐惧或焦虑反应,这些反应都是经由经典条件作用所形成的条件反应。所谓学校恐惧症(school phobia)与教室恐惧症(class phobia)等,其形成都是因为在校学习失败或惩罚不当引起恐惧后,进而对整个学校情境也产生恐惧所致。因此,经典条件作用对教育实践具有一定意义,尤其在解决学生的厌学情绪、考试焦虑等问题方面。如:在课堂教学中,教师可以把学习任务与愉快的刺激相联系,使之建立起对学习的积极情绪。比方说,让平时不敢发言的学生在鼓励、肯定、舒适的氛围下上台发言,学生逐渐将来自发言的良好感觉与发言这项活动联系起来。

(二)新行为主义的学习观

20世纪30年代以后,在对华生的行为主义加以修正的基础上,发展起来的行为主义称为新行为主义。

1. 斯金纳操作性条件作用的学习观。

斯金纳作为新行为主义的领袖,是操作性条件作用学习理论和行为矫治术的开山始祖,是行为主义后期对学习心理学影响最大的心理学家。

斯金纳认为行为可以分为两种,一种为应答性行为,如:学生听到上课铃声后迅速安静坐好的行为;一种为操作性行为,如:书写、讨论、演讲等具有自发性的行为。操作性行为的特征是,构成行为的反应是自发的,无法确定反应的出现是由何种刺激所引起的。这种操作性行为的形成过程就是学习,其关键是强化的作用。

斯金纳是通过对动物学习的实验研究,来探讨操作性行为的学习过程。他用来实验的装置叫斯金纳箱。在这个箱中有一个小杠杆,这个小杠杆和传递食丸的一种机械装置相连。只要一按压杠杆,一粒食丸就会掉进食盘。当把饥饿的大白鼠放进箱内,它会作出多种多样的行为反应,某次偶然压上杠杆,就会有一粒食丸掉下。食丸对白鼠压杠杆的行为反应是一种强化,白鼠得到食丸后更倾向于去按压杠杆。经过多次尝试,白鼠会不断按压杠杆获得食丸,直至吃饱为止。在白鼠形成按压杠杆的操作性行为过程中,关键的变量是强化。

斯金纳的许多观点到现在都具有很大的价值。如:程序化教学。斯金纳提倡程序教学,他认为学习的关键在于如何呈现教材,即设计出恰当的程序化教材。程序教学的基本原则是:小步子呈现、积极反应、及时反馈、自定步调和提高效果五个基本原则。程序化教学的思想对现代教育技术有着很大的影响。个别化教育思想和计算机辅助教学,都继承了程序教学中的有益思想和技术。

背景资料

正负强化与奖惩原则

奖赏(reward)与惩罚(punishment)都是教育学生所用的手段。奖与惩的实施,都是在学生表现过某种行为之后。但两种手段使用的目的并不相同。奖励使用在学生的良好行为之后,目的在于肯定他的行为,鼓励他继续表现该类行为;惩罚使用在学生出现不当行为之后,目的在于否定他的行为,制止他再度表现该类行为。因此,本文中所述正负两种强化均具加强行为的效用。正强化的性质虽与奖励相同,但负强化却与惩罚有异。负强化不同于惩罚的概念，对某些读者而言，也许尚需进一步说明。

负强化是加强某种适当行为，惩罚是制止某种不当行为，这是两者的主要区别。惟考虑到奖惩的目的时，奖励的目的只有积极性的一面，而惩罚的目的除了制止某种不当的行为的消极目的之外，另外带有使受惩罚者知错改正的积极目的。如果学生因犯错而受惩罚，事后非但不再犯错，而且在同样情景下学到以适当行为代替不当行为，则可谓对该生实施的惩罚，在性质上就带有负强化的意义。由此可见，在教育上使用惩罚时，只有在积极的目的下，使之符合负强化的原理，惩罚才会产生教育价值。

在教育上，如何善用惩罚，使惩罚除了消极地制止学生不当行为之外，更能积极地产生负强化效用，从而培养良好的行为，自然是教育心理学家们所关心的问题。对一般情况而言，教育心理学家对使用惩罚者（教师或家长），提出以下四点建议：

1. 在实施奖励与惩罚之前，必须先让全班学生充分了解奖与惩的行为标准。奖惩标准属全校性者，自然要求学生遵守。奖惩属本班性者，最好由教师与全班学生共同议决订定。如此才不至于使学生受到惩罚时不了解自己错在哪里。

2. 惩罚只限于知过能改的行为。诸如偷窃说谎等不良行为，对中小学的学生来说，都是可以自行改变的。因此在此类行为出现后受到惩罚是合情合理的。但如对资质中等学生因考不到甲等而施予惩罚，则于情理不合。在此种情况下，即使学生自知成绩不佳是错误的，但要他改变自己去符合教师或家长的要求仍然是无能为力。

3. 使用惩罚时应考虑学生心理需求上的个别差异。自尊心较强的学生，受到合理的惩罚后改过自新的可能性较大。个性顽劣学生，有时蓄意惹教师注意扰乱秩序而受到惩罚时，可能惩罚的结果反而强化了他的不良行为。

4. 多使用剥夺式惩罚（removal punishment），少使用施予式惩罚（presentation punishment）。前者指剥夺其权力（如家庭作业未做完之前不准看电视），后者指加诸其痛苦的措施（如体罚）。前者优于后者的理由，是前者可让学生有自己转圜的余地（要看电视就先把功课做完）。

（资料来源：张春兴主编. 教育心理学［M］. 杭州：浙江教育出版社，1998：186.）

2. 班杜拉的社会学习观。

作为新行为主义学派在当今的代言人，班杜拉并不同意斯金纳的观点。他认为个体并不是都要通过操作性程序才能形成行为，个体完全可以通过观察他人的行为或模仿他人的榜样而学到新的行为反应。强化也不是增强了行为出现的频率，而是为个体提供了信息或诱因，使他认识到什么样的行为会导致什么样的后果。例如，李某看到某位同学因乐于助人而得到老师的表扬，他就知道助人行为是可以模仿的、有价值的行为；而见到另一位同学因欺骗别人被老师批评，就懂得了这种欺骗行为是错误的、不能学习的行为。

（1）社会学习理论的主要观点。

①强调人的行为是内部过程和外部过程影响交互作用的产物。人既不是完全自由，又不是被动的。

②强调认知过程的重要性。由于人类能够非凡地使用符号来思索及提出情境中的问题，因而人们能够预先知道个人行动的结果，并依此来改变或激发某种行为。所以，认知因素在人的活动的组织与调节中起着核心作用。

③强调观察学习的重要性。他在肯定直接经验学习的同时，更突出观察学习的重要意义。班杜拉相信观察是最基本的学习过程。人们可以通过观察他人行为及其结果而学习，并不需要出了车祸才知道要遵守交通规则，也没必要因为偷窃被惩罚了才懂得这是违法的行为。

班杜拉通过系列的"充气娃娃"的模仿行为实验，证实了观察和模仿在学习中的作用。例如在这样的一个实验中，班杜拉让三组儿童都观看一个成年男子踢打一个充气塑料娃娃的场面。第一组的儿童观察到的是这个成人榜样的行为得到奖励（"你是一个强壮的冠军。"）；第二组的儿童观察到的是榜样的行为受到惩罚（"喂，住手！我以后再看到你这样欺负弱者就给你一个巴掌！"）；第三组的儿童观察到的是榜样的行为既没有受到奖励也没有受到惩罚。然后，就让儿童进入一间游戏室，里面放有一个同样的充气塑料娃娃，研究人员观察儿童单独和玩具娃娃在一起时的情景。结果发现，看到榜样的踢打攻击行为受到惩罚的第二组儿童的攻击性行为最少。在后续的实验中，班杜拉以糖果为奖励，鼓励这三组的孩子尽可能模仿那个成人榜样的行为，结果这三组儿童在模仿攻击性行为方面与原来没有任何区别。

实验证明，人的许多行为模式是通过观察榜样的行为以及这些行为对这些人产生的后果而获得的。这正印证了一句老话"榜样的力量是无穷的"。

④强调自我调节的作用。他认为某个特定行为既会产生外在的后果，也会产生自我评价的反应。所以行为的强化来源于外界反应与自我评价。因此，班杜拉除注意外部强化、替代强化（因观察别人的某种行为而强化自己的该种行为）对学习的影响外，特别重视利用自我强化或自我惩罚的方式来加强行为的自我

控制。

(2) 社会学习理论的教育应用。

人的许多社会性行为都是通过观察学习获得的，这对我们进行社会规范教育和培养道德品质具有很好的指导作用。在实际的品德教育中，教师要注意为学生提供良好的学习和借鉴的榜样，引导学生学习和保持榜样行为，并为学生创造再现榜样行为的机会。

班杜拉的观察学习理论揭示了观察学习的基本规律及社会因素对个体行为形成的重要作用，注重观察学习中的认知中介因素，这对于我们从整体上认识人的行为的学习过程具有重要作用。

二、认知主义的学习观

认知主义强调学习是获得知识、形成认知结构的过程。学习的基础是学习者知识结构的形成、重组和使用，而不是通过练习与强化形成的反应习惯。学习者也不再是被动地受练习和强化决定的接受者，而是一个活动的积极参与者。当代认知主义的学习理论主要有布鲁纳和奥苏伯尔所代表的认知结构学习论，以及加涅所代表的信息加工学习论。

（一）布鲁纳的认知结构学习观

在行为主义学习理论影响美国教育界几十年后，由于苏联率先发射人造卫星而引起了全美教育界对教育问题的反思，教育改革的呼声迅速升温。布鲁纳生逢其时，以强调知识结构的掌握和倡导发现学习成了这场教改运动的领袖。

布鲁纳认为学习的实质是学生主动地通过感知、领会和推理，促进类目及其编码系统的形成。学生的认知学习就是获得知识结构的过程。他说:"不论我们选教什么学科,务必使学生理解各门学科的基本结构。这是再运用知识方面的最低要求,它有助于解决学生在课外所遇到的问题和事件,或者在日后训练中所遇到的问题。"① 所谓基本结构就是某一学科领域的基本观念,类似于我们平时所说的"基本概念、基本知识、基本原理"三基。主要的不同在于,基本结构不仅指一般原理的学习,还包括学习的态度和方法。

如何去获得学科的基本结构呢?布鲁纳认为应采用发现的方式学习,所谓发现是指用自己的头脑亲自获得知识的一切形式。他说:"教师不能把学生教成一个活动的书橱,而是教学生如何思维;教他如何像历史学家研究分析史料那样,从求知过程中去组织属于他自己的知识。"② 发现学习强调的是学生的主动探索;教师的任务不是讲解和灌输现成的知识,而是创造条件,鼓励学生独立思考、积极探究,自行去发现材料的意义,从而自主地获得基本原理或规则。例如,代数中的交换律是代数这门学科的基本结构,如何通过发现来学习?布鲁纳根据学生玩跷跷板的经验(如果对方比自己重,自己就得往后移;如果对方比自己轻,就得往前移,这样两人才能玩翘翘板)设计了一个天平,让学生来调节砝码数量和砝码离支点的距离。他先让学生动手,然后使用想象,最后用数学来表示,从而掌握了乘法交换律。布鲁纳认为,通过发现的方式学习有利于学生直觉思维、批判性思维、创造性思维的发挥,提高智力的潜力;有利于使外在动机转化为内

---

① 布鲁纳. 教育过程 [M]. 北京:文化教育出版社,1982:37.
② 张春兴主编. 教育心理学 [M]. 杭州:浙江教育出版社,1998:213~214.

在动机，提高学习的积极性；有利于学会发现的最优方法和策略；有利于信息的保持和检索。

(二) 奥苏伯尔的认知同化学习观

在奥苏伯尔看来，学生的学习，如果要有价值的话，应该尽可能地有意义。他认为有意义学习过程的实质，就是符号所代表的新知识与学习者认知结构中已有的适当观念建立非人为（non-arbitrary）的和实质性（substantive）的联系。虽然奥苏伯尔与布鲁纳一样都认为学习是一个认知过程，是认知结构的组织和重新组织，强调已有的知识经验的作用（即原有的认知结构的作用），但奥苏伯尔对布鲁纳认为发现是主要的学习方式的观点持强烈的批评态度，他认为接受学习才是学生主要的学习方式。学生主要是把教师讲授的内容整合进入自己的认知结构中，以便将来能够提取或应用。他认为把接受学习等同于机械的，把发现学习等同于意义的是错误的。

学习是否有意义不取决于学习的方式是发现的还是接受的，而是取决于意义学习的两个先决条件，只要符合这两个条件就是意义学习。第一，学习内容对学生具有潜在意义，即能够与学生已有知识结构联系起来。这种"联系"应该是实质性和非人为的，也就是说，这种联系不能是一种牵强附会或靠机械背诵的。例如，学生认知结构中已经有了"哺乳动物"的概念，再学习"鲸"这一新概念时，"鲸"这一概念与"哺乳动物"概念之间就有逻辑上的关系，这种关系不是人为的，是符合一般与特殊的关系的，因此，这种联系就是实质的、非人为的。第二，学习者必须具有意义学习的"心向"。这里的心向是指学生积极主动地把新学习的内容与认知结构中已有的知识加以联系的倾向性，使新旧知识发生相互作用，导致新旧知识的意义的同化，结果，学生的旧知识得以改造，新知识获得了新的意义。奥苏伯尔认为，学生的意义学习才是有价值的学习。所以，他强调的是意义的接受学习，学校应主要采用意义接受学习。现在，人们普遍认为奥苏伯尔的贡献不是强调了接受学习，而是深刻地描述了意义学习。

奥苏伯尔还提出了"先行组织者"的概念，先行组织者是从"组织者"一词演化而来，它是促进学习和防止干扰的一种教学策略，是引用适当相关的和包摄性较广、最清晰和最稳定的引导性材料，这种引导性材料就是所谓的组织者。由于这些组织者通常是在呈现教学内容之前介绍的，目的在于用它们来帮助确立有意义学习的心向，因此又被称为先行组织者。奥苏伯尔认为，先行组织者有助于学生认识到，只有把新的学习内容的要素，与已有认知结构中特别相关的部分联系起来，才能有意义地习得新内容。

（三）加涅的信息加工观

现代学习理论深受信息加工理论的影响，把学习看成是一个信息加工的过程。信息加工的学习理论认为，学习者是信息的主动加工者，学习者必须选择、组织相关信息，通过自己已有的知识对信息解释，从而理解信息。学习过程就是接受、编码、操作、提取和利用知识的过程。

学习的信息加工的观点是一种计算机模拟的思想，是把人的学习过程比喻为计算机的加工过程，加涅无疑是这种学习观的主角。他所提出的学习的信息加工模式理论已成为广泛引用的经典性观点，如图6-1。

这一模型表明，当学生注意环境中某一特定的刺激时，来自环境的刺激信息经感受器在感觉登记器上作短暂的寄存，此时贮存的是原先刺激的某些主要特征。然后通过选择性知觉进入短时

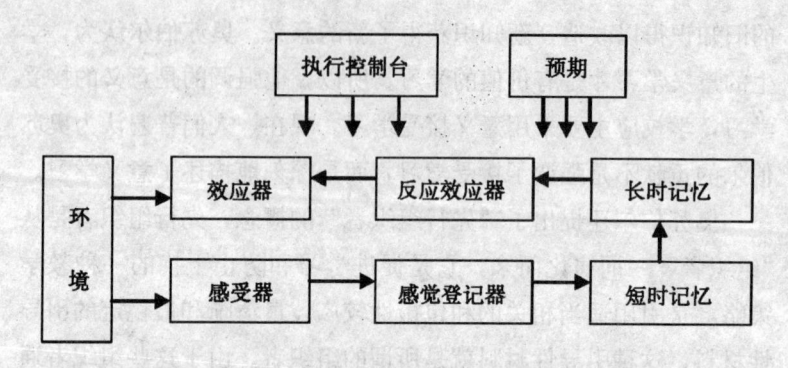

图 6-1 由学习与记忆理论所假设的信息加工模型

记忆。能保持的信息项目可能要经过内心默默复述。在随后的阶段,信息经过语义编码的重要转换而进入长时记忆,即进入长时记忆的信息根据其意义来贮存。当学生做出反应时,需要对这些已贮存的信息进行搜索和提取,然后通过反应发生器将它们转变成行动。"执行控制"选择和启动认知策略是对信息流程予以监控和修正。"预期"是学生对达到目标的期望,即动机系统对信息加工的影响。这就是信息从一个结构到另一个结构的完整流程。

根据这一流程,加涅认为学习过程是由一系列事件构成的,每一个学习行动都可以分为八个阶段。图 6-2 展示了学习流程图中包含的八个学习阶段之间的关系,以及这些阶段所暗指的教学事件。

加涅的学习模式是在吸收行为派和认知派学习过程优点的基础上提出来的,它关注到了人类学习的特点,是当前比较有代表性的学习模式。加涅的信息加工学习论,关注的是学生如何以认知模式选择和处理信息并做出适当的反应,偏重信息的选择、记忆和操作以解决问题,重视个人的知识过程,因此在学习方法

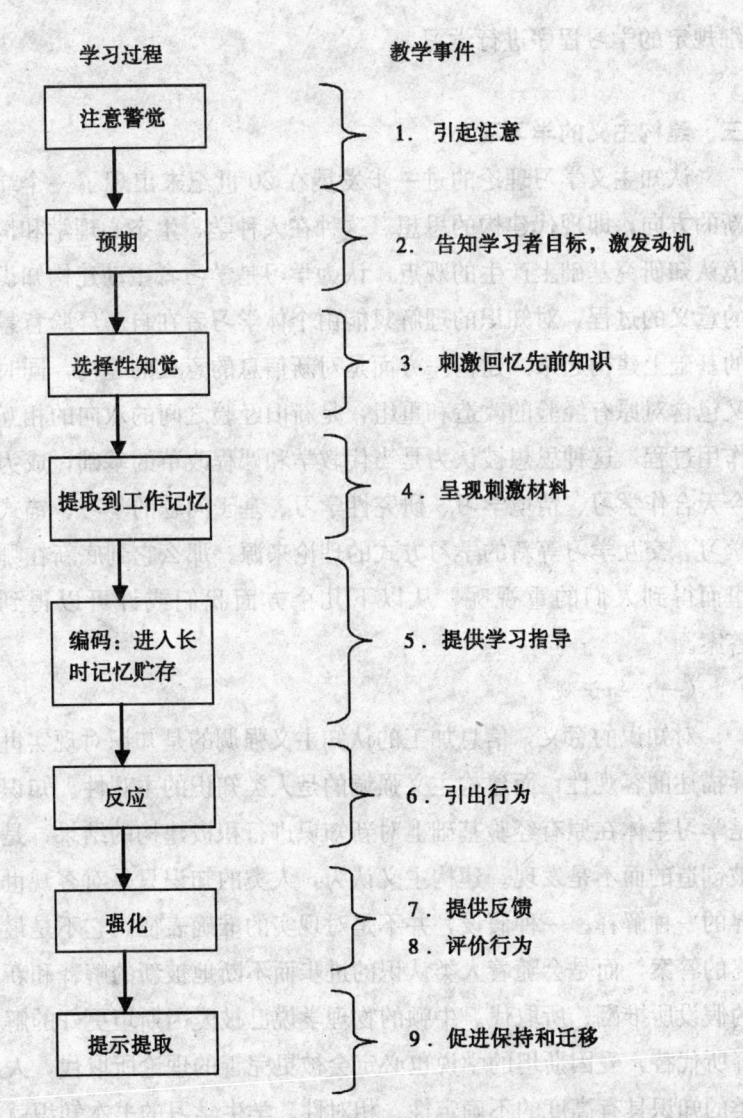

学习过程	教学事件
注意警觉	1. 引起注意
预期	2. 告知学习者目标，激发动机
选择性知觉	3. 刺激回忆先前知识
提取到工作记忆	4. 呈现刺激材料
编码：进入长时记忆贮存	5. 提供学习指导
反应	6. 引出行为
强化	7. 提供反馈 8. 评价行为
提示提取	9. 促进保持和迁移

图 6-2 学习阶段与教学事件的关系

上，主张指导学习，主张给学生以最充分的指导，使学习沿着仔细规定的学习程序进行学习。

三、建构主义的学习观

认知主义学习理论的进一步发展在20世纪末出现了一个崭新的方向,即现代建构的思想。这种在人种学、生态心理学和情境认知研究基础上产生的观点,认为学习是学习者主动建构知识的意义的过程,对知识的理解只能由个体学习者在自己经验背景的基础上建构起来。建构一方面是对新信息的意义的建构,同时又包含对原有经验的改造和重组,是新旧经验之间的双向的相互作用过程。这种思想被认为是当代教学和课程改革的基础,成为今天合作学习、情境学习、研究性学习、基于问题的学习、锚式学习、交互学习等新的学习方式的理论来源。那么它到底新在哪里而得到人们的重视呢,从以下几个方面我们或许可以得到答案。

(一) 知识观

对知识的意义,信息加工的认知主义强调的是知识对现实世界描述的客观性,而建构主义强调的是人类知识的主观性。知识是学习主体在原有经验基础上对新知识进行积极建构的结果,是被创造的而不是发现。建构主义认为,人类的知识只是对客观世界的一种解释、一种假设,并不是对现实的准确表征,它不是最终的答案,而是会随着人类认识的进步而不断地被新的解释和新的假设所推翻、所取代。牛顿的物理学说已被爱因斯坦更好的解释所代替,爱因斯坦的学说也必定会被更完善的理论所取代,人类的知识具有高度的不确定性、相对性。学生学习的书本知识就是一种对现实世界较为可靠的假设,而不是最可靠的解释。

对知识的应用,信息加工的认知主义强调的是应用的普遍性，而建构主义强调的是应用的情境性。建构主义认为，知识不可能放之四海而皆准，不可能适用于所有的情境。人们面临现实问题时，不可能仅靠提取已有的知识就能解决好问题，而是需要针对具体问题对已有知识进行改组、重建和创造。例如在思维定势的实验中，要求个体利用螺丝刀将两条不可能同时抓住的绳子绑在一起。此时，个体就应在这一特殊问题情景中，重新组织有关螺丝刀功能的知识，利用螺丝刀的重锤功能，将两条绳子绑在一块。知识就是参与实践的能力，知识的高度主观性和情境性决定了学习是终生的活动，决定了学生的学习更重要的是对知识的猜测、质疑、检验和批判。

(二) 学生观

信息加工的认知主义把学生看成是信息的主动吸纳者，建构主义则认为学生是信息意义的主动建构者。"学习是建构内在的心理表征的过程，学习者并不是把知识从外界搬到记忆中，而是以已有的经验为基础，通过与外界的相互作用来建构新的理解。"（古宁汉，Cunningham，1991）[①] 学生在学习新知识时并不是一个经验的无产者，而是能够在已有知识经验的基础上，通过新旧知识经验间反复的、双向的相互作用过程建构起新的意义，从而充实丰富和改造了自己的知识经验，他们是自己知识的建构者。因此，学习不是简单的信息输入、贮存和提取的过程，不是简单的信息累积，而是在已有经验、心理结构和信念基础去形成新知识的意义，实现新旧知识的综合和概括，形成新的假设和推论；而是在应用中加深对知识的理解。这种学生观更进一步强调了学

[①] （美）R.M. 加涅著，皮连生等译. 学习的条件和教学论 [M]. 上海：华东师范大学出版社，1999：352.

生学习的主动性、自主性、探索性，主张学生进行自我调节，确保了"以学生为中心"的教学观的落实。

> **背景资料**
>
> ### 自我调节学习者
>
> 自我调节的学习者（self-regulated learners）是那些拥有有效的学习策略并知道如何以及何时应用这些策略的学习者（Bandura，1991；Dembo&Eaton，2000；Schunk&Zimmerman，1997；Winne，1997）。比如，他们知道如何将复杂的问题分解为简单的几步或尝试其他不同的方案（Greeno&Goldman，1998）；知道如何以及何时略读或精读以达到深层理解；知道如何写作以说服他人、如何写作以提供信息等（Zimmerman&Kitsantas，1999）。不仅如此，自我调节的学习者还受学习活动本身所激励，而不受分数或其他人的赞赏所驱（Boekaerts，1995；Corno，1992；Schunk，1995）。他们能够坚持一项长期的工作，直至完成。当学生不但拥有有效的学习策略，而且还有动机去坚持使用这些策略，直至满意地完成活动时，他们就更可能成为有效的学习者（Williams，1995；Zimmerman，1995），更可能具有终身学习的动机（Corno&Kanfer，1993）。
>
> （资料来源：(美) ROBERT E. SLAVIN著，姚梅林等译. 教育心理学理论与实践 [M]. 北京：人民邮电出版社，2004：192.)

（三）教师观

信息加工的认知主义更多地把教师看成是学生学习的指导者、设计者，而建构主义更愿意把教师看成是学生学习的帮助者、合作者。建构主义认为教学不是由教师到学生的简单的转移和传递，而是在师生的共同活动中，教师通过提供帮助和支持，引导学生从原有的知识经验中"生长"出新的知识经验，为学生的理解提供梯子，使学生对知识的理解能逐步深入；帮助学生形成思考、分析问题的思路，启发他们对自己的学习进行反思，逐渐让学生对自己的学习能自我管理、自我负责；创设良好的、情境性的、富有挑战性的、真实的、复杂多样的学习情境，鼓励并协助学生在其中通过实验、独立探究、讨论、合作等方式学习；组织学生与不同领域的专家或实际工作者进行广泛的交流，为学生的探索提供有力的社会性支持。此外，建构主义者还认为教师在复杂内容的教学过程中，应注重用多种途径来表征，例如类比、例证和比喻等，以促使学生从深层次上理解所学的内容和促进知识的良好应用。因此，建构主义的教师观不是排斥教师在教学中的作用，而是对教师提出了更具有挑战性的新职责。

四、精神分析主义的学习观

行为主义的学习理论关注的是行为的习得过程，把学习理解为S—R联结的加强；认知主义的学习理论关注的是个体处理其环境刺激时的认知过程，把学习理解为认知结构的变化和发展；建构主义的学习理论关注的是学习者主动建构知识的意义的过程；精神分析主义关注的是健康人格的形成，把人深层的精神生活看成是人发展的核心，学习即人格的形成过程。

（一）学习实质、结果

弗洛伊德将本我、自我、超我与意识——潜意识维度相联系而形成了一个完整的人格结构理论。本我是人格最根本的动力来源，决定着自我的功能，是人的学习的最根本动力。自我产生于本我，其作用是评定内部需要和现实要求之间的冲突，让自我学会对本我进行指导，协调三者之间的关系，才能形成健康的人格。后期的精神分析学派不再把本能的因素作为人格结构中的最重要因素，认为自我才是人格结构的中心，自我一方面与自身的目标价值协调，另一方面与社会影响相联系，他们看到了自我的主动性，有调节人的行为功能。越来越强调社会文化因素经济因素对自我的作用，强调自我的主动性，自我成为了人格的中心，而这个中心的形成与发挥作用是学习的结果。所以，从精神分析主义的角度看人类的学习，人格既是有效学习的前提，又是有效学习的结果，其关键是强大的自我的形成。失去学习能力的精神病患者就是自我功能缺失造成的，这种缺失表现在感知觉、言语以及解决问题的能力上。

（二）学习过程、动力

从精神分析的角度看学习过程和动力，学习过程就是人格的形成过程，冲突则是学习发展的动力。

弗洛伊德认为，儿童要成长为一个健全的人格，必须在本我、自我、超我之间保持一定的平衡。自我是一个中介或调节者，它一方面要满足本我的需要，另一方面要照顾现实的影响，即评定内部需要与现实要求之间的冲突，保护着人格的正常发展。他认为本能是处于一种动态的冲突状态，多种本能相互矛盾和斗争，如超我与自我、性本能和内在本能的斗争等，这些斗争构成了人格的形成和发展，个体的人格从低级进入高级阶段的首要条件是顺利解决前一阶段的主要矛盾和冲突。埃里克森（Erikson）则认为每一个发展阶段里都带有普遍性的心理与社会矛盾需要解决，在每一个阶段完成了相应的发展任务，儿童才能形成强大的自我，从而形成健康的人格，精神病患者则与没有正确解决存在于某个或某些发展阶段中的危机有关。弗洛伊德则认为只有缓解心理矛盾，才能实现人的潜能与价值。他着眼于人的机体内部的冲突，相信人有能力克服冲突与挫折，不断地向积极的方面发展。这意味着人格的形成是充满着各种矛盾、斗争,这种矛盾、斗争推动着人格的学习由低级向高级发展。

因此,在精神分析主义看来,学习是人格的形成,人格对行为和认知具有调节和促进作用,是行为与认知统一的心理基础。

(三)人格化的教学

精神分析主义把健康的人格视为德、智、体、美的心理基础,在具体的学习问题上提倡人格化教学。

1. 知识的学习。

精神分析主义认为,健康的人格是知识学习的基础,个人对知识的掌握、应用是以人格为媒介而产生效应的,人格上的障碍与缺陷会妨碍知识的学习,或使知识的应用走上反社会的道路。

2. 品德的学习。

精神分析主义认为,人格是一个人的命运,同时也是一个人能否公正地对待别人的主要动力,所以健康人格的形成即品德学习的过程,人格发展的条件是道德教育的基础,一个人有了健康的人格,就能清楚地判断,能负责,能爱人。

3. 情感的学习。

精神分析主义认为,儿童能努力地学习并得到良好的发展,是因为他感受到被爱,情绪上无忧无虑,而这是以健康的人格为基础。

4. 能力的学习。

精神分析主义认为有健康人格的个体,才能充分发挥其创造力和潜能,才具有解决问题的能力。

五、人本主义的学习观

人本主义的学习理论是以人本主义心理学的基本理论为基础

的。人本主义心理学强调心理学应该研究整体的人，应关注人的本性和潜能、尊严和价值，强调社会文化应促进人的潜能的发挥以及普遍的自我实现。在学习观上，人本主义从全人教育的视角阐释了学习者整个人的成长历程以发展人性；注重启发学习者的经验和创造潜能，引导其结合认知与经验，肯定自我，进而自我实现。认为教学就是要促进学生个性的发展，发挥学生的潜能，培养学生学习的积极性与主动性。

人本主义的学习理论集中地体现在罗杰斯（Rogers）的学习观中。罗杰斯认为，学习情境应该是学生中心和学生定向的，学校为学生而设，教师为学生而教，提出了"以学生为中心"的教育和教学理论。他在《学习的自由》一书中，提出了自由学习的10个原则。

（一）人生而具有学习的潜能

每个人都具有学习的潜能，这是与生俱来的。在合适的条件下，我们每个人所具有的这种学习、发现和创造的潜能都可以得到很好的发挥。

（二）意义学习发生在学习内容与自己的学习目的相关时

意义学习发生在学习者觉得这种学习可以实现自己的目的时。如：同样学习外语，一个学生正面临着一次出国学习的机会，外语对他来说，至关重要；而另一位学生则有可能只是为了应付考试。

（三）具有威胁性的学习往往会受到学习者的抵制

学习者拒绝对自我观念（指一个人的信念、价值观和基本态度）构成威胁的学习，当对其价值观构成威胁时，或被学习者拒绝，或迫使学习者通过学习对价值进行重新评价。

（四）当外部威胁降低时，学习者比较容易觉察并同化那些

威胁到自我的学习内容

强迫的、威胁的方式，往往很难为学习者所接受。罗杰斯十分重视一种良好的学习氛围对学生的影响。如：一个在班级被冷落、歧视的学生，很难有学业上的长进。但同样的学生，如果遇到一个热情、公正、乐于助人的教师，就会有各方面的长足进步。

（五）当对自我的威胁很小时，学生就会用一种辨别的方式来知觉经验，从而促进学习

威胁很小时，学习者往往可以发挥出在受到较大威胁时所不能发挥出来的潜能。如：有些差生可以单独一个人做得很好的事，为什么被教师在课堂提问时做不到呢？原因在于前者来自于环境的威胁小，后者的威胁大。

（六）最直接的个人经验大多是意义学习

学习的最有效方法，就是让学习体验到自己面临的实际问题。个人的直接经验，可以极大限度地促进意义学习。教师的工作是为学生提供这种经验的机会，包括设置问题情境、社会实践活动及学生必要的调查、访问等。

（七）当学生主动参与学习过程时，就会促进学习

当学生能自主自己学习的方向、学习的资源时，当他们自己可以确定学习的问题、解决问题的方式以及承担自己的后果时，可以最大限度地促进意义学习。

（八）全身心投入的学习才是最深刻的

当学生在自己的学习中，通过自己的努力（不排除外在的帮助）而真正有所收益、有所发现进而有所创造时，他们就会不由自主地投入到类似的活动中去，这时就无须外在的任务或权威的"指示"。因为学习者已经从这种活动中获得自己可以怎么做的

经验。

（九）当学生以自我评价为主，以他人评价为辅时，则他们的独立性、创造性和自主性就会得到促进

许多经验告诉我们，当学生以自我评价为主，而不受别人摆布时，才会有自己独立的判断和创见。明智的父母往往认识到：要使儿童成为一个独立自主的人，就必须从小给他机会，要培养他们对自我评价、决策及可能产生的结果做好准备。

（十）动态的、开放的学习过程是现代社会最有用的

罗杰斯认为，封闭的静止的学习过程在历史发展的过程有过它的生存期，但现代社会是急剧变化的、开放的，最有社会意义的有效学习是学会学习的过程，对经验持续开放，并将自己结合进变化过程。

【主要结论与应用】

1. 学习理论是对学习的实质及其形成机制、条件和规律的系统阐述，其根本目的是要为人们提供对学习的基本理解，从而为形成自己的教育、教学观奠定科学的心理学基础。

2. 学习与发展：发展是学习的必要条件，学习又促进了儿童的身心发展。学习与教育：学习研究为教育改革提供了心理学原理，形成了终身学习与终身教育的观念。

3. 学习是指学习者因经验而引起的行为、能力和心理倾向的比较持久的变化。广义的学习包括人类与动物的学习，狭义的学习则专指学生的学习。

4. 心理学家们依据不同的标准进行学习分类。可以根据学习目标、学习的内容、学习方式、学习结果和学习的意识水平等不同标准进行分类，从而加深了我们对学习的认识。

5. 学生的学习具有计划性、目的性和组织性；具有间接性；

具有自主性、策略性和风格性特点。

6. 学习具有生物适应意义、个体成长意义和社会发展意义。

7. 行为主义认为学习者的行为是他们对环境刺激所做出的反应，所有行为都是习得的。代表性的观点有桑代克、华生、斯金纳和班杜拉的学习观。

8. 认知主义强调学习是获得知识、形成认知结构的过程。学习的基础是学习者知识结构的形成、重组和使用。代表性的观点有布鲁纳、奥苏贝尔和加涅的学习观。

9. 建构主义认为学习是学习者主动建构知识的意义的过程。建构一方面是对新信息的意义的建构，同时又包含对原有经验的改造和重组，是新旧经验之间的双向的相互作用过程。这是当代教学和课程改革的重要理论基础。

10. 精神分析主义关注的是健康人格的形成，把人深层的精神生活看成是人发展的核心，学习即人格的形成过程。

11. 人本主义的学习观从全人教育的视角阐释了学习者整个人的成长历程以发展人性，注重启发学习者的经验和创造潜能，引导其结合认知与经验，肯定自我，进而自我实现。

【学业评价】

一、名词解释

1. 学习理论
2. 学习
3. 发现学习
4. 内隐学习
5. 认知策略

二、思考题

1. 怎样理解发展、学习与教育的关系？

2. 学习的含义是什么？学生的学习有何特点？

3. 行为主义、认知主义和建构主义的学习理论的主要观点是什么？

4. 如何运用行为主义原理来塑造学生的良好行为？

5. 如何运用认知主义原理对学生进行学习指导？

6. 如何运用建构主义原理进行教学设计？

7. 如何评价精神分析主义与人本主义的学习观？

三、应用题

1. 结合自己的学习，分析哪些学习观念可用于指导自己的学习，以提高学习效率。

2. 根据学习观的研究分析一位特级教师的教学行为。

【学术动态】

1. 学习现象已成为心理学、教育学、哲学、语言学、人工智能、脑科学和生物学等多学科研究的对象，学习者们从多种角度去了解复杂的学习现象，形成了"学习学"这门综合学科。

2. 自主学习、自我监控的学习、创造性学习、情境性学习、学习共同体、学习不良与学习辅导等课题已成为学习心理学研究的热点，其目标是让学生乐于学习、会学习和能够学习。

3. 内隐学习的探讨成为当代学习心理学研究的一大亮点。对其特征和机制的研究，为探明人们获得知识的心理机制，开发人类的学习潜能，开辟了一个新的视野。

4. 建构主义的学习观正成为国内外基础教育改革运动的重要指导思想，并为高科技时代的网络学习提供了强有力的理论支持。

5. 学习的认知神经科学的研究成为当代学习的脑机制研究的前沿，其研究成果对我们设计"基于脑、适应脑、促进脑"的学习方案具有重大的意义。

【参考文献】

1. 邵瑞珍主编. 教育心理学 [M]. 上海：上海教育出版社，2003.

2. 莫雷主编. 教育心理学 [M]. 广州：广东高等教育出版社，2002.

3. 陈琦等主编. 教育心理学 [M]. 北京：北京师范大学出版社，1997.

4. （美）罗伯特. 斯莱文著，姚梅林译. 教育心理学 [M]. 北京：人民邮电出版社，2004.

5. 王言根主编. 学会学习 [M]. 北京：教育科学出版社，2005.

6. 连榕编著. 现代学习心理辅导 [M]. 福州：福建教育出版社，2001.

7. （美）R. M. 加涅著，皮连生等译. 学习的条件和教学论 [M]. 上海：华东师范大学出版社，1999.

8. 吴增强主编. 学习心理辅导 [M]. 上海：上海教育出版社，2004.

9. 施良方著. 学习论 [M]. 北京：人民教育出版社，1994.

10. （美）B. J. 齐默尔曼等著，姚梅林等译. 自我调节学习 [M]. 北京：中国轻工业出版社，2001.

【拓展阅读文献】

1. （美）斯腾伯格著，张厚粲译. 教育心理学 [M]. 北京：中国轻工业出版社，2003.

2. （美）罗伯特. 斯莱文著，姚梅林译. 教育心理学 [M]. 北京：人民邮电出版社，2004.

3. （美）申克著，韦小满等译. 学习理论：教育的视角[M]. 南京：江苏教育出版社，2003.

4. （美）比格等著，徐蕴等译. 写给教师的学习心理学[M]. 北京：中国轻工业出版社，2005.

5. 莫雷主编. 教育心理学[M]. 广州：广东高等教育出版社，2002.

第七章
学习动机

【内容摘要】

动机问题历来是教育界和心理学界的共同关心的领域之一。在自主学习备受推崇的今天，人们更是清楚地认识到，只有学生具备了足够的学习动机，他们才能始终保持学习的热情和积极性，才能主动地、自觉自愿地学习，从而提高学习质量。于是，有关如何培养和激发学生的学习动机，极大地调动学生的学习积极性问题，再度成为人们关注的焦点。本章首先阐述学习动机的概念及其与学习的关系，然后介绍主要的动机理论，最后探讨如何根据动机理论激发学生的自主学习。

【学习目标】

1. 解释动机的基本涵义。

2. 阐述动机与学习的关系。
3. 比较不同流派对学习动机的解释。
4. 阐述成就动机理论的基本观点。
5. 阐述自我效能感理论的基本观点。
6. 阐述归因理论的基本观点。
7. 举例说明习得性无助感的形成及其表现。
8. 了解我国中小学生归因的特点。
9. 知道成就目标理论的基本观点。
10. 了解学生成就目标的发展特点及其原因。
11. 知道自我决定理论的基本观点。
12. 举例说明如何培养和激发学生的自主学习动机。

【关键词】
学习动机　内部动机　外部动机　动机理论　自主学习

第一节　学习动机概述

动机一词对人们来说并不陌生，在现实生活中，人们常常去分析、推断他人以及自己行为背后的动因，"为什么"几乎成了人们的口头禅。而在学校情境里，教师常常面临这样一些问题：有些学生总是不认真完成作业；某个学生其他功课都好，就是不喜欢自己所上的课；奖励的措施对某些学生有效，但对其他学生并不起作用等等。诸如此类的问题都与学生的学习动机有关。

一、动机与学习动机

在心理学中，动机是指激发、维持个体行为并使行为指向特定目的的一种力量。人类的各种活动都是在动机的作用下，朝着某一目标进行的。形象地说，动机就好比汽车的发动机和方向盘，它既为个体的活动提供动力，又对个体的活动方向进行调节。

动机的产生与两个因素有关：一是需要，二是诱因。需要是有机体感到某种缺乏而力求获得满足的心理倾向。动机是在需要的基础上产生的，当有机体感到某种需要缺失时，能激起行为，使需要得到满足。但需要并不等同于动机，当满足需要的外部条件并不具备时，它只是一种静止的、潜在的动机，表现为一种愿望、意向。只有当相应的外部刺激出现时，需要才能被激活，从而转化为动机。诱因即是指能满足有机体需要的刺激或情境。根据性质的不同，诱因又可分为正诱因和负诱因两种。前者是个体趋向的目标，如食物、水、奖励、名誉、地位等；后者是个体回避的目标，如危险、灾难、惩罚等。动机的强度既取决于需要的性质，也取决于诱因力量的大小。一般地，需要越强烈，诱因力量越大，动机也越强。在实际生活中，个体的行为往往取决于需要和诱因的相互作用。

二、学习动机与学习

学习动机是指向学习活动的动力类型，具体而言，所谓学习动机，即是激发、维持个体的学习行为并使这一行为朝向一定学习目标的一种内在过程或内部心理状态。正是由于学习动机的作用，学生会表现出求知的迫切愿望，认真负责的学习态度并在困难面前坚持不懈，直至完成学习任务。然而，动机与学习的关系是复杂的，综合已有研究，可将二者之间的关系概括如下：

首先，尽管某些学习可以独立于动机而存在，但动机对长期的有意义学习是绝对必要的。生活中某些特定的学习事例也许可以在没有任何明确学习意向的情况下偶然发生，但对于学校中进行的、长期的有意义学习而言，动机是必不可少的。如学习某一学科的内容，需要学生不断地积极努力，把新观念、新材料组合到自己的认知结构中，而这是以个体具有集中注意、坚持不懈以及对挫折的高忍受力这样一些意志与情感方面的品质为前提的。相反，如果学生对所做之事毫无兴趣，或者毫无知识需求；他是很难作出持久努力的。因此，激发学生的学习动机乃是教学的一项重要任务。

其次，动机与学习互为因果，而非单向的关系。动机推动学习，学习又能产生动机，二者相互关联。奥苏伯尔就明确指出："动机与学习之间的关系是典型的相辅相成的关系，绝非一种单向性的关系。"因此，教师在强调动机在学习中的重要作用的同时，也应看到所学的知识反过来又可以增强学习的动机。当学生尚未表现出对学习有适当的兴趣或动机之前，教师没有必要推迟学习活动。对于那些尚无学习动机的，尤其是年龄较小的学生，教学的最好办法是，把重点放在学习的认知方面而不是动机方面，致力于有效地教他们掌握有关知识，让他们获得成功的体验。学生尝到了学习乐趣，就有可能产生要学习的动机。

第三，动机对学习的影响是间接的。动机对学习有促进作用，但它并不是直接卷入认知过程，而是通过一些中介机制影响认知过程，间接地起增强与促进效果，其作用具体表现在：（1）唤醒学习的情绪状态。可产生如好奇、疑惑、喜欢、兴奋，紧张或焦虑乃至冲动等情绪。（2）加强学习的准备状态。易于激活相关背景知识，降低在学习过程中对事物的知觉和反应阈限，缩短反应时间，从而提高学习效率。（3）集中注意力。将学习活动指向认知内容和目标，克服无关刺激的影响。（4）提高努力程度和意志力。延长学习时间，加大心理投入，遇到困难甚至失败时坚持不懈，直到达到学习目的。

第四，动机水平与学习效果之间并不是简单的直线关系。动机强度适中，对学习有较适宜的促进作用；动机水平较弱或过强，学习效率也不高。耶基斯和多德森（Yerkes 和 Dodson，1908）的研究表明，在一定范围内，随着动机强度的增加，学习效率不断提高；而当动机强度超过某一最佳水平时，随其强度的增加，学习效率反而不断下降。这一规律在心理学中被称为"耶基斯—多德森"定律。另有一项实验也证明了同样的道理，当剥夺黑猩猩食物的时间超过一定限度后，随着剥夺时间的延长，黑猩猩解决问题的错误增多，速度减慢。这些研究都说明了，过强的学习动机和过弱的学习动机一样降低学习效率。因为动机过于强烈，会使个体处于高度的紧张和焦虑状态，致使注意和知觉的范围缩小，思维受到抑制，给学习造成不良影响。在重要的考试中常有人发挥失常即与此有关。就一般而言，最佳动机水平为中等强度。但这种最佳水平并不是固定不变的，它与学习的复杂程度有关。对于简单的学习，其最佳水平为较高的动机强度。对于复杂的学习，其最佳水平则为较低的动机强度。在学校教育中，应该考虑的一个重要问题就是要是使学生处在适当的动机水平，一定要注意防止给学生提出过高的目标，施加太大的压力，以避免给学生造成不必要的损害。

三、学习动机的分类

对学习动机的分类方式多种多样，下面仅介绍对教学实践影响较大的两种分类。

（一）内部动机与外部动机

这是根据学习动机的动力来源划分的。内部动机是指由个体内在兴趣、好奇心或成就需要等引发的动机。它是由学习者本人自行产生的，动机的满足在活动之内，不在活动之外。如有的儿童对阅读文艺作品很感兴趣，一有空就读文艺作品，虽然并不因此获得奖赏或高分，但却乐在其中。外部动机是指由某种外部诱因所引起的动机。它是在外界的要求或作用下产生的，动机的满足不在活动过程本身，而在活动之外。这时学生努力学习并不是对学习本身感兴趣，而是对学习所带来的结果感兴趣。例如，为了获得好的考试分数，得到教师或家长的表扬或避免惩罚而学习等等。

动机的不同来源决定着个体能否持续地从事某一活动。外部动机的产生依赖于特定的刺激情境，一旦情境消失，学习动机便会下降。相比之下，反映个体自身需求的内部动机更能强烈持久地推动个体学习。因此，对教师来说，最理想的做法是激发学生的内部动机。当然外部动机在一定条件下也可以转换为内部动机。

（二）认知内驱力、自我提高内驱力和附属内驱力

这是奥苏伯尔的分类。他认为，学生所有指向学业的行为都可以从三个方面的内驱力加以解释：认知内驱力、自我提高内驱力和附属内驱力。

认知内驱力，即一种要求获得知识、技能以及阐明和解决问题的需要。它发端于儿童的好奇心和探究环境的倾向性，例如，儿童很早就开始探索他们的周围世界，对新异事物特别感兴趣，不断地摆弄和装拆玩具或物品，总爱向成人发问："这是什么？""那是什么？""为什么这样？"等等。然而，儿童的这些倾向或心

理素质最初只是潜在的而非真实的动机,还没有特定的内容和方向,它要通过个体在实践中不断取得成功才能真正表现出来,并具有特定的方向。可见,学生对某一学科的认知内驱力或兴趣绝非天生的,主要是获得的,有赖于特定的学习经验。这种动机指向学习任务本身(为了获取知识),满足这种动机的奖励是由学习本身提供的,因而也被称为内部动机。它对学习有着巨大的推动作用,是三种动机成分中最重要、最稳定的部分。目前,教育心理学家越来越重视这类动机的作用。他们指出,教育的主要职责之一是,要让学生对获得有用的知识本身发生兴趣,而不是让他们为各种外来的奖励所左右。

自我提高内驱力,即因自己的能力或成就而赢得相应地位的需要。这种需要是由人的基本需要——尊重和自我提高的需要所派生出来的。它在学龄前儿童期已开始萌芽,入学后日益发展,逐渐起重要作用,成为学生学习动机中的主要组成部分之一。与认知内驱力不同的是,自我提高的内驱力并非直接指向学习任务本身,而是把成就看作赢得一定地位和自尊心的根源,它显然是一种外部动机。在课堂学习中认知内驱力(内部动机)固然重要,但适当激发学生自我提高的动机也是必要的。事实上,很少有人能形成足以推动他掌握大量学科内容的强烈的认知内驱力。

附属内驱力,即为了获得长者(家长、教师等)的赞许和认可而努力学习的需要。之所以会产生这种动机是因为学生与长者在感情上具有一定的依附性,长者是学生追随和效法的人物,而且长者的赞许和认可往往可以使学生获得一种派生的地位。这种动机在儿童早期最为突出,是学生学习动机的重要来源。在此期间,学生努力学习以求得好成绩,只是为了满足家长的要求,从而获得父母的赞许。到了儿童后期和青少年时期,附属内驱力不仅在强度方面有所减弱，而且开始从父母转向同龄的伙伴。在这期间，来自同伴的赞许和认可就成为一个强有力的动机因素。显然，附属内驱力既不直接指向学习任务，也不是为了自我提高，而是为了博得他人的褒奖，它也是一种外部动机。

由上述可见，学生的学习是受多种动机推动的。而且，认知内驱力、自我提高内驱力和附属内驱力在动机结构中所占的比重，通常会随年龄、性别、人格结构、社会地位、文化背景等因素的变化而变化。教学的艺术，在于如何识别、控制和调节这些因素，使学生始终充满学习的动机。

第二节 学习动机的理论

由于动机问题的复杂性，导致对学习动机的解释也多种多样。不同流派的心理学家分别从各自不同的角度出发，提供了对学习动机的不同理解。

行为主义心理学家用强化来说明动机的引起和作用。在他们看来，强化可以增加行为重复出现的可能性，因此，动机仅仅是强化历史的产物。那些在学习中受到强化的学生（如得到好分数，教师和家长的赞扬等）将会产生进一步学习的动机；没有受到强化的学生（如没有得到好成绩或赞扬）将缺乏学习动机；在学习方面受到惩罚的学生（如遭到同学的嘲笑）则可能逃避学习。这种观点在教育实际中的应用，就是要采用奖赏、赞扬、评分、等级、竞赛等各种外部手段激发学生的学习动机。可见，行为主义者强调的是外部动机。

与行为主义对外部事件的强调不同，认知心理学家关注的是个体的思维对其行为的影响作用。他们认为人们并不是只对外部事件作出反应，相反他们是对这些事件的理解作出反应。认知理论将动机解释为人类对理解、奋斗、卓越、成功、进步以及向自我不断挑战的需要，可见，他们强调的是内部动机。

人本主义心理学家强调人们由内心产生的，希望成功、追求卓越的驱力，其观点与认知派动机理论存在一致之处，两者都强调内在动机的作用，其中以马斯洛的需要层次理论最具代表性。该理论认为，人有七种基本需要，按低级到高级的层次排列依次是：生理需要、安全需要、归属和爱的需要、尊重需要、认知需要、审美需要和自我实现（即充分实现自我潜力）的需要。前四种需要为缺失需要，它们对生理和心理的健康是很重要的，必须得到一定程度的满足，但一旦得到了满足，由此产生的动机就会消失。后三种需要属高层次的成长需要，只有在低级需要得到基本满足的基础上才会产生，而且很少得到完全的满足。根据人本主义对于动机的这一理解，教师首先要关心学生的基本需要，使学生感到有安全感和自尊感。当这些基本需要适当满足后，则应充分相信自己的学生。他们天生有学习、求知和实现自己价值的愿望，关键是要善于引导，使其充分发挥出自己的潜能。

在对动机问题研究的不同观点中，动机的认知解释无疑是当今动机研究的主流，并已形成众多各具特色的动机理论。下面介绍几种对教育实践影响较大的认知动机理论。

一、成就动机理论

成就动机的概念始于默里在20世纪30年代提出的"成就需要"。所谓"成就需要"，按默里的说法，即"克服障碍，施展才能，力求尽快尽好地解决某一难题"。麦克里兰和阿特金森接受了默里的思想，并将其发展为成就动机理论。

所谓成就动机,是激励个人乐于从事自己认为重要的或有价值的工作,并力求取得成功的内在驱动力。阿特金森认为,它由力求成功和避免失败两个部分组成。根据这两个部分在个体的动机系统中所占的相对强度不同,可以将个体分为力求成功者和避免失败者。力求成功者的动机成分中力求成功的成分多于避免失败的成分,他们旨在获取成就,并且最有可能选择成功概率为50%的任务,因为这样的任务给他们提供了最大的现实挑战性。那些根本不可能成功或稳操胜券的任务反而会降低他们的动机水平。避免失败者的动机成分中避免失败的成分多于力求成功的成分,他们旨在避免失败,因此倾向于选择容易的任务,以使自己免遭失败;或者选择极其困难的任务,这样即使失败,也可为自己找到适当的借口,减少失败感。而对于成功概率为50%的任务,他们则会采取回避态度。

麦克里兰在20世纪50年代末、60年代初做了一系列的实验研究证实这一点。其中一个实验是以五岁的儿童为被试的。实验者让孩子们逐个走进一间屋子,用手中的绳圈去套房子中间的一个木桩。这些孩子可以自由选择自己站立的位置,并且需要预测自己能够套中多少绳圈。结果发现,追求成功的学生选择了距离木桩适中的位置,而避免失败的孩子却选择了要么距离木桩非常近,要么距离木桩非常远的地方。麦克里兰对此作了如下解释:追求成功的孩子选择了具有一定挑战性的任务,但同时也保证了具有一定的成功可能性,因此选择了适中的距离。避免失败的孩子关注的不是成功与失败的取舍,而是尽力地避免失败以及由此导致的消极情绪。因此要么距离目标很近,这样可以轻易成功;要么距离目标很远,这样绝大多数人都无法达到的,因此也不会带来消极情绪。麦克里兰在不同年龄、不同任务中取得了一致的结果。

根据这一理论,在学校教育中,一方面应对不同成就动机水平的个体安排不同的情境和难度不同的任务以充分调动其积极性。例如,对力求成功者,应当提供新颖且有一定难度的任务,安排竞争的情境来激发他们的学习动机;对避免失败者则应尽量提供那些能使其取得成功的任务,要安排少竞争或竞争性弱的环境等等。另一方面,由于力求成功的动机比避免失败的动机具有更大的主动性,因此,对学生还应增加他们力求成功的成分,使他们不以避免失败为满足,而以获取成功为快乐,这样才能真正调动一个人的积极性。

二、自我效能感理论

(一) 自我效能感的概念

自我效能感是指人们对自己能否成功地进行某一成就行为的主观判断。这一概念最早由班杜拉(Bandura)提出,他把自我效能作为人类动机过程的一种重要的中介认知因素看待,并用它解释人类复杂的动机行为。

班杜拉在总结前人的研究时发现,过去的理论和研究主要集中于行为的知识或技能的获得过程与行为反应的产出或表现过程方面,而关于从已获得的行为知识到将这种知识转化为实际行为表现的中介过程则被忽略了。知识、转换性操作及其所组成的技能是完成行为绩效的必要条件,但不是充分条件。经常会有这样的情况,一些人虽然很清楚应该做什么,但在行为表现上却很不理想,班杜拉认为,这主要是受期待这一认知中介因素的调节。

班杜拉把期待分为两种:一种是传统意义上的结果期待,另一种是效能期待。所谓结果期待,是指人对自己的某一行为会导致某一结果（强化）的推测。如果人预测到某一特定行为将会导致特定的结果，那么这一行为就可能被激活和被选择。例如，学生认识到只要上课认真听讲，就会获得他所希望的好成绩，那他就很可能认真听讲。所谓效能期待，是指人对自己行为能力的主观推测。它意味着人是否确信自己能够成功地进行带来某一结果的行为。当人确信自己有能力进行某一活动时，他就会产生高度的"自我效能感"，并会去进行那一活动。例如，学生不仅知道注意听讲可以带来理想的成绩，而且还感到自己有能力听懂教师所讲的内容时，才会认真听课。

在两种期待中，班杜拉十分强调效能期待，即自我效能感对人们行为的调节作用。他指出，过去的动机理论研究停留在提供什么强化（诱因）才能促进行为上，但是人们知道行为可能带来良好的结果后，也并不一定去从事某种活动或做出某种行为，因为这要受到自我效能感的调节。例如，学生虽然清楚取得好成绩的重要性，但如果感到所期望的成绩力所难及就会望而却步。所以，在有了相应的知识、技能和目标（诱因、强化）时，自我效能感就成了行为的决定因素。

（二）自我效能感的作用

自我效能感一经形成，将对人的行为产生极为深刻的影响，主要体现在：（1）决定人们对活动的选择。一般说来，人们倾向于回避那些他们认为超过其能力所及的任务和情境，而承担并执行那些他们认为自己能够干的事情。因此，高自我效能感的个体倾向于选择富有挑战性的任务，而低自我效能感的个体往往采取拖延、试图回避的方式来处理困难的任务。（2）影响个体的努力和对待困难的态度。个体的自我效能感越强，其努力越具有力度，越能够坚持下去。当被困难缠绕时，那些对其能力怀疑的个体会放松努力,或完全放弃,但有很强的自我效能感的个体则会以更大的努力去迎接挑战。(3)影响个体的思维模式和情感反应模式。自我效能感低的个体在与环境作用时,会过多地考虑个人的不足,将潜在的学习困难看得比实际更严重。这种思想会产生心理压力,使其将更多注意力转向可能的失败和不利的结果,而不是如何有效地运用其能力实现目标。有充分自我效能感的个体将注意力集中于情境的要求上,并被障碍激发出更大的努力。

自我效能感对行为的影响作用得到了研究者的支持。柯斯林(Collins,1982)选取了数学能力高、中、低三种学生,并区别出这些学生的自我效能感分属高、低组,即每个能力组中都有高自我效能感和低自我效能感的学生。数学测验结果表明:每个能力组中高自我效能感的学生比低自我效能感的学生做对更多的题目,并愿意在困难题目上持续思索。

(三)自我效能感的形成

自我效能感作为个体对自己与环境发生相互作用的效验的主体自我判断,不是凭空作出的,而要以一定的经验或信息为依据。班杜拉的研究表明,自我效能感的形成主要受以下因素的影响:(1)行为的成败经验。一般来说,成功经验会提高自我效能感,反复的失败会降低自我效能感。但成败经验对自我效能感的影响还要受个体的归因方式的左右。例如,把成功归因于自身之外的因素如外力援助或任务简单等就不会增强自我效能感,把失败归因为诸如缺乏努力之类的因素则不一定会降低效能感。因此,归因方式直接影响自我效能感的形成。(2)替代经验。学习者通过观察示范者的行为而获得的间接经验对自我效能感的形成也具有重要影响。看到与自己相当的示范者成功能增强自我效能感,反之,则降低自我效能感。(3)言语说服。即通过说服性的建议、劝告，解释和自我指导，来改变人们的自我效能感，但缺乏经验基础的言语说服其效果是不巩固的，在直接经验或替代经验基础上的劝说效果最大。(4) 情绪和生理状态。过于强烈的情绪常常会妨碍行为表现而降低自我效能感。积极的稳定的情绪，生理状态则会提高自我效能感。

三、归因理论

（一）韦纳的归因理论

归因是人们对自己或他人行为结果的原因知觉或推断。归因理论假设，寻求理解是行为的基本动因。学生们常常试图对他们所取得的成就作出各种各样的原因解释，这些原因将会影响其后来的学习动机和行为。

韦纳（Weiner）在总结前人研究的基础上提出了系统的成就归因理论。他认为能力、努力、任务难度和运气是人们解释成败时知觉到的四种主要原因，并将这些原因分为内外源、稳定性和可控性三个维度。所谓内外源是指所知觉到的原因是个人因素（如能力、努力）还是环境因素（如任务、难度、运气）；所谓稳定性是指所知觉到的原因是稳定的（如能力）还是不稳定的（如努力、任务难度、运气）；所谓可控性是指所知觉到的原因是个人自身能控制的（如努力）还是不能控制的（如能力）。上述每个维度都具有特定的心理意义，分别与期望、情感相联系，成为后继行为的动力。具体而言：

第一，稳定性维度与期望有关。把成功归因于稳定的原因将保持高成功期望，归于不稳定的原因则很少增强成功期望；把失败归因于稳定的原因将保持低成功的期望，归于不稳定的原因则能增强成功的期望。

第二,内外源、可控性维度与情感有关。其中,内外源维度影响自豪与自尊的情感,把成功归于自己比归于外部可以导致更高的自尊和自豪感;把失败归于自己比归于外部更容易产生低自尊甚至自卑感。可控性维度则与内疚、惭愧等情绪体验相联系,把失败归于可控性因素如努力则感到内疚,归于不可控因素如能力则感到惭愧。

可见,不同的归因方式会产生不同的效果。积极的归因有助于个体保持成功的高期望和积极情绪,从而提高动机水平。与之相反,消极的归因则易降低个体的成功期望,使个体体验到消极的情绪,并降低个体的动机水平。如果一个学生长期处于消极的归因心态,如总是把失败归因于缺乏能力这样内部的、稳定的不可控因素,则会有碍于人格成长。这种不利的归因方式将使其对未来丧失信心,悲观失望,并最终陷入"习得性无助感"。

> **归因的动机作用**
>
> 数学试卷发下来了,小林瞟了一眼分数,脸刷地一下红了。试卷上写着80分,这可是他从来没有考过的分数。不用抬头,小林也能感受到数学老师责备的目光。唉,都怪自己,这段时间花太多的时间在新买的电脑上了。结果就……
>
> 与小林的懊丧相比,他的同桌小刚则显得有些高兴。他考了70分,这个分数大大出乎他的意料,小刚的数学一贯不好,他也知道自己不是学数学的料。因此这个分数多多少少让他有些吃惊。大概是那些选择题碰巧选对了吧,他想,否则,怎么能得这样的分数呢?……
>
> 下课铃响了,小刚迫不及待地抱着球冲出教室,而小林还坐在座位上,检查自己做错的题目。
>
> ……

> 这是一个典型的归因影响动机和行为的例子。案例中的小林把自己的失败归因为努力不足，由于努力是一种不稳定的、内部的、可控制的因素，小林产生了在将来取得成功的合理期望和内疚的动机性情绪，并因此提高了动机水平。于是，他在课间休息时间继续学习，希望以更大的努力争取成功。与此相反，小刚则把自己一贯的失败归因为能力不足，把偶然的成功归因为运气，因此，他对未来缺乏信心，动机水平一直很低。

(二) 归因与习得性无助感

所谓习得性无助感，是指个人在经历了失败与挫折后，面临问题时产生无能为力的心理状态。这一现象最初是由心理学家塞利格曼（Seligman）研究动物行为时发现的。

在实验中，研究者先将狗固定在架子上进行电击，狗既不能预料也不能控制这些电击。在这之后，他们把狗放在一个中间用矮板墙隔开的实验室里，让他们学习回避电击。电击前10秒室内灯亮，狗只要跳过矮板墙就可以回避电击。对于一般的狗来讲，这是非常容易学会的，可是实验中的狗绝大部分没有学会回避电击，他们先是乱抓乱叫，后来干脆趴在地板上甘心忍受电击，不进行任何反应。塞利格曼认为，这一实验结果表明，动物在有了"某些外部事件无法控制"的经验后会产生一种叫做习得性无助感的心理状态，这种无助感会使动物表现出反应性降低等消极行为，妨碍新的学习。很多以人为被试的研究也都得出了同样的结论。

研究发现，无助感产生后有三方面的表现：(1) 动机缺失：积极反应的要求降低，消极被动，对什么都不感兴趣。(2) 认知缺失：失去正常的判断能力，形成外部事件无法控制的消极心理定势，在进行学习时表现出困难。(3) 情绪缺失：指缺乏积极的情绪体验，最初烦躁，后来变得冷淡、悲观、颓丧，陷入抑郁状态。

关于习得性无助感的形成，塞利格曼指出，消极的行为事件或结果本身并不一定导致无助感，只有当这种事件或结果被个体知觉为自己难以控制和改变时，才会产生无助感。当个体把失败归因于缺乏能力等不可控制的因素时，他们认为自己的反应是无法影响结果的，所以听任失败，出现冷漠、压抑、退缩、自暴自弃等一系列消极反应，影响后来的学习。因此，要消除习得性无助感，帮助个体改变其不良的归因模式是极其关键的。

（三）我国中小学生的归因特点

目前，归因对学习动机和学业成绩的影响已得到大量研究的证实，在探讨归因重要作用的同时，我国研究者也对中小学生的成就归因状况展开了一系列调查研究。这些研究显示，我国中小学生的成就归因具有如下特点：

1. 倾向于做努力归因。

他们对努力作用的认识普遍高于能力，但随着年龄的增长，对能力的作用逐渐重视。中小学生的这一归因倾向可能是传统教育的结果。中国人在成绩的归因上强调努力因素，不仅崇尚努力，而且将其作为学习和成绩的一个稳定的因素。受此影响，中小学生也常常把学习成绩的好坏和努力程度联系起来。但随着知识经验的增长和发展水平的提高，他们看待事物的观点也越来越全面，不仅认识到努力的重要性，而且看到了其他因素尤其是能力这一重要因素在其间起的作用。因此，他们不再把努力的作用绝对化，而是同时重视起能力的作用。

2. 中小学生的学业成就归因存在明显的年级差异。

随着年龄的增长，我国中小学生的学业成败归因呈现出由外部向内部归因转化的趋势：小学生多倾向外部归因，中学生则更倾向于内部归因。如韩仁生（1996年）的研究表明，当考试成功后，小学生觉察到的主要原因是教学质量、持久努力、运气；初中生觉察到的主要原因是运气、心境、他人帮助；高中生觉察到的主要原因是心境、临时努力、教学质量、持久努力。当考试失败后，小学生觉察到的主要原因是他人的帮助、心境、临时努力；初中生觉察到的主要原因是持久努力、教学质量；高中生觉察到的主要原因是能力、持久努力、心境。各年级学生的归因倾向之所以存在如此显著的差异，与他们的知识状况、发展程度不同有着密切的关系。小学生知识经验较为缺乏，自我意识发展程度比较低，所以更倾向于外部归因，较少觉察自身的作用。高中生的自我意识发展水平比较高，对自己的认识和评价比较全面，所以更能客观地进行成败归因。而初中生的成败归因则具有较明显的过渡性特点，一方面对外界仍有较大的依赖，另一方面也意识到了自身的作用。

此外，还有一些研究（沃建中等，2001；胡桂英等，2002；吕勇等，2003）则表明，中学女生比男生有更积极的归因方式。这些研究发现，与女生相比，男生在对自己的学业成败进行归因时更强调运气、任务难度等外部因素。这可能是因为受家庭、学校和社会环境等方面的不同要求，女孩很早就养成了温顺、稳重、遵从社会期望的习惯，比同龄男生成熟早些，看问题更全面些，有更强的自律性，在学习上表现为归因更积极。

四、成就目标理论

成就目标指个体从事成就活动所要达到的目的。越来越多的研究表明，成就动机中的目标系统决定了学生的动机模型，并影响着与之相联系的认知、情感和行为反应，从而使学生表现出不同的成就。

(一) 德威克的成就目标理论

德威克 (Dweck) 指出，由于对智力与能力概念的理解不同，在成就情境中，儿童主要追寻的成就目标具体可分为学习目标与成绩目标。追寻学习目标的个体认为智力是可以培养、可以发展的，因而力求掌握新的知识和提高自己能力；追寻成绩目标的个体则认为智力或能力是天生的、固定不变的，因而力求搜集与能力有关的证据以获得对自己能力的有利评价，避免消极评价。不同的目标定向引发不同的动机模式，通常，学习目标形成积极的、适应性的掌握模式，成绩目标则形成消极的、非适应性的无助模式。德威克具体描述了两种动机模式在认知、情感和行为方面的特征。

在认知方面，具有不同动机模式的个体在学习过程中（特别是面对困难）对结果表现出不同的关注。无助模式个体主要关心对自身能力的测量和评价结果，失败意味着个人能力不足。相反，掌握模式的个体关心能力增长，关心学习的过程。所以失败意味着在此项任务中努力和策略还不充分或需要变更，他们会继续努力，并将失败归因于策略。

在情感方面，德威克 (Dweck) 认为，一个具有无助模式的个体在面临失败时，其自尊心受到严重威胁。这种威胁可能首先导致焦虑和羞耻感，使个体采取更保守的自我保护姿态，而对完成任务表现出厌倦，他们更向往低努力的成功。而对于掌握模式的个体，即使失败也仅仅意味着需要付出更多努力和进行策略方面的变化，所以他们在努力时会产生愉悦感。与无助模式的个体相反，掌握模式的个体厌倦低努力的成功。

在行为方面,具有无助模式的个体倾向于选择较易的、更能保证成功的任务。他们回避挑战,认为挑战将意味着令人厌恶的经历。对于掌握模式的个体来说,理想的任务能增加知识、发展能力并带来愉快。以此为出发点,学习目标个体更愿意寻求挑战性任务。他们并不在意结果以及别人对自己的评价,而是注重在完成任务的过程中学习新东西和提高能力水平。表7-1列出了两种目标定向的动机作用差异。

表7-1 两种目标定向的动机作用差异

	学习目标	成绩目标
认知	关注能力增长和学习过程,将失败归于不够努力	关注对自身能力的评价和学习结果,将失败归于稳定的能力不足
情感	对努力后取得的成功感到自豪和满足,对不够努力感到内疚,对学习抱有积极态度,有内在的学习兴趣	失败后产生消极情绪
行为	选择有个人挑战性的任务,敢于冒险,对新任务较开放,较高的成就水平	选择容易的任务,较少冒险和尝试新任务的意愿,较低的成就水平

总之,以往研究普遍认为学习目标导致有利于学习的动机模式,而成绩目标导致对学习具有消极影响的动机模式。但近年来一些研究发现,成绩目标也可能引起积极的结果,如促进学习策略的运用,提高动机水平等。对此,艾略特(Elliot)等认为,这是因为以往研究忽视了成绩目标中的接近—回避倾向。他们主张进一步将成绩目标划分为成绩—接近目标和成绩—回避目标。这两种目标取向都关注自身表现的结果,但前者关注于表现得比他人更好或更聪明,指向于得到对能力的积极判断;后者关注于

不比别人更差或更愚笨，指向于回避对能力的消极判断。这样，成就目标就可划分为学习目标、成绩—接近目标和成绩—回避目标三种类型。目前，这种新的分类方式已得到国内外越来越多研究的支持。这些研究表明，成绩—接近目标对认知和动机具有积极的促进作用：如促进学习策略的运用，提高学习兴趣和任务价值等。但成绩—接近目标能引发焦虑以及其他的消极情感，不利于其他一些适应性策略如学业求助的运用，而且这些结果受个体特征（如个体的成就需要、效能水平）和情境特征（如环境的竞争水平）的影响。比如对高成就动机的个体或对处于高竞争环境中的个体而言，成绩—接近目标引起的消极作用更为显著。成绩—回避目标引起的是非适应性的动机模型，导致消极的认知、动机、情感和行为表现。比如更少地使用策略、降低内部动机，产生焦虑，等等。

看来，尽管与成绩—回避目标相比，成绩—接近目标有着更为积极的动机模式，但三种成就目标及其动机模式相比较，学习目标无疑是一种最佳的目标取向。在教育实践中，培养学生的成就目标定向主要应促使学生形成学习目标。

（二）影响成就目标的课堂结构因素

成就目标理论家认为，成就目标作为个体对成就活动目的的认知，是个人因素与环境因素相互作用的结果。因此，可以通过改变环境气氛来引导个体在成就情境中的目标定向情况。艾米斯（Ames）认为，影响学生成就目标的课堂结构因素主要有：课堂任务、学习活动的设计，评价学生的方式以及课堂中的责任定位。教师可以通过调节这几种课堂结构因素来创造有利于学生形成学习目标的课堂气氛。

第一，课堂任务的性质是影响学生采取何种目标取向的首要因素。艾米斯认为，课堂任务常常会引导学生对自身的能力、是否采用与努力相关的策略以及对学习结果的满意程度做出判断。具有变化性和差异性的任务更容易激发学生的兴趣，促使他们采取学习目标。

第二，评价学生的方式是影响他们目标取向的重要因素。艾米斯指出目前课堂学习中对学生的评价往往是以成绩为标准的，这在客观上鼓励了学生的成绩定向，例如，一个教师可以忠告所有的学生通过努力来取得成功（学习暗示），但同时又不自觉地挑选出更有能力的学生（成绩暗示）作为榜样。

第三，教师对学生自律所持的态度以及教师让学生参与决策的程度也直接影响学生的目标取向，艾米斯采用了责任点这个概念。她指出具有自律意向的课堂背景与学生所持的内部动机之间呈正相关。

（三）成就目标的发展

一般认为，小学生更多采用学习目标，他们持有能力增长观，相信通过努力就可以提升自己的能力水平，倾向于将成功或失败归于努力而非能力。在面临成就任务情境时，他们更倾向于关注自己完成任务的情况，而不是与同伴相比较的结果。如果他们完成了一项任务或者觉得自己在工作中有所提高，就会认为自己是胜任的和成功的。但是，随着年龄的增长和认知水平的提高，经历成绩评价的次数增多，儿童对成绩差异原因的思维也相应增加，对能力的看法逐渐由增长观转变为实体观，因而中学生更多采用成绩目标。

并且，埃克尔斯（Eccles，1993、1998）指出，处于发展阶段的中学生采取成绩目标，其代价可能远超过其收益，但随着时间的推移，大学生采取成绩目标，会有更多的积极影响。

对于成就目标的这一发展特点存在多种解释。有的学者认为这是儿童自身认知水平发展的结果,尼科尔斯(Nicholls)等人则认为,不同年龄段的儿童对能力和努力的关系有着不同的认识:五岁以前的儿童往往将能力、努力和结果混为一谈,相信用功的人当然是聪明的,而聪明的人也就是用功的人;六七岁的儿童开始形成能力和难度的常模概念,相信努力的程度决定着活动结果。不过,这时他们还不懂得如何解释努力程度不同,但结果相同的话题;之后,儿童开始形成能力与努力共同作用影响结果的概念,知道如果他们很用功却达不到别人的成绩水平,就说明自己某些能力欠缺,但他们仍然认为同样的努力会产生同样的结果;大约在12岁,儿童开始表现出类似成人的能力与努力的关系概念,能力被理解成可以制约努力效果的潜在能力,如果能力不行,即使很努力,成绩的提高也是很有限的,而能力强的人若是很努力,就可以达到一个很高的成就水平。一旦儿童开始形成能力是一种稳定的、不易改变的特质,获得同等成绩付出的努力越多说明能力越差等信念时,就会变得关心成绩及其所反映的能力水平,成绩目标定向由此发展起来。

有的学者(Eccles 和 Midgley,1989)则认为这是环境中评价信息作用的结果。随着年级的升高,学校对能力重要性的强调增加了,特别是中学阶段频繁的社会比较,使学生逐渐认识到努力和能力并不总是一致的。努力学习甚至是一种冒险,可能会降低他人对自己的评价,威胁自尊,因为如果一个人很努力却仍然失败了,通常说明这个人不能胜任该项任务,是缺乏能力的一种表现。因此,与小学生相比,中学生更倾向于成绩定向。连榕等的一项研究支持了这一观点。他们发现,与竞争压力很大的普通高中生相比,竞争压力小的职高学生更倾向于采取学习目标。这说明，年龄增长带来的认知变化可能影响个体的目标定向，但环境因素在其间也扮演了重要的角色。

五、自我决定论

自我决定论是由美国心理学家德西（Deci）和瑞安（Ryan）等人在20世纪80年代提出的一种关于人类自我决定行为的动机过程理论。该理论认为，人是积极的有机体，具有先天的心理成长和发展的潜能。内在心理需要的满足与否是人类这种天然的自我动机发展和个性整合的关键。研究者们总结出了三种基本的心理需要：自主需要、胜任需要和归属需要。自主需要即自我决定的需要，这种需要的满足最为重要。当个体在某个活动上的自我决定程度高时，他体验到的是一种内部归因，感到能主宰自己的活动，他参加活动的内部动机就很高。胜任需要与班杜拉的自我效能感同义，指个体对自己的行为能够达到某个水平的信念，相信自己能胜任该活动。归属需要即个体需要来自周围环境或他人的理解、支持、关爱，体验到归属感。如果社会环境支持并促进这三种需要的满足，那么人类的动机和天性就会得到积极的发展，人类自身也能健康地成长。

自我决定理论包括两个分支理论：认知评价理论和有机整合理论。前者分析了外在事件对内部动机的影响，后者解释了外部动机的不同形式以及对外部动机的内化起促进和阻碍作用的外部因素。

（一）认知评价理论

认知评价理论认为，个体总是要对外部事件进行一定的认知评价，这种评价将会导致自主感和胜任感发生变化，进而影响内部动机。这里的外部事件包括奖励、设置期限、竞争，目标等。

其中围绕奖励对内部动机的影响,研究者们进行了大量的探讨。根据认知评价理论,奖励对个体具有两方面的作用:信息性的和控制性的。控制性的奖励要求人们按照奖励的要求去做,常常无视个人的自我决定,促使人们把行为认知为由外部所决定,降低个体的自主感,从而削弱内部动机;信息性的奖励提供行为结果的积极反馈(并非控制行为),促进自主感和胜任感的产生,从而提高内部动机的水平。一般说来,言语的奖励主要是信息性的,而预期的物质奖励则主要是控制性的。

外部强化对内部动机的影响

20世纪70年代初,一些心理学家对外部强化与内部动机的关系问题发生了兴趣并开展了系统的研究。德西可以说是对这个问题进行实证研究的第一人。他让被试进行一种类似于"七巧板"的智能游戏。事先的调查表明,大学生对这种游戏很感兴趣,经常在闲暇时间玩这种游戏。实验分三天进行,在实验中,让被试每天摆放4个规定的图形。在第二个图形摆完之后,主试会借口离开实验室,让被试休息8分钟,告诉他们随便做什么都可以。研究者通过单向玻璃观察被试在休息阶段里的活动,记录被试是否选择继续游戏以及游戏时间的长短,以此作为评估其内部动机水平的指标。被试分为实验组和对照组,两组的唯一区别是在第二天的实验中,实验组的被试每摆成一个图形就会得到一美元的报酬,而对照组则没有任何报酬。对两组被试第一天和第三天在休息时间的表现进行比较,结果发现,实验组第三天的内部动机水平明显低于第一天,而对照组则没有出现这种变化。德西认为是"第二天的外部强化降低了大学生对智力活动的内部动机"。

莱珀(Lepper)等人对学前儿童的实验也得到了类似的结果:许多儿童本来很喜欢用彩笔绘画的,但研究者将儿童随机分为三组：第一组儿童被事先告知，在画完之后会受到奖励；第二组儿童并未事先告知，但在画完之后也会意外得到同样奖励；第三组儿童不接受任何奖励。四天后，对儿童自由活动情况的记录发现，第一组儿童用于绘画的时间是第二、三组儿童所用时间的一半。卡梅伦（Cameron，2001）对外部强化影响内部动机的有关研究总结后指出："任务本身具有较强的趣味性，不管任务完成的水平如何，都预先提供物质化奖励，那对内部动机的影响是致命的。"

（二）有机整合理论

有机整合理论根据个体对行为的自我决定程度，把外部动机分为四种类型：（1）外在调节型。这是自我决定程度最低的外部动机形式，个体的行为完全受外部事件的影响。如果外部事件消失了，那么行为也将不复存在。（2）内摄调节型。这是相对受控制的动机类型，它是指个体吸收了外在规则，但没有完全接纳为自我的一部分。在内摄调节中，个体是为了逃避内疚和焦虑感或是展示自己的能力而采取行动。（3）认同调节型。这是含有更多自主成分的动机类型，它是指个体认识到行为的价值，从而把它作为自我的一部分来接受。但认同某种价值观仅意味着这种价值观作为自我的一个独立的部分存在，并未整合到自我之中。（4）整合调节型。这是最具自主性的外部动机形式。它是指个体产生与其价值观和需要相一致行为。当认同性调节与自我充分同化时，就出现整合调节。整合的外在动机由对任务结果的关注所推动，而不是由活动的内在兴趣所推动，所以还是外部动机，但它与内部动机有许多共同的特征，人们常常把整合的外部动机和内部动机合称为自主动机。

根据有机整合理论，外部动机的内化与社会环境存在密切的关系。如果社会环境满足个体对胜任、归属尤其是自主的需要，就会产生深层次的内化，使行为更具自我决定性，并给个体带来强烈的满足感。反之，则内化过程受到阻碍，使那些外在的规则和价值观无法作为自我的一部分发挥作用，个体的行为仍处于外在控制的状态。

第三节 动机激励与自主学习

一、动机与自主学习

自主学习是新课程改革倡导的一种主要学习方式，其精髓在于帮助学生提高学习的自觉性，逐步掌握学习策略，养成良好的学习习惯。作为一种学习过程、学习能力和学习方式，它不仅影响学生在学校的学业表现，更关系到一个人的终身学习和毕生发展。因此，长期以来，自主学习一直是教育学和心理学共同关注的重要问题之一。

一般认为，自主学习是指个体自觉地确定学习目标，选择学习方法，监控学习过程，评价学习结果的过程（庞维国，2000）。主体能动性是自主学习的首要特征。自主学习首先应该是积极主动的学习，它是学生把学习当作一种内在需要和追求，从而自觉自愿地从事和管理自己的学习活动，而不是在外界的压力和要求下被动地从事学习活动，这是自主学习有别于各种形式的他主学习的根本分水岭，也是评判学习是否自主的重要依据之一。可见，自主学习不只是一种学习方式，更是一种学习态度。它要求学习者在学习过程中有更大的自觉性、主动性和独立性，对学生的学习动机提出了更高的要求。因此，通过教育培养和激发学生的学习动机对促进学生的自主学习就显得尤为重要。

二、自主学习动机的培养和激发

（一）内部动机的培养和激发

自主学习以学习者内在的学习动机为特征，也就是要"想学"。因为在没有外部压力或要求的情况下，学生如果缺乏内在的学习动机，就不可能自觉地确定学习目标，启动学习过程，自主学习也就无从谈起。因此，促进自主学习的重要途径之一就是培养和激发学生的内部学习动机。

内部动机是由个体的内在需要、兴趣、好奇心、求知欲、自尊、自信或自主感、责任心等内部心理因素引起的学习动机。心理学家关于学习动机的研究为如何培养和激发自主学习的动机提供了理论基础。

1. 培养学生的兴趣和求知欲。

（1）注意教学内容和方法的新颖性。

低年级学生的学习兴趣还不稳定，比较笼统、模糊，易对学习过程的形式感兴趣并从中得到满足，任何新颖的、形象的、具体的事物都会引起他们极大的兴趣。因此，小学课堂教学更应注意教学方式灵活多样、教学内容生动活泼以及教具的新颖具体。例如，可以采用图画、幻灯、录像、实验演示、游戏等多种形式来培养学生浓厚的学习兴趣。尤其是随着计算机的普及，各种教育软件将在激发学生的兴趣和动机方面发挥越来越大的作用。

（2）创设问题情境，激发学生的求知欲。

高年级学生的学习兴趣开始明显分化并趋向稳定，兴趣的范围也不断扩大，开始注重学习的内容。那些复杂的疑难问题、能引发较高的智力活动的内容常常吸引着他们的注意。与此同时，和学习形式相关的直接兴趣则相对减少了。因此,对中学生的教学就不能仅仅满足于教学方法的生动活泼,而应注意从教材内容中挖掘深度,提出能引起他们积极思索的问题,激发其求知欲。"创设问题情境"就是一条有效的途径。

创设问题情境就是在讲授内容和学生的求知心理之间制造一种"不协调",将学生引入一种与问题有关的情境中。创设问题情境时应注意问题要新颖有趣、有适当的难度;有启发性,善于将要解决的课题寓于学生实际掌握的知识基础中,造成心理上的悬念。

(3)利用原有动机的迁移。

当学生没有明确的学习目的,缺乏学习动力时,教师可利用学习动机的迁移,因势利导地把该生已有的对其他活动的兴趣转移到学习活动中。在运用动机迁移原理时,教师必须让学生感受到原有活动与新的学习内容之间的密切关系,从而激发学生学习新知识的动机。例如,某个学生很喜欢看电视,教师可以将电视的原理与物理课联系起来,使之对物理课的内容也产生兴趣。

2. 增强自信心和自我效能感。

自我信念是动机系统的核心成分,只有当人们感到自己能够胜任某些活动,认为自己在这些方面是有能力的,才会产生对这些活动的内在动机。因此,培养对自身能力的信念是激发与维持学生内部动机的根本策略之一。

(1)让学生获得成功的体验。

对自我能力的积极信念在很大程度上是成功经验的结果,这就需要教师为学生创设更多的成功机会,让学生在学习活动中,通过成功地完成学习任务、解决困难来体验和认识自己的能力。实践证明,以下措施对学生是有效的:为学生设置明确、具体和可以达到的目标；让学生根据自己的实际水平开始某项新的学习任务；强调学生从自身的进步中体验成功。

(2) 观察学习能力相近者的成功行为。

当一个人看到与自己水平差不多的示范者取得成功，就会增强自我效能感，认为自己也能完成同样的任务。同时，学习者也可以从示范者的表现中学到有效的解决问题的策略或方法，这对自我效能感的建立都会发生作用。

(3) 进行归因训练。

如前所述，归因影响自我效能信念，许多学习差生正是由于把失败归因于能力不足，导致对学习失去信心，并丧失了进一步学习的动力。因此，通过归因训练改变其不良的归因模式，有助于提高其自我效能感，增强学习动力。

积极的归因训练有两层含义，一是"努力归因"，引导学生将学习成败归结于努力程度的结果。这样，当学习困难或成绩不佳时，学生不会因一时的失败而降低对将来成功的期望，而是通过更大的努力去争取成功。二是"现实归因"，针对一些具体问题引导学生进行分析，帮助学生了解除了努力之外，还有哪些其他因素影响着学业成绩。"现实归因"之所以必要，是因为在任何时候都进行"努力归因"显然是不合适的，有些学习上的问题仅仅依靠增大努力是无济于事的，相反，如果更大的努力仍然不能够带来进步，学生就会陷入更大的无助感之中。研究表明，当儿童失败时，使他们归因于学习方法更能够提高学习积极性。因为这样的归因一方面可以使学生继续努力，另一方面又会使他们考虑如何加强认知技能、掌握正确的学习方法和使用各种策略，即考虑如何去努力，不是蛮干，而是巧学。

在归因训练的过程中，教师要注意对学生的努力给予反馈，告诉他们努力获得了相应的结果,使他们不断感到自己的努力是有效的。同时,对已经形成低自我效能感的学生,教师还要强调努力带来的成功也是能力的体现,培养其对自己能力的信念。

> 归因训练的实验研究
>
> 我国研究者集中于20世纪90年代展开了归因训练的实验研究。隋光远(1993)对初中生进行归因训练。训练的基本过程是创设成就情境,让学生产生成就行为并对行为结果进行归因。训练者给予及时反馈,对理想的归因加以肯定、强化,对不正确的归因及时引导、纠正。每星期一次,共进行7周。训练结果表明,实验班学生训练后明显增强了积极的归因倾向。13年后,对训练效果的追踪研究(2005)发现,与对照组相比,受训组在任务选择、行为强度和坚持性方面均表现出较高水平;成功期望较强烈;对成功倾向作能力和努力归因。这一结果说明,归因训练能够对人产生深远影响,动机的改善具有长期效果。
>
> 韩仁生(1998)采用集体干预与个别干预相结合的方法对中小学生进行归因训练。集体干预主要采用说明、讨论、示范、强化矫正等方法定期进行,活动内容紧紧围绕如何提高学生的自信心,充分认识到能力和努力对于成功的重要性而展开的。个别干预与集体干预同步进行,主要采用咨询和定向训练两种方法。通过两个月的训练,小学生和初中生基本上掌握了适当的归因方式,产生了积极的情感变化并提高了学习的坚持性,但对高中生的效果不明显。这说明单一的归因训练并不能解决所有学生的学习动机问题,培养与激发学生的学习动机还应与其他方法和手段结合。

3. 发展自主性和责任心。

自我决定理论认为,人的内部动机与自我抉择意向密切相关，当人做自己愿意做的，或者自己决定做的事时，往往会表现出更大的主动性和热情，具有更强的内部动机。一个有意思的例子就是，两个学生阅读同一本书，自己选择来阅读这本书的人，会读得津津有味，而当成作业来完成的人则可能敷衍了事。对青少年学生来说，这种自我决定的权利尤为重要。因为他们正处于一种追求独立、渴望自由的阶段，如果允许他们做出选择，那么即使学习本身并不"有趣"，他们也会认为学习是重要的，从而使教育目标内化成自己的目标。有经验的教师正是通过给予学生自主性，把他们引导到自己特别喜欢且值得学习的事情上。下面三种特定的教育行为有助于提高学生的自主性和责任心。

（1）允许和鼓励学生做出选择。

例如，在布置任务时给予学生选择的机会，允许学生选择达到学习目标的方法（论文或测验），鼓励学生评价自己的学习等。这不仅满足了学生的自我决定需要，而且也给学生更多的学习和结果的个人责任感。

（2）帮助学生管理自己的课堂行为。

支持自主性的课堂并非不需要课堂管理，但与控制性课堂从外部向学生施加约束和限制不同的是，支持自主性的教师可能会花更多的时间来帮助学生学会自我管理。为了达到这个目标，丹波（Dembo，1994）建议：首先，让学生更多地投入课堂规则的制定；其次，用较多的时间让学生反思需要某些规则的原因以及他们不良行为的原因；第三，给学生机会考虑他们将如何计划、监视和调节自己的行为；第四，让学生回顾一下课堂规则，提一些必要的修改建议。

（3）采用非控制性的、积极的反馈。

在支持自主性的课堂里，有时学生可能做得不好或行为不恰当。教师应该把这些不好的成绩或行为当作需要解决的问题，而不是批评的靶子。同时，尽量不使用控制性的语言，如"应该"、"必须"做什么等等。

4. 引导学习目标定向。

毫无疑问，与那些试图通过成绩表现自己能力的学生相比，那些致力于知识的理解和掌握，关注自身能力提高的个体更容易受内部动机的激发，学习的自主性更强。因此，学习目标和成绩目标研究的最重要含义是，教师应让学生明白学习的目标是掌握知识，而不是获得分数。为此，教师可以通过控制课堂教学的诸方面来鼓励学生采用这一适应性目标。前面陈述的培养与激发内部动机的措施都是有利于学习目标定向的，除此之外，最重要的可能就是要进行合理的信息性评价。

学生们如何被评价是影响其成就目标取向的最突出因素之一。传统的评价常常是单一的总结性评价，即给学生打分，评判学生的成绩和不足，将学生置于同伴比较地位，使得学生把大量的时间和精力花在比较和关心他人的分数上，而不是关心任务本身，这显然是一种成绩目标导向的评价。关注评价的信息反馈功能而不是社会比较功能的评价则更多的是针对学生在学习过程中使用的学习策略，所取得的进步情况等进行形成性评价，分阶段、视具体情况为学生提供有关学习优点和缺点的有用信息。在这种评价方式下，学生关注自己对学习任务的掌握状况以及是否取得了进步、提高，并且更能从自身的不断进步中增强能力感，从而巩固学习目标定向。

(二) 外部强化的运用

虽然内部动机比外部动机更为持久和稳定，但由此否认一切外部动机的作用也是颇不实际的。因为毕竟不是任何学习内容都有很强的吸引力，足以激发学生的好奇心和兴趣。那么，外部动机与内部动机的关系究竟如何？使用外部强化是否将削弱内部动机？从众多有关的研究和实践经验中，我们至少可以得到两点认识：第一，外部强化既可能增强内部动机，也可能削弱内部动机。外部强化的影响究竟如何，取决于其怎样被使用。第二，外部强化是动机内化的前提和条件。客观地说，个体与生俱来的兴趣毕竟有限，大部分态度、价值观和行为都是后天习得和培养的，是一种内化的过程。动机也是如此。根据德西和瑞安的研究，动机实际上是一个从外部控制到自我决定的连续体。连续体的一个极端是完全外控的行为（如为了逃避惩罚而采取的行为），另一个极端则是受到内在激励的行为（如能够带来快乐的活动）。处在连续体中间部分的行为，最初需要通过外部诱因激发出来，不过在行为过程中个体逐渐体验到自我决定和自我调节的快乐，从而产生了自我满足感。换句话说，个体在后来之所以继续实施这些行为，是因为在活动中感受到了自我的价值和活动的意义。在这里，外部力量可以说是动机内化过程的前提条件。

可见，内部动机与外部动机并非是绝对不相容的。对于那些缺乏内在学习兴趣的学生，教师完全可以通过外部强化来引发和巩固其内部动机。为了使外部动机有助于激发和增强学生的内部动机，教师在使用表扬、奖励等强化手段时应注意：

1. 奖赏必须是针对学生不感兴趣但需要完成的任务。

当学生对学习有明显的浓厚兴趣时，教师完全不必进行外部奖赏。因为此时施加外部奖赏，反而会使学生把注意力集中在奖赏而不是任务本身上，从而削弱其活动的内部动机。只有当学生缺乏对活动的内在兴趣时，教师才可以通过外部刺激给予强化，而后再逐渐培养个体对活动本身的兴趣和对行为的控制力。

2. 奖赏要针对真正的进步与成就。

奖赏不是目的,而是辅助性评价,给予奖赏意味着对个人学有成效的肯定。当学生取得了进步与成就时,恰如其分的适时奖赏,可以增加学生的胜任感,从而持久地激励其学习。反之,如果不加区分地进行奖赏,有时非但无助于增强动机,反而可能损害学生的动机。试想,当学生完成了一件极其容易的任务时,教师大张旗鼓地进行表扬会有什么效果?对学生来说,教师这种行为无异于一种惩罚,因为如此特别的表扬恰恰传递了一个信息,他的能力是低下的。

3. 尽可能采用社会性而非物质性的奖赏。

对学生来说,社会性强化(微笑、关切的目光、赞赏)始终是重要的,特别是伴有情感色彩的鼓励和赞扬,还可以加强师生之间的情感联系。相比之下,物质性的奖赏有时更不容易培养起学生的内部动机。

4. 奖赏要适应学生的年龄特征。

对低年级的学生,可能一颗红星、一包饼干就是有效的强化物,而高年级的学生则可能觉得在期末的总评分中加分较有价值。低年级的学生更喜欢有形的实物强化,而高年级的学生更希望无形的奖励,如获得自由活动的时间,去图书馆,做自己喜欢做的事情等等。因此,必须对不同年龄的学生提供相应的有力的强化刺激和事件。

【主要结论与应用】

1. 动机是指激发、维持个体行为并使行为指向特定目的的一种力量。其产生与两个因素有关:一是需要,二是诱因。学习动机是指激发、维持个体的学习行为并使这一行为朝向一定学习目标的一种内在过程或内部心理状态,其与学习的关系可概括如下：首先，尽管某些学习可以独立于动机而存在，但动机对长期的有意义学习是绝对必要的。其次，动机与学习互为因果，而非单向的关系。第三，动机对学习的影响是间接的。第四，动机水平与学习效果之间并不是简单的直线关系。动机强度适中，对学习有较适宜的促进作用；动机水平较弱或过强，学习效率也不高。这也即是耶基斯一多德森定律的内涵。目前，在对学习动机的分类中，对教学实践影响较大的有两种。一是根据学习动机的动力来源将其划分为内部动机和外部动机，前者指由个体内在兴趣、好奇心或成就需要等引发的动机，后者指由某种外部诱因所引起的动机。二是奥苏伯尔的分类，他将学习动机划分为认知内驱力、自我提高内驱力和附属内驱力。认知内驱力，即一种要求获得知识、技能以及阐明和解决问题的需要。自我提高内驱力，即因自己的能力或成就而赢得相应地位的需要。附属内驱力，即为了获得长者（家长、教师等）的赞许和认可而努力学习的需要。

2. 对动机的解释有行为主义、认知主义和人本主义的观点。认知解释是当今动机研究的主流。主要的认知动机理论有：（1）成就动机理论。阿特金森认为成就动机由力求成功和避免失败两个部分组成。成就动机水平的不同的人有不同的行为表现。（2）自我效能感理论。班杜拉的自我效能感是指人们对自己能否成功地进行某一成就行为的主观判断。（3）归因理论。韦纳区分出原因的内外源、稳定性和可控性三个维度，分别与期望、情感相联系，成为后继行为的动力。长期的不良归因可导致习得性无助感。（4）成就目标理论。成就目标主要包括学习目标和成绩目标两类，不同目标引发不同动机模式。（5）自我决定论。包括认知评价理论和有机整合理论。

3. 培养和激发学生的自主学习动机主要是培养和激发学生的内部动机，其措施有：(1) 培养学生的兴趣和求知欲，包括注意教学内容和方法的新颖性；创设问题情境，激发学生的求知欲；利用原有动机的迁移。(2) 增强自信心和自我效能感，包括让学生获得成功的体验；观察学习能力相近者的成功行为；进行归因训练。(3) 发展自主性和责任心，包括允许和鼓励学生做出选择；帮助学生管理自己的课堂行为；采用非控制性的、积极的反馈。(4) 引导学习目标定向，教师应该实施信息性的评价。此外，还可运用外部强化来引发和巩固内部动机，在运用奖赏等强化手段时，应注意：(1) 奖赏必须是针对学生不感兴趣但需要完成的任务。(2) 奖赏要针对真正的进步与成就。(3) 尽可能采用社会性而非物质性的奖赏。(4) 奖赏要适应学生的年龄特征。

【学业评价】

一、名词解释

1. 动机
2. 内部动机
3. 外部动机
4. 认知内驱力
5. 自我提高内驱力
6. 附属内驱力
7. 成就动机
8. 自我效能感
9. 归因
10. 习得性无助感
11. 成就目标
12. 学习目标

13. 成绩目标

二、思考题

1. 动机与学习的关系如何？
2. 影响自我效能感形成的主要因素有哪些？
3. 归因怎样影响一个人的动机水平？
4. 试比较学习目标和成绩目标引发的动机模式？
5. 影响成就目标的课堂结构因素有哪些？
6. 成就目标的发展有何特点，其可能原因是什么？
7. 自我决定理论把个体的外部动机分为哪些类型？
8. 培养和激发学生的自主学习动机可采取哪些措施？

三、应用题

1. 试举一个关于"习得性无助"的实例，并说明施行归因训练的可能性与有效性。

2. 选定一位有经验的中学或小学教师，观摩他的一次教学活动，分析这位教师运用哪些方法来激发学生的学习动机。

3. 回顾一下你以往的学习生活，分析教师的哪些举动有利于形成学习目标定向，哪些行为导致成绩目标定向。

【学术动态】

1. 动机问题是心理学研究的核心论题之一。数十年来，国内外学者在动机领域，特别是对成就动机进行了广泛的研究，取得了丰硕的研究成果。已有的关于成就动机的研究主要表现在三个方面：关于年龄、性别、文化差异的比较研究；影响因素的研究；训练实践的研究。尽管成果丰富，但对成就动机的研究仍较片面、零散；研究方法有待创新；尤其是有效的成就动机干预训练仍然太少，今后研究者将在这些方面作进一步的努力。

2. 随着人们对教育和科技发展的重视，如何将动机的基础

3. 近年来,对动机研究主要集中在成就动机、自我效能感、归因、成就目标等方面。对自我效能感与归因,研究者主要探讨其与其他心理变量以及成就行为之间的相互关系和相互影响。对成就目标的分类研究则呈方兴未艾之势,三分法已经得到了大量研究的证实,近两年一些学者又提出四分法,主张将学习目标也区分为接近和回避状态,这方面的研究已经展开,并取得了一定成果。

4. 自我决定理论是新近发展起来的一种认知动机理论,代表着当下动机理论研究的趋势。它强调人的自我决定等内在心理需要的满足,关注内部动机与外部动机及其关系,为众多动机理论的整合提供了基础。然而,作为一个新近发展起来的理论,自我决定论还有许多有待完善的地方,其某些假设还有待进一步验证。

【参考文献】

1. 刘海燕、闫荣双、郭德俊. 认知动机理论的新进展:自我决定论 [J]. 心理科学,2003,26 (6):1115~1116.

2. 游永恒. 论学生学习动机的功利化倾向 [J]. 四川师范大学学报(社科版),2003,30 (2):59~62.

3. 刘海燕、邓淑红、郭德俊. 成就目标的一种新分类——四分法 [J]. 心理科学进展,2003,11 (3):310~314.

4. 沃建中、黄华珍、林崇德. 中学生成就动机的发展特点研究 [J]. 心理学报,2001,33 (2):160~169.

5. 李雪、陈旭. 我国成就动机实证研究的现状与展望 [J]. 上海教育科研,2004,5:37~40.

6. 随光远. 中学生成就动机归因训练效果的追踪研究 [J]. 心理科学, 2005, 28 (1): 52~55.

7. 韩仁生. 中小学生考试成败归因的研究 [J]. 心理学报. 1996, 28 (2): 140~147.

8. 陈琦、刘儒德主编. 教育心理学 [M]. 北京: 高等教育出版社, 2005: 191~217.

9. 郭德俊. 动机心理学: 理论与实践 [M]. 北京: 人民教育出版社, 2005: 175~320.

10. 吴庆麟. 教育心理学——献给教师的书 [M]. 上海: 华东师范大学出版社, 2003: 300~325.

11. 邵瑞珍. 教育心理学 [M]. 上海: 上海教育出版社, 1997: 286~308.

12. 张大均. 教育心理学 [M]. 北京: 人民教育出版社, 1999: 68~98.

【拓展阅读文献】

1. 郭德俊. 动机心理学: 理论与实践 [M]. 北京: 人民教育出版社, 2005.

2. 陈琦、刘儒德主编. 教育心理学 [M]. 北京: 高等教育出版社, 2005: 191~217.

3. 张大均. 教育心理学 [M]. 北京: 人民教育出版社, 1999: 68~98.

4. 吴庆麟. 教育心理学——献给教师的书 [M]. 上海: 华东师范大学出版社, 2003: 300~325.

第八章
学习策略

【内容摘要】

当代知识观十分重视策略性知识的获得，只有在策略性知识的指导下陈述性知识和程序性知识才能更有效地被感知、理解、组织，才能更有效地用来解答问题。本章的内容学习有助于提高学习者对学习策略的在学习中的重要性的认识，促进学习者加强对学习策略知识掌握的意愿，帮助学习者分析学习进程所需的各种学习策略及其相关知识，促使学习者学会各种能提高其自身学习能力的学习策略。此外，还探讨了学习策略的教学，希望能通过教学渠道更有效帮助学习者获得有效的学习策略。

【学习目标】

1. 能说出对学习策略的理解。

2. 谈谈学习策略在学习中所发挥的作用。
3. 了解学习策略的分类，以及各种分类的划分依据。
4. 掌握学习策略的主要构成要素。
5. 了解有意注意策略及其使用的学习情境。
6. 了解认知过程的学习策略及其使用的学习情境。
7. 了解问题解决策略及其使用的学习情境。
8. 知道策略学习的特点。
9. 了解策略训练的原则。
10. 了解学习策略指导教学的主要类型。
11. 知道学习策略获得的具体训练方法。
12. 了解影响策略学习的主要因素。

【关键词】

学习策略　学会学习　学习策略的构成要素　学习策略的教学训练

第一节　学习策略概述

知识学习是在校学生最重要的活动。如何教会学生学习一直是教育心理学家们研究的热点问题。现代教育研究的焦点集中在了学习策略上，所谓"授人鱼，不如授人渔"。科学研究已表明，对于学生，学习的关键是学会学习，也就是学习策略知识的获得与掌握；而对于教师，教学的关键是教会学生学习，传授有效的学习策略，提高学习效率。事实上，我国古代教育家孔子就提出了"学而不思则罔，思而不学则殆"的观点。卢梭也在《爱弥尔》中曾提到："形成一种独立的学习方法，要比获得知识更为重要"。

一、学习策略的涵义

当代知识观十分重视策略性知识的获得，只有在策略性知识的指导下陈述性知识和程序性知识才能更有效地被感知、理解、组织，才能更有效地用来解答问题。诺曼（Norman）指出："我们仍然需要总结发出关于怎样学习、怎样组织、怎样解决问题的一般原则，然后设置一些传授这些一般原则的应用性课程，最后把这些一般原则渗入到学生的各门学科中。"

学习策略的概念是在 1956 年布鲁纳（Jerome Seymour Bruner）提出"认知策略"（congnitive strategy）的概念之后逐步形成并确立起来的。随着认知学习理论研究的进一步深入，人们对学习者的看法逐渐发生了变化，大家越来越清楚地认识到，有效的学习者应当是个积极的信息加工者、解释者和综合者，他们能使用各种不同的策略来选择注意、存贮以及提取信息，能努力使学习环境适应自己的需求和目标。在这种理论背景下，兴起了有关学习策略的研究。

（一）学习策略的相关观点

在学习策略的研究中，学习策略的界定是一个最为关键的问题。研究者对学习策略的探讨都是从认知心理学的角度出发，对学习策略的某个或多个要素进行研究。由于研究者对学习策略是属于认知过程的信息加工部分还是属于信息加工过程的调控部分存在着意见分歧，因此对学习策略性质的规定也就存在差异，至今仍然没有一个统一的认识，其代表性的看法一般可归纳为三类：

1. 学习策略是学习的程序、方法及规则。

如瑞格尼（Rigney，1978）认为，学习策略是学习者用于获取、保存与提取知识的各种操作与程序;卡尔和拜尚(Kail 和 Bisan, 1982)认为,学习策略是学习活动的过程;尼斯勃特和史可史密斯(Nisbet 和 Shucksmith, 1986)认为,学习策略是选择、整合与应用学习技巧的操作过程。皮特瑞奇(Pintrich)认为学习策略是学习者获得信息的技术或方法,是使用认知策略和元认知策略的一般的术语。

2. 学习策略是内隐的规则系统。

达斐(Duffy, 1982)认为,学习策略是内隐的学习规则系统。温斯坦(Weinstein, 1985)认为广义的学习策略是指由研究工作者和实践工作者所假设的、对有效地学习和保持信息有帮助的、并且是必需的各种不同能力。

3. 学习策略是学习的信息加工活动过程。

单瑟洛(Dansereau, 1985)提出,学习策略是能够促进知识获得和贮存以及信息利用的一系列过程或步骤;乔尼斯、艾米仑和卡廷姆(Jones, Amiran 和 Katims, 1985)认为,学习策略是被用于编码、分析和提取信息的智力活动或思维步骤;麦耶(Mayer, 1988)认为学习策略是在学习过程中用以提高学习效率的任何活动,包括记忆术、划线法、做笔记、复述等方法的使用。麦特切和麦勒斯(Mitchell 和 Myles, 1998)认为,学习策略是学习者为有效地获取、储存、检索和使用信息所采用的各种计划、行为、步骤等。里格尼(Rigney)认为学习策略是学生用于获得、保持与提取知识和作业的各种操作与程序。加涅(Gagne)认为学习策略是学生在学习过程中,学会如何学习、如何记忆、如何进行导致更多学习的反省性和分析思维。

4. 学习策略是学习监控和学习方法的结合。

斯腾伯格(Sternberg, 1983)指出,学习中的策略是由执行的技能（executive skills）和非执行的技能（non-excutive skills）整合而成。执行的技能是指学习的调控技能，非执行的技能是指一般的学法技能。他认为，若要进行高品质的学习活动，这两种技能都是必不可少的。科恩和多尼尔（Cohen 和 Dornyei, 2002）认为，学习策略是学习者努力提高和理解目的语所采取的有意识或下意识的一些思想或行为。

由上述种种关于学习策略的定义可见，由于学者们对学习策略研究的角度不同，因而各有侧重，也都从不同侧面反映了学习策略的某些本质特征。但这些定义均没能从学习活动的整体性出发，未免有些失之偏颇。

(二) 学习策略的定义

综合以上观点，本书认为学习策略（learning strategies）是学习者为了提高学习的效果和效率，有目的、有意识地使用的有效学习的规则、方法、技能及调控方式。它既有内隐的学习规则系统，又有外显的程序与步骤。对于这一定义，我们作如下具体的解释：

1. 学习策略是一种学习谋略。

学习策略是有助于提高学习效果和学习效率的程序、规则、方法、技巧以及调控方式等。在学习活动过程中，如果只用原始的机械学习的方法而不使用一定的学习策略，最终也可能达到目的，但学习的效率与效果都相对较差。只有掌握了恰当的学习策略，才能对具体的学习活动进行调节和控制，顺利完成各项学习任务，达到学习目标。

2. 学习策略不等于具体的学习方法。

在学习活动中，学习策略又不能与具体的学习方法截然分开，要借助具体的学习方法表现出来。学习方法与学习策略的主要区别在于：学习方法是与具体学习任务相联系的，有较强的情境性，而学习策略既与具体任务相联系，又与一般的学习过程相联系，具有普遍性；学习方法经过学习者的反复运用，熟练掌握之后，在具体的学习情境中学习者往往凭借习惯对其加以运用，而学习策略则是学习者经过对学习任务、学习者自身认知特点等各方面因素进行分析，反复考虑之后才制定的方案；具体的学习方法可以用来达到一定的学习目的，完成学习任务，但不考虑最佳效益，而学习策略则是以追求最佳效益为基本点的。

3. 学习策略是有意识的心理过程。

学习策略是学习者为了达成学习目标而积极主动地选用的，是学习者制定的学习方案。学习者采用学习策略是一个有意识的心理过程，所有学习活动的计划都不尽相同，每一次学习都有相应的计划。一般情况下，每次学习的学习策略都是不同的。但是，相对而言，对于同一种类型的学习，存在着基本相同的计划，这些基本相同的计划就是我们常见的一些学习策略。

4. 学习策略是学会学习的标志。

学习策略是调节如何学习、如何思考的高级认知能力，是衡量个体学习能力的重要尺度，是会学不会学的分界线。学习策略的掌握和学习效果的提高成正比，学生只有掌握了恰当的学习策略才能在具体学习过程中灵活地调用各种学习方法，对学习活动进行自我调节和控制，才能顺利完成学习任务，达成学习目的。

二、学习策略与学习

为了更好地帮助学生掌握和运用学习策略，我们需要了解学习策略与学习活动之间的复杂关系。

(一) 学习活动与学习策略

尼斯勃特和史可史密斯(1986)指出,对学习策略的理解,是可以将其与"计划性"的核心学习"策略"相联系的。而这种"计划性"较难发生改变,它是与"个体心理成分"紧密相关的一种加工水平,是构成个体智力技能的基础,有着明显的个体差异性。他们同时还指出,并非所有的策略都相同,他们在概括性或"可教性"方面多少有些区别;而且他们在学习过程中所发挥的作用也有差异。不同的学习策略都反映了学习者的风格、能力等个体差异,同时,它们又是构成镶嵌在个体学习方法中的独特的策略形成模式中的一部分。

应该说学习策略与学习活动是有区别的,但是当一学习活动特别适合某一学习者,那么这一学习活动就变成了策略性活动。此时,该学习活动就与一般性的对学习者无大裨益的学习活动是有区别的。尼斯勃特和史可史密斯(1986)也认为,策略代表着一种较高概括水平的操作,有时这种操作可被称作为学习活动。他们列出了几种常见的学习策略/活动,见表8-1。

表8-1 几种常见的学习策略/活动的类型及操作

类型	主要操作
提问题	提出假设,制定任务的目标与范围,将当前任务与以往工作经验相联系。
定计划	制定策略与时间程序,将任务分解成各个子任务,界定各项任务的性质以及所需的操作或心智技能。
监控	在完成任务的过程中,不断地将现状与计划进行比对,看执行情况是否与计划相一致。
检查	当活动进行至某个特定阶段时,对活动结果作初步评估。

矫正	根据初步评估结果作出反应，必要时应重新对任务进行界定，甚至修订所设置的目标。
自测	对任务的最终完成状况以及活动过程的表现作出整体评估。

（二）学习策略与学习成绩

韦伯（Weber，1979，1982）对在学习上遭受失败经验的小学生进行了系列研究，他认为有必要探讨课堂中对学习策略的传授，最终他开发出了一种围绕着教授"高效率学习"策略观念的教学与课程模式。

韦伯认为教师的教学不仅是知识的传授，更应当加强对学习策略的培养。通过增强学生学习策略水平来提高学生的学业成绩。韦伯指出教师在课堂上教授的策略可包括7种的思维类型与学习活动：注意细节；确定学习起点；提出、检验假设；预先作出计划；系统的探究行为；推理与得出结论；发散思维等。这7种策略并非是一般性的或概括性的学习策略，而且学生的需要与个体差异决定着学习策略教学的性质与范围。教师可有目的地选择添加、改变以及忽视这些策略，甚至补充另外一些策略。韦伯的研究强调了有效的学习、改善学生的学习策略以及有效的教学。

从韦伯的研究中我们应认识到：教育应当让学生学会学习，促进学生有意识地产生一种控制感，提高对学习的自信水平，通过这种有目的主动学习形成一种策略性的学习方式。此外，我们也应当看到，在韦伯的这种观点中，缺乏对学生个体的学习风格的论述，尽管在他的其他著作中清楚地指出了这一点。

（三）学习策略与学习关系的研究

有众多研究均显示了学习策略与学习效果有着密切的关系，

良好的学习策略的掌握与使用能有效地帮助学生提高其学习成绩。以下是国内外一些学者所做的相关研究:

辛涛、李茵等人(1998)对年级、学业成绩与学习策略的关系进行了研究:他们以 398 名中学生为研究对象,运用学习策略量表对学说的学习策略使用情况进行测查,结合不同年级及成绩,得出以下结论,见表 8—2。

表 8—2　不同年级及成绩分组学习策略的方差分析表

变异来源	元认知策略 df F	认知策略 df F	动机策略 df F	社会性策略 df F	学习策略 df F
年级	3　0.852	3　0.102	3　1.333	3　0.484	3　0.285
成绩组	2　14.945***	2　14.094***	2　20.879***	2　13.415***	2　9.262***
年级×成绩组	6　2.89**	6　2.654**	6　2.034	6　3.894**	6　3.802**

注: **$P<0.01$,***$P<.001$。

资料来源:辛涛、李茵、王雨晴:年级、学业成绩与学习策略关系的研究,心理发展与教育,1998(4):41~44。

由上表可以看出,除动机策略以外,在其他三项学习策略以及学习策略的总体水平上,年级与成绩组有显著的交互作用,这表明不同年级的高中低成绩组,其学习策略的水平是有差异的。

谷生华等人(1998)对学习策略与学习成绩的关系进行了研究:他们运用秦行音设计的学习策略量表对北京市初一、初二年级学生的学习策略使用情况进行了测查,同时记录他们上学期期末语文和数学两科的考试成绩作为学习成绩的指标,将学习策略使用状况与学习成绩之间做相关分析,结果下表 8—3。

表8—3 初中生学习策略与学习成绩的相关研究

	初一		初二	
	语文成绩	数学成绩	语文成绩	数学成绩
元认知策略	0.4796**	0.4762**	0.5132**	0.4568**
认知策略	0.5278**	0.4973**	0.5612**	0.4662**
动机策略	0.5030**	0.5105**	0.5133**	0.5052**
社会策略	0.4954**	0.4827**	0.3374*	0.4163**

注：**$P<0.01$，***$P<.0001$。

资料来源：谷生华、辛涛、李荟：初中生学习归因、学习策略与学习成绩关系的研究，心理发展与教育，1998, (2)：21～25。

此次研究的结果显示，学习策略与学习成绩间均存在显著的正相关。其结果说明，学生学习策略的使用有助于学习成绩的提高，也就是说，学生掌握的学习策略越多，策略使用水平越高，学生的学习成绩就越好；而成绩好的学生，其学习策略的使用状况也越好。由此可见，学习策略的习得对学习成绩存在着十分重要的影响。

周国韬等人也对初中生自我调节学习策略的运用与学业成就的关系进行了研究。实验被试为初中二年级学生68人，按照学习成绩分为高成就组（36人）和低成就组（32人）。要求被试报告其对学习策略的运用情况，从策略的种类、频率、坚持性三个维度进行分析。其结果见表8—4。

由表8—4可见，策略运用的三种水平都与学生的学业成绩有显著的相关。其中，策略使用的坚持性与学习成绩的相关最大。同时，他们通过研究还发现，高成就组学生在策略的运用、频率、坚持性这三个维度的成绩都显著高于低成就组学生。

表 8-4　自我调节学习策略应用水平与学习成就的相关

	策略应用的频率（SF）	策略运用的坚持性（SC）	学业成就（CJ）
策略的运用	.74**	.72**	.66**
策略应用的频率	——	.95**	.74**
策略运用的坚持性	——	——	.83**

注：**$P<0.001$。

资料来源：周国韬、张林、付桂芳：初中生自我调节学习策略的运用与学业成就的关系研究，心理科学，2001（5）：612～619。

伯利（Bailey，1990）也对学生在学习英语时学习策略的使用情况进行了研究。他运用日记法考查学生英语学习时使用学习策略的状况，同时按 1～5 级对策略的使用情况进行定量分析。研究结果发现，学生的学习策略水平存在显著差异，其变化范围为 1.2～4.3，另外结合学生英语最后的学习成绩（A、B、C、D），结果如下表 8-5。

表 8-5　成绩不同学生的学习策略使用水平比较

学习成绩	学习策略使用水平	平均值
A	4.3, 3.4	3.85
B	3.7, 2.6, 3.4, 2.7, .3, 2.9, 2.6	3.17
C	1.6	1.6
D	1.2, 1.6	1.4

资料来源：Halbach A. *Finding out about students' learning strategies by looking at their diaries: a case study.* System，2000，28，85～96

研究结果虽然没有显示出学习策略的使用与成绩之间有直接

的关系，但是我们发现成绩较高的学生对学习策略的使用较为频繁，所以我们可以推断好成绩与学习策略的使用率是相对应的。

三、学习策略的类型

要清楚了解学习策略，帮助学生掌握更多、更有效的学习策略，我们必须先了解学习策略的类型。研究人员从不同的角度提出了自己的观点，较有影响力的观点主要有以下几种：

（一）二分法

单瑟洛（Dansereau，1985）把学习策略分为：基本策略（primary strategies）是指用来直接操作学习材料的各种学习策略，包括信息获得、贮存、信息检索和应用的策略；支持策略（support stratgies）主要用来帮助学习者维持良好的学习心理状态，包括计划和时间安排，注意的集中和自我监控。

苟比（Kirby，1984）把学习策略分为：具有特异性的微观策略，与特定的知识、能力相关，易于指导与教授；具有普遍性的宏观策略，适用范围广泛，与情感、动机相关，个体差异较大，难以教授。

斯腾伯格（Sternberg，1983）把学习策略分为：用于实际操作的执行策略，如匹配、比较等；用于计划、监控、修订等的非执行策略，如问题识别、监控解法、反馈敏感性等。

（二）三分法

迈克卡（Mckeachie，1990）把学习策略分为认知策略、元认知策略、资源管理策略（其具体成分见图8—1）。

尼斯勃特和史可史密斯（Nisbet和Shucksmith，1990）认为学习策略包含三个因素：与态度和动机有关的一般策略；包括调控、审核和修正等功能的宏观策略；与质疑和计划有关的微观策略。

博隆（Baron，1978）把学习策略分成三个层级：关系搜索策略，根据经验对新问题进行界定；刺激分析策略，分析问题并分解学习任务；检查策略，对学习活动过程进行监控与评价。

学习策略
- 认知策略
  - 复述策略　如重复、抄写、做记录、画线等
  - 粗细加工策略　如想象、口述、总结、做笔记、类比、答疑
  - 组织策略　如组块、选择要点、列提纲、画地图等
- 元认知策略
  - 计划策略　如设置目标、浏览、设疑等
  - 监视策略　如自我测查、集中注意、监视领会等
  - 调节策略　如调查阅读速度、重新阅读、复查、使用应试策略
- 资源管理策略
  - 学习时间管理　如建立时间表、设置目标等
  - 学习环境管理　如寻找固定地方、安静地方、有组织的地方等
  - 努力管理　如归因于努力、调整心境、自我谈话、坚持不懈、自我强化等
  - 寻求帮助　如寻求教师帮助、伙伴帮助、使用伙伴/小组学习、获得个别指导等

图 8—1　迈克卡的学习策略分类

资料来源：陈琦等. 教育心理学 [M]. 北京：北京师范大学出版社，1997：183.

（三）四分法

温斯坦（Weinstein，1985）把学习策略分为：认知信息加工策略，如精细加工策略；积极学习策略，如应试策略；辅助性策略，如处理焦虑；元认知策略，如监控新信息的获得。她与同事们所编制的学习策略量表包括这样十个分量表：信息加工、选择要点、应试策略、态度、动机、时间管理、专心、焦虑、学习辅助手段和自我测查。

第二节 学习策略的构成要素

至今关于学习策略的构成问题,学者们仍未达成一个统一的认识。要在教学中促进学生学习策略的培养、教会学生学会学习、提高学习效率,我们就要对学习策略的构成要素进行分析。

提高学生的学习效率、培养学生正确运用学习策略,应该从他们的学习过程入手,学生的学习过程主要包含认知过程、注意过程以及学习调控的过程,所以,对学习策略构成要素的分析也应当放在这些过程中。

一、有意注意策略

注意是学生的心理活动对一定学习对象的指向和集中。根据有无预定目的和所需意志努力的程度不同,可把注意分为无意注意与有意注意,而学生的学习主要是靠有意注意。

有意注意是一种主动服从于当前任务的注意,是注意的高级发展形态。由于需要意志努力来维持,因而学生易感到疲劳。根据这一情况,应当加强学生的有意注意能力,提高抗干扰能力,提高学习效率。

我们可以从以下几个方面来训练学生的有意注意:

1. 目的明确策略。

有意注意是能主动地服从于一定的活动任务的,因此,应明确学习的目的与任务,产生达到目的的需要及愿望,这是保持注意的首要条件。也只有让学生明确学习目的,他们才能有意识地提高注意的自觉性,主动克服有意注意中产生的疲劳感,维持注意的稳定。此外,我们还应帮助学生树立自觉学习的观念,养成自觉学习的习惯；还可鼓励学生向自己提出一定强度的自我要求，以推动自己的学习。

2. 内心宁静策略。

外界干扰，许多是我们无法控制、无法排除的，因此我们应培养学生与注意分散现象抗争的意志力。培养学生以平静的心态来对抗干扰他们注意的不良刺激。学生还可经常提醒自己保持注意，让心理活动有效地维持在注意的任务与对象上。为培养和提高学生的抗干扰能力，还可尝试让学生在较嘈杂喧闹的环境里看书、听课，有意识地让学生通过锻炼来提高对嘈杂环境的适应能力及抗干扰能力。所以说，抵制外来干扰的最有效的办法，是保持内心的宁静。

3. 提升广度策略。

注意广度，是指在同一时间能清楚把握的对象的数量。较大的注意范围有助于在同样的时间内接受更多的信息，从而提高学习和工作的效率。特别是在阅读时，既要读得快，又不能遗漏读物要点和有用信息，重要的办法就是提升注意广度。广度越大则知觉单元越大，理解越完全，阅读能力越强。注意的广度受个体知识经验的影响；还与人的阅读能力有关，阅读能力越强的人注意广度越大。多读是提高注意广度的有效手段。

4. 资源分配策略。

有时学生需要同时进行两种或两种以上的活动，此时注意应同时指向不同的注意对象，因而，学生需要对注意进行分配。应该认识到注意的分配是必要的，同时也是可能的。注意分配的最重要条件是同时进行的众多活动中只有一种是不熟悉的、需要集中注意的，其余的动作都已达到自动化的程度。

注意还要根据新任务的要求，主动地把从一个对象或一种活动转移到另一个对象或另一种活动上,这就是注意的转移。善于主动、迅速地转移注意,对学习十分重要,尤其是学生经常要不断变换各种学习任务。

在必要时,学生还要学会组织多种分析器协同活动,以此来克服因长时间的单一分析器活动所产生的单调、乏味、易疲劳的倾向。

因此,学会合理分配有限的学习资源对学生来说是至关重要的。

5. 劳逸结合策略。

适当的休息是提高注意效率的有效手段。连日苦读或因熬夜而睡眠不足,大脑皮层始终处于兴奋状态,导致神经系统的兴奋与抑制过程失衡,破坏人体内环境的稳定要求,不仅有害健康,还会分散人的注意力,降低记忆效率,造成思维迟缓,想象狭隘。因此要指导学生科学安排作息时间,保证每天有一定的休息与体育锻炼的时间,同时指导学生学会科学地安排注意力的集中、分配与转移,特别是对面临考试紧张压力的学生。

6. 反思策略。

对于注意品质较差的学生,可指导他们如何组织自己的注意,引导他们适时地提出自我要求。如"刚才我看(听、学)了哪些内容?"、"我看(听、学)懂了多少?"、"我还要怎样做?"、"怎样增强我的注意力?"等。教会学生在规定时间内完成学习任务,反复通过自我反思、自我调节,不断尝试克服自身弱点,用毅力战胜各种无关干扰,维持自己的有意注意,逐渐形成自我控制、自我监督机制,不断培养良好的注意品质,形成良好的自觉学习的习惯。

二、认知过程的学习策略

加涅认为:"认知策略是内部组织化的技能,其功能是调节和控制概念与规则的应用。"[1] 学习主要是通过认知过程来的完成的,因而认知过程的学习策略相对较重要。认知策略在学习策略中起着核心的作用,认知策略的改进是学习策略改进的原因。下面我们从认知过程的主要几个阶段来对学习策略进行分析。

(一) 感知策略

感知策略是在学习中所采取的提高感知效率的学习方法或程序。感知过程是所有学习的最初阶段,感知出现问题将直接导致学习的失败,所以学习策略的培养应先从感知策略入手。

1. 目的明确策略。

学习应该制定学习计划,至少应当包括:明确学习的对象、学习的要求与任务、学习的步骤和学习的方法等。有了明确的学习目标,学生的感知才有方向,才能有选择地对学习材料的重点部分进行更详尽认知、深层加工,才能有效提高学习效率。

2. 程序性策略。

要指导有系统地、有步骤地按一定的顺序进行学习,这样可以保证输入的信息是有系统有条理的,也有利于学生对信息的加工编码,提高学习效率。如前苏联速读专家库兹涅佐夫等人就曾提出"顺序阅读法"。这种方法将阅读分成七个步骤:对全文的高度概括的标题;作者;导言;主要内容;阐述的事实;文章观点;独创性。

---

[1] R.M. 加涅著,皮连生等译. 学习的条件和教学论 [M]. 上海:华东师范大学出版社,1999:138.

3. 精确性策略。

在学习时对学习材料的感知应当精确,不能满足于一知半解,要能仔细确切,做到不遗漏、不歪曲学习内容;既要能注意学习材料的明显特征,又能觉察隐蔽特征;既能感知全程,又能掌握阶段性,既能把握整体,又能考察部分;既能发现相似,又能辨别差异。

4. 精细加工策略。

学习过程的感知需要有思维的参与,在学习过程中应进行积极思考,对所学信息进行深层加工,把新的学习材料与头脑中已有知识相联系,提高学习的理解性,同时也可增强记忆效果。所以,只有思维的加入,才能让学生更准确、更完整、更快速地把握学习材料的真实意义。

PQ4R 学习策略

鲁宾逊(Robinson,1961)提出的 SQ3R 阅读法是一种系统的精读方法,所谓 SQ3R 是英文纵览(Survey)、提问(Question)、阅读(Read)、背诵(Recite)和复习(Review)的缩写。

纵览:纵览指首先尽量弄清所读材料的主旨。可以仔细阅读作者的序言或后记,查目录和索引,阅读各章提要和小结,迅速浏览全书,以便了解全书的概貌。

提问:浏览准备细读的章节时,要反复琢磨其中某些观点,并同自己已掌握的有关知识相联系、相比较,及时记下所思考的问题。

阅读:要求慢读,理解透彻,记住各章节的大小标题,若无标题则自己概括写出。

背诵:不是逐字逐句的复述,而是在理解的基础上,复述各章节的中心思想，对极其重要的内容则要背诵。

复习：若是需要长期保留的材料必须反复复习。

1972年，托马斯和鲁宾逊（Thomas 和 Robinson）在 SQ3R 阅读法的基础上又提出了 PQ4R 阅读法，它包括预览（Preview）、提问（Question）、阅读（Read）、深思（Reflect）、背诵（Recite）和复习（Review）。其中预览和 SQ3R 阅读法中的纵览是一致的，与 SQ3R 相比，它又增加了深思，是指在阅读时试图联想一些关于资料的例子，或创建表象，进行精细加工，积极建立所学材料与已有知识的联系。执行这一步，会增加阅读者对材料加工的深度，利于更有效的阅读。

安德森（Anderson，1995）指出 PQ4R 阅读法使学生能够对所读文章的组织性有一个更好的认识，同时，这样的分步学习保证了学生可以对文章有深入的理解。但是 PQ4R 阅读法适合于年龄较大的学生，至今还没有研究者以五年级以下的学生为被试进行这一方法的训练。这可能是因为五年级以下的学生的元认知能力还没有达到这一方法要求的水平。

资料来源：Thomas, E. L. 和 Robinson, H. A. *Improving reading in every class：A sourcebook for teachers*. Boston：Allyn 和 Bacon, 1972

（二）记忆策略

记忆策略是学习者对自己的记忆活动进行有意识地控制和使用的那些能增强记忆效果的方法。合理使用记忆策略能够提高个体的记忆速度和质量，进而提高学习效率。

1. 有意识记与意义识记策略。

心理学实验研究已证明：有意识记的效果较无意识记好；意义识记的效果较机械识记效果好。彼得逊（Peterson）曾做过相关研究：两组被试按不同要求分别学习16个词，结果如表8-6。

表 8-6 按不同要求学习的记忆效果

	即时回忆量（个）	第二天回忆量（个）
有目的识记组	14	9
无目的组	10	6

结果表明，有意识记效果明显优于无意识记。因为一个人如果有了明确的识记任务，他全部的识记活动就会集中在所要识记的对象上，并取得较好的识记效果。

此外，学习材料一般都有反映事物本质及其内在联系的意义，学习者应将识记材料的意义与自身已有的知识经验相联系，掌握事物本质及其联系，增强识记效果。

2. 积极思考策略。

学习者若把所学材料变为操作对象，将大大提高识记效果。这是因为学习者对活动对象能进行更积极、详细的感知和思考，因而能获得更好的识记效果。斯米尔诺夫（А. А. Смирнов）让两组被试分别记住一系列成对的句子。A 组被试要指出每对句子的语法规则，并按造句。B 组只要求记忆。第二天要被试回忆这些句子。结果发现，A 组的识记效果比 B 组高 3 倍。

3. 感官并用策略。

心理学研究表明：多种感觉通道参与识记具有更好的识记效果。多感觉道参的运用可以使学习内容在大脑皮层建立更多联系，就能留下较深的记忆痕迹。有人曾做过一个实验：让三组学生分别用三种方式记住 10 张画，结果 A 组只听画上的内容，结果记住了 60%；B 组只让他们看画，结果记住 70%；C 组既让他们看，又给他们讲画上的内容，结果记住了 86%。因此在学习时要充分调动各种感官参与，应把眼看、耳听、口读、手写、心想相结合,特别是文科内容,更需要多听、多说、多读、多写和多看。

4. 自我激励策略。

学习时需要以积极的态度对待记忆,要有能记住的信心。积极的心理状态能使大脑皮层形成强兴奋中心,产生对刺激的集中注意力,从而在大脑皮层留下清晰的印象。反之,则使大脑皮层细胞活动受到抑制,影响记忆效果而导致健忘。

5. 复习策略。

复习可加深对学习材料的印象。复习也要讲究策略,否则复习就起不到巩固记忆的功效。

(1) 及时复习。

心理学家艾宾浩斯(H. Ebbinghaus)研究的遗忘曲线表明:遗忘的进程先快后慢,遗忘的内容先多后少。因此在学习新学习后的很短时间内就应当组织复习,即在遗忘尚未大规模发生时就要开始复习,这样可以收到事半功倍的效果。

(2) 集中复习与分散复习策略。

复习在时间分配上有两种不同方式:一是集中复习,即在一整段时间内,将所学材料反复多次学习,直到熟记;另一种是分散复习,即分散在几段相隔的时间内进行复习。大量的心理学研究都证实了分散复习的记忆效果均优于集中复习。这是因为神经系统在接受新的刺激后,神经组织的变化痕迹需要一定时间来巩固。

(3) 尝试记忆策略。

尝试记忆法是学习者在识记材料几遍后,就尝试背诵,在背不出来的时,再去看书,直至背诵为止。盖兹(Gates)曾进行一项实验,要求被试识记无意义音节与传记文章,各用9分钟,用于诵读和尝试回忆的时间分配比例不同,发现记忆成绩存在显著差异,结果见表8-7。

表8-7 尝试记忆时间分配的记忆效果

时间分配	无意义音节回忆率(%) 及时	无意义音节回忆率(%) 4小时后	传记文章回忆率(%) 及时	传记文章回忆率(%) 4小时后
全部用于诵读	35	15	35	16
20%尝试记忆	50	26	37	19
40%尝试记忆	54	28	41	25
60%尝试记忆	57	37	42	26
80%尝试记忆	74	48	42	26

盖兹的实验结果表明,用20%时间阅读,80%的时间尝试回忆,回忆的正确率最高。因为尝试回忆法是一种更为主动记忆方法,该方法可使学习者在记忆时有的放矢,从而提高记忆效率。

(4)追加学习策略。

所谓追加学习是指学习次数或时间超过了对学习材料最低限度熟记所需的额度。有实验表明,追加学习以学习度为150%时,记忆效果最佳,超过150%,记忆效果并没有太大的改善。也就是说,并不是追加学习的额度越大,识记的效果越好,因此在进行追加学习时要把握好尺度。

(三)问题解决策略

问题解决策略是学习者在特定情境下,为达成既定的目标而选用的解决问题的操作方案、计划或操作方法。问题解决一般可分为四阶段:问题表征;制订计划;实施执行;评价结果。

1. 问题表征。

从认知心理学观点看，一个问题可分为任务领域和问题空间两个方面。前者反映问题的客观存在，后者则是对问题的主观理解。所谓问题表征，就是问题解决者将问题的任务领域转化为问题空间。正确地表征问题是正式解决问题的第一步，对问题的表征方式决定着解决问题的方式。

2. 制订计划。

这一阶段学习者要运用自身的已有的知识经验来处理所遇到的问题。制订计划就是要找到可能解决问题的各种有效措施，并对它们进行权衡，从而找出最为有效的解决办法。

通常解决问题基本上可采用两种搜索策略：算法式和启发式。

所谓算法式就是将解决某一问题的所有可能的途径全都列举出来，然后逐个加以尝试。这种策略虽然保证成功但费时费力，在实际中有时是不可能实现的。所以人们在解决问题尤其是复杂问题时，主要采用启发式策略。

所谓启发式则是依靠已有知识经验，找到一个较为适合的方法来解决问题。这种方法简单省时，但有时可能会失败。

常用的启发式策略有手段—目的分析策略和逆向反推策略。所谓手段—目的分析策略，指从认识问题的目标和现有状态之间的差异入手，通过设立若干小目标并加以逐个实现的方式不断逼近目标，直至最终消除差距，达到目标。逆向反推策略则是从目标状态出发向初始状态反推，直至达到初始状态为止，然后再由初始状态沿反推路线一步步正向求解。

在解决问题时，要注意根据已有的知识经验寻找解决问题的突破口，从中获得更多信息，以便进一步搜索直到找到正确答案。另外，还可以先把问题抽取成简单的形式，简化解题过程，解决简化问题之后,再把答案用于指导原先复杂的问题。

3. 实施执行。

实际运用算子改变问题的起始状态或当前状态,使之逐步接近并达到目标状态。这个阶段即实施执行策略的阶段。一般来说,简单的问题只需少量操作,而复杂的问题则需要一系列操作才能完成,有时甚至选定的策略也无法实施。

4. 评价结果。

这个阶段对算子和策略是否适宜、当前状态是否接近目标等做出评估,经过评估,可以更换不合适的算子和改变错误的策略。

三、元认知策略

元认知(metacognition)是弗拉维尔(Flavell)于1976年在他的著作《认知发展》中提出的一个概念。他认为,元认知在各种认知活动及各种各样的自我指导和自我控制中都起着重要作用,具有广泛的适用性。我们先了解元认知的结构,然后在分析元认知策略。

(一)元认知的结构

根据弗拉维尔的观点,元认知就是关于认知的认知。具体地说,元认知是关于个体自身认知状况的知识以及调节认知的能力,是对思维和学习活动的知识和控制。

一般认为,元认知包括元认知知识、元认知体验和元认知监控等三个方面。

1. 元认知知识。

元认知知识是个体通过经验积累起来的关于自己或他人的认识活动、过程、结果以及与之有关的知识。它包括认知者、任务和策略三部分：关于认知者认知特点的知识主要是有关自己和他人作为认知者、思维者的认知加工者时的一切特征的信息和知识；关于任务特点的认识主要是关于不同性质的认知材料与任务目标对认知活动的不同需求的知识；关于认知策略的知识是指学习者认识到的进行认知活动所需策略、各种认知策略的优缺点、如何恰当地应用策略等方面的知识，也就是有关完成认知活动所需的策略的知识。

2. 元认知体验。

元认知体验是个体在从事认知活动过程中产生的认知体验或情感体验。这些体验可能被学习者清晰地意识到，也可能是模糊不清而不容易表达出来的；在内容上，伴随认知活动产生的各种体验或长或短，或简或繁，可以是对知的体验，也可以是对不知的体验；它可发生在认知活动过程中的任何时刻，活动之前，活动过程中或活动结束之后。

一般认为，元认知体验常产生在学生期望对自己的认知活动进行有意识地调节和控制的时候。它的出现与学习者现有的认知状况有关。学习是否成功在很大的程度上取决于学生对认知活动本身及其认知活动的质量进行大量的反省、体验与调控。

3. 元认知监控。

元认知监控是指在个体进行认知活动的全过程中，对自身的的认知活动进行积极、自觉的监视、控制，并相应地进行调节，以达到预定的目标。元认知监控的主要内容包括制订计划、实际控制、检查结果、及时调控以及采取补救措施等。

在具体的学习过程中，它既包括学习前根据学习任务的要求和自己的认知活动状况制订切实可行的学习计划；又包括学习过程中，适时监控、调节，以保证学习活动的顺利进行；还包括学习结束后对学习结果的了解与评价,检查自己的学习结果是否达到预定目的,做出正确的归因,以及提出补救措施等。

元认知知识、元认知体验和元认知监控三者是相互联系、相互影响和相互制约的。元认知过程实际上就是指导、调节认知过程,选择有效认知策略的控制执行过程,其实质是对认知活动的自我意识与调控。

(二)元认知策略

元认知过程实际上就是学习者对自身认知过程的指导与调节,以及选择有效认知策略的控制执行过程。元认知的实质是人对认知活动的自我意识和自我控制。

在认知过程中学习者要对自己的学习状况进行有效评估,如自己对该学习的理解、估算学习所需时间、选择有效的学习方法,甚至预测可能会发生什么,怎样做是明智的,等等。这些均属于元认知策略,根据其在认知活动进行的不同阶段大致可分为三种:

1. 规划策略。

规划策略是指学习者在一项认知活动之前,根据既定的认知目标,计划认知程序,选择适当的学习策略、预测认知结果等。认知活动之前学习者应分析学习情境中的变量,如自己的认知特点、学习能力、知识基础、学习目的、学习任务、自己拥有的学习时间、学习环境、学习材料,以及这些变量之间的关系与它们的变化情况等;学习者还要对学习方法进行选择,他们要知道学习方法与学习变量的关系,自觉地选择、安排适当的学习方法。

2. 监督策略。

监督策略指在认知活动进行的过程中,根据认知目标对认知状况进行及时评价、对认知活动过程的问题与不足进行反思,正确估计自己所能完成的认知目标的程度、水平;并根据有效性标准评价认知活动、各种策略使用的效果。监督策略包括阅读时对注意加以跟踪、考察学习环境的变化、对材料进行自我提问、考试时监视自己的速度和时间等。

3. 调控策略。

调控策略指根据对认知活动结果和认知策略使用效果的监察,一旦发现问题,及时采取补充、修正措施,并调整不合适的认知策略。调控策略主要包括根据学习情境的特点,激活学习方法的使用;根据学习情境的变化,及时调节和控制学习方法的使用;根据学习的效果,客观地评价自己的学习活动和学习方法的适用性,并把对学习效果的评价作为改进自己学习的重要手段。

弗拉维尔指出,元认知体验在激活与调控学习方法的使用中有特别重要的意义。因为激活与调控的过程,要求高度的情感唤醒和排除妨碍思考的障碍,这需要有机会让学习者体验自己的认知过程,同时,由于元认知体验伴随各种智力活动的过程,所以学习者根据对智力活动的过程的体验,及时地评价与调整自己的学习进程。

元认知策略总是和认知策略协同起作用的。认知策略帮助我们将新信息与已知信息已有的知识结构进行整合,并存储于长时记忆系统中。而元认知策略则对整个学习活动起着控制和协调的作用,它监控和指导着认知策略的选择和运用。如果一个人没有使用认知策略的技能和愿望,他就不可能成功地进行计划、监视和自我调节。如果一个学习者只拥有众多的认知策略,却没有必要的元认知技能来帮助他们决定在某种情况下使用哪种策略或改变策略,那么他就不可能成为一个成功的学习者。

第三节 学习策略的教学训练

我们研究学习策略的主要目的就是为了帮助学习者提升学习策略的运用水平，最终提高学习效率。因此，光研究学习策略还不够，我们还要知道如何培养以及提高学习者的策略水平。

一、策略学习的特点

策略性知识作为程序性知识的一个类型，其学习过程和其他程序性知识一样，也必须经历习得、转化和应用三个阶段。这为如何进行策略性知识的教学训练提供了理论依据。但由于构成策略性知识的概念和规则不同于反映具体事物性质的概念和对它们加工操作的规则，所以教师还必须注意策略性知识学习的特殊性。

1. 策略学习的内隐性。

学习策略是学习者对自身内部认知活动状态的调控技能，它所涉及的概念和规则反映了人类自身认识活动的规律。而人类认识活动具有较强的隐蔽性，无法从外部直接观察到，这类概念和规律难以通过直观演示的方法传授给学生。所以，策略教学的一个难点是教师如何通过具体实例向学生示范某一策略适用的情境以及如何演示其具体操作。此外，学习者学到了相应的策略知识及操作之后，又如何将其内化。

2. 策略学习的长期性。

学习策略所涉及的概念和规则一般都具有较强的概括性，在实际应用中有很大的灵活性，而这类规则的应用又必须与不断变化的情境相适应。因此要能自如地运用这样的规则来支配自身的认知行为，提高认知活动的效率，并非短期训练就能收到效果。所以策略的学习一般具有有长期性。

3. 与元认知协同发展。

有研究表明，策略的学习和运用受学习者元认知发展水平的制约。要在新的情境中应用所习得的学习策略，学习者必须清晰地意识到所学习的策略是什么（what），它的适用范围（where）以及如何（how）和何时应用（when）。显然，要解决这四个问题，学习者必须对自己认知过程有很好的认知，所以认知策略的训练必须与元认知的发展相结合。

4. 策略学习的动力性。

学习者策略的学习与使用需依赖于学生的动机水平。研究表明，学习者仅仅是记住论述学习策略的条文，并不能改善他们的学习成绩。只有当外界的指导被学生接受且内化，从而影响、改变他们的信息加工过程时，才能对学习有所帮助。此外，策略性知识必须通过大量的实践练习之后才能作为一种概括化的策略能力迁移到与原先的学习状况不同的情境、任务中去。而进行这类的学习，若学生没有强烈的要求改进自己认知加工过程的愿望（学习动机），是很难奏效的。所以，策略训练课程需包含适当的动机训练。学习者应当清楚地意识到一分耕耘一分收获。

二、影响学习策略掌握的因素

如果学习者能运用适当的学习策略策略进行学习，其学习效率可以得到极大的提高。学习策略经过必要的训练是可以掌握的。但要注意学习策略的掌握受到一些因素的影响：

（一）性别

有研究表明，女性在语言表达、短时记忆方面优于男性，女性比较偏重于对文字语言材料的记忆和机械识记。而男性在分析、综合、推理能力和空间知觉方面优于女性,更偏好理解记忆。

(二) 归因

将成功归因于自身的人,如认为自己能力好、努力进取、有天赋等,他们对未来成功的预期较高,在学习中也较注意策略的掌握,起到事半功倍之效;而将成功归因于外界的人,如认为是由于工作容易、运气好、他人帮助等,他们对未来成功的预期通常较低,对策略学习也不太重视,学习效率很难提高。如果将失败归因于不努力的人,会对未来产生较高的预期,致力于策略的学习与掌握,学习成功的可能性大大提高;而将失败归因于能力太差,则会产生较大失落感,认为再努力都是白费,对未来成功产生较低的预期,则成功的可能性较低。

(三) 动机

教育的主要职责之一是要让学习者产生学习的内在动机,即对获得有用知识的学习过程本身发生兴趣。具有内部动机的学生倾向于选择和使用有意义的和起组织作用的各种学习策略;而具有外部动机的学习者,即学习活动容易受各种外来的奖赏所支配,他们更倾向于选择和使用机械学习的策略。学习动机强的学习者倾向于经常使用他们已习得的策略;学习动机弱的学习者对策略的使用不敏感,甚至不愿掌握、使用学习策略。

(四) 元认知发展水平

学习者的元认知水平与其学习策略使用效果有密切的相关。人的元认知水平是随着年龄的增长而不断提高。低年级学生的元认知水平较低,他们的学习更多地受外在因素的影响,如学习环境、学习材料的性质与难易程度等;而较高年级的学生的元认知水平有显著提高，他们学习的独立性更强，掌握了更多有效的学习方法，也能更灵活地运用各种学习策略。

三、策略训练原则

托马斯和罗瓦（Thomas 和 Rohwer，1986）提出了一套适用于具体学习方法的有效学习原则。

（一）特定性原则

特定性原则是指学习策略要与学习目标和学生的类型相适宜，即通常所说的具体问题应具体分析。研究者发现，相同的策略对于不同的学习者，如年长和年幼的，成绩好的和成绩差的，外向型的与内向型的，在学习中所发挥的作用是不一样。所以，在进行学习策略训练时应当因材施教，先判断学习者类型，再予以正确指导。此外，我们还要考虑到学习策略的层次性，因此我们必须给学生大量各式各样的策略，不仅有一般性的策略，而且还要有非常具体的策略。

（二）生成性原则

生成性原则是有效使用学习策略最重要的原则之一，是指学习者在学习的过程中利用学习策略对所学材料进行高度的深层加工，进而产生某种新的东西。要想使一种学习策略产生效用，这种心理加工是必不可少的。生成性程度高的策略有：写内容提要、提问、列提纲、图解要点之间的关系、向同伴讲授课的内容要求。生成性程度低的策略有：不加区分的画线，不抓要点的记录，不抓重要信息的肤浅的提要等，这些方法对学习没有任何帮助。

（三）有效监控原则

教学生何时何地以及如何使用策略似乎非常重要。尽管这是显而易见的,但许多教师却常常忽视这一点,这可能是因为他们对学生实践能力认识不到位,认为学生自己能行。要知道,如果交代清楚何时何地与如何使用一个策略,那么我们就更有可能记住和应用它。此外,还应指导学生在运用学习策略的过程中进行反思,考察自己对策略运用情形,不断提高策略使用水平。

(四) 个人效能感

学习成绩与态度之间有密切的联系,学习者有可能知道何时以及如何使用相应的策略,可是如果他们不愿意使用这些策略,那么他们的基本学习能力还是得不到提高。只有那些能有效使用策略的人相信使用策略会提高他们的成绩。教师一定要给学生创设适当的机会让他们感受策略的效力。学习者一定要有学好学习策略的信心,树立学习策略学习的个人效能感。教师也要养成这样一种意识:在学生学习某材料时,要不断向学生提问和测查,并且根据这些评价给学生定成绩,以此促进学生使用学习策略,并让学生感到使用学习策略学习就会有更大的收获。

四、学习策略指导教学的内容

从目前的学习策略课堂教学的各种类型来看,学习策略指导教学的内容至少应当包括三个方面:

(一) 观念训练

让学习者了解策略的相关知识,且认识到策略的有效价值,培养学习者使用学习策略的信心与动机,并指导学习者常留意并关注策略的运用情境及其运用的有效性,增强学习者学习策略的应用水平。主要的训练内容可以有:让学习者看到使用学习策略的绩效,培养在学习中使用学习策略的信念,学习策略的相关信息,注意在学习中使用策略并不断反思策略的使用情况及效率,总结对自己有效的学习方法,注意向同伴学习有效的方法,尝试把新学的方法运用到各种学习情境中,检验新策略的有效性。

(二) 元认知训练

元认知的主要功能是给主体提供有关认知活动进展的信息,以保证主体随时调节,采取更接近目标的解决办法与手段。所以学习者应学会对自己认知过程的监视、调节与控制。如,监督自己的学习状况,及时纠正使用不当的学习策略;调控学习进程,及时完成预定的学习任务;依据完成任务的实际情况对自己的学习状态做出恰当评价,等等。对元认知的训练应贯穿于整个策略教学进程,在不同的策略教学阶段,应学生提出不同的要求,主要是促使学生在不同学习阶段检测自己的学习活动结果。如,遇到问题时,使用哪种学习策略较合适?该学习策略使用的条件有哪些?是否适用于当前的问题情境?该学习策略如何使用?使用时有哪些注意事项?使用中不断检测策略的有效性。使用后,反思所选用的策略是否有效?若有效,为什么有效?它适合哪类问题情境?若无效,又是什么原因导致的?等等。

(三) 具体策略训练

主要内容可包括短时训练和长时训练。短时训练是教会学习者学习和运用一种或几种策略于具体的问题任务中。该训练包括给学习者提供关于策略价值的相关信息、怎样使用、什么时候使用以及如何评价策略的成功使用等。长时训练则是对学习者进行较长期的学习策略训练。长时训练包括的策略更多,长时训练不仅要训练短时训练的所有内容,而且要特别注重训练学习者监控和评价自己的操作,注重元认知水平的培养,还得结合动机的训练。训练的初期,教师的指导要很精细,鼓励学习者尝试使用新学到的策略,及时给予外部反馈,而随着训练时间的延长,应多鼓励学生自由探索、自我调节和自我控制，并对策略使用的情境进行反思与总结，提高策略使用能力。

五、具体训练方法

（一）感受—自控训练法

学习策略是多种多样的，不同的策略适用于不同的内容和不同的任务情境，为提高学习者使用策略的有效性，布朗（Brown，1983）等人对三种训练方法进行了研究。这三种方法分别为："盲目训练法"。只教给学习者策略的知识，但不帮他们理解这种策略为什么有用以及在何时运用最为恰当。"感受训练法"。传授学习者策略的知识，且帮助学习者感受（理解）为何、何时使用获得的策略。"感受—自控训练法"。即在"感受训练法"的基础上，让学习者练习使用这些策略，给他们提供掌握这些策略的机会。研究表明，第一种训练方法常常是无效的，而后两种训练方法，特别是"感受—自控训练法"不但增进了学习者对策略有效性的认识，提高其应用策略进行学习的自觉性，而且明显地改善了他们的学习能力。

（二）控制＋监视教学技术

教师不仅要传授给学生具体的学习策略，而且还应培养他们自我监视并控制学习策略的使用，善于检查、评定或修正其策略的能力。有学者（1981）对四种教学技术进行了分析："自我管理"教学，仅教给学习者运用具体的学习方法（如怎样写内容提要）；"规则"教学，明确地告诉学习者如何正确使用具体的策略并进行演示；"规则"＋"自我管理"的教学，即把前两种结合起来的教学；"控制＋监视"教学，这种教学方式主要是教会学习者掌握学习的控制和监视的知识，使其懂得何时和如何检查和评定学习策略的使用情况,如何及时调整学习策略的使用。研究表明,第四种教学效果最好,使学习者能有意识地去发现策略,总结策略,从而生成适合自己的新策略,提高了学习者在未来的学习中选择使用更有效的学习策略的能力。

(三)整体综合教学操作

讲解、示范、练习与反馈是基本的策略教学的操作。在教学中我们应该注意以下几方面:首先,讲解与示范要结合。教师不但要向学习者解释说明策略知识,更要反复向学习者示范策略的实际操作及使用方法。准确的讲解和示范为学习者获得策略提供了重要信息。其次,练习与反馈要结合。教师应该让学习者在广泛的情境中练习使用策略,在获得亲身体验的同时,还应重视为其提供清晰、准确的反馈,正确、及时的反馈是学习者策略获得和改进的关键。

【主要结论与应用】

1. 当代知识观十分重视策略性知识的获得,只有在策略性知识的指导下陈述性知识和程序性知识才能更有效地被感知、理解、组织,才能更有效地用来解答问题。学习策略(Learning Strategies)是学习者为了提高学习的效果和效率,有目的、有意识地使用的有效学习的规则、方法、技能及调控方式。它既有内隐的学习规则系统,又有外显的程序与步骤。

2. 学习策略可以被看成是与"计划性"的核心学习"策略"相联系的。而这种"计划性"较难发生改变,它是与"个体心理成分"紧密相关的一种加工水平,是构成个体智力技能的基础,有着明显的个体差异性。并非所有的策略都相同,他们在概括性或"可教性"方面多少有些区别;而且他们在学习过程中所发挥的作用也有差异。不同的学习策略都反映了学习者的风格、能力等个体差异，同时，它们又是构成镶嵌在个体学习方法中的独特的策略形成模式中的一部分。

3. 教育应当让学生学会学习，促进学生有意识地产生一种控制感，提高对学习的自信水平，通过这种有目的主动学习形成一种策略性的学习方式。众多研究均显示了学习策略与学习效果有着密切的关系，良好的学习策略的掌握与使用能有效地帮助学生提高其学习成绩。

4. 提高学习者的学习效率、培养学习者正确运用学习策略，应该从他们的学习过程入手，学习者的学习过程主要包含认知过程、注意过程以及学习调控的过程，因此，要注重在这些学习过程中培养与提高学习者的学习策略水平。

5. 学习策略课堂教学类型包括三种：观念训练、元认知训练以及具体策略训练。学习策略的具体训练方法有：感受－自控训练法、控制＋监视教学技术、整体综合教学操作。

【学业评价】

一、名词解释

1. 学习策略
2. 元认知
3. 元认知策略
4. 感受－自控训练法
5. 控制＋监视教学技术

二、思考题

1. 应怎样理解学习策略？
2. 说说学习策略在学习中所起的作用。
3. 什么是有意注意策略？如何培养学习者的有意注意策略？
4. 认知过程的学习策略包括哪几方面？

5. 元认知的结构有哪几方面？你是如何看待元认知的？
6. 什么是元认知策略？元认知策略有哪些？
7. 为什么要研究学习策略的教学？
8. 策略学习有什么特点？
9. 学习策略训练的原则有哪些？
10. 学习策略指导教学的主要内容有哪些？
11. 如何有效地进行具体策略训练？
12. 影响学习策略掌握的因素有哪些？

三、应用题

1. 分析在学习策略的教学中，教师应具备哪些素质？教学中应注意哪些问题？

2. 找到一些学习成绩较差的学生，尝试对其进行策略教学，并检测结果。

【学术动态】

1. 如何提高学习者的学习效率是教育心理学研究的一个热点问题。随着认知学习理论研究的进一步深入，人们对学习者的看法逐渐发生了变化，大家越来越清楚地认识到，有效的学习者应当是个积极的信息加工者、解释者和综合者，他们能使用各种不同的策略来选择注意、存贮以及提取信息，能努力使学习环境适应自己的需求和目标。学习者如果能运用适当的学习策略策略进行学习，其学习效率可以得到极大的提高。

2. 在学习策略的研究中，学习策略的界定是一个最为关键的问题。研究者从不同的角度提出了各自的看法，至今仍然没有一个统一的认识。

3. 许多学者均提出教育应当让学生学会学习，促进学生有意识地产生一种控制感，提高对学习的自信水平，通过这种有目的主动学习形成一种策略性的学习方式。

4. 国内外一些学者做过许多关于学习策略与学习效果间的相关研究,众多研究均显示了良好的学习策略的掌握与使用能有效地帮助学生提高其学习成绩。

5. 关于元认知策略的研究,也有学者有不同的见解,如何培养与提高学习者的元认知水平也是大家关心的问题。

6. 怎样进行有效的策略教学是一个很现实的问题。大家对学习策略的使用能提高学习者的学习能力有一致看法,那么,如何帮助学习者获得有效学习策略是大家共同关心的问题。

【参考文献】

1. 蒯超英著. 学习策略 [M]. 武汉:湖北教育出版社,1999.

2. 沈德立主编. 高效率学习的心理学研究 [M]. 北京:教育科学出版社,2006。

3. 张大均主编. 教与学的策略 [M]. 北京:人民教育出版社,2003.

4. 杜晓新、冯震著. 元认知与学习策略 [M]. 北京:人民教育出版社,2003.

5. 刘电芝著. 学习策略研究 [M]. 北京:人民教育出版社,1999.

6. 陈琦、刘儒德主编. 当代教育心理学 [M]. 北京:北京师范大学出版社,1998.

7. 全国十二所重点师范大学联合编写. 心理学基础 [M]. 北京:教育科学出版社,2002.

8. A. C. Ornstein, *Strategies for Effective teaching* [M]. Wm. C. Brown Communication, Inc. 1996.

9. R. R. Schmeck, *Learning Strategies and Learning Styles* [M]. *Plenum Press*, 1988.

【拓展阅读文献】

1. 蒯超英著. 学习策略 [M]. 武汉：湖北教育出版社，1999.

2. 沈德立主编. 高效率学习的心理学研究 [M]. 北京：教育科学出版社，2006.

3. 张大均主编. 教与学的策略 [M]. 北京：人民教育出版社，2003.

4. 杜晓新、冯震著. 元认知与学习策略 [M]. 北京：人民教育出版社，2003.

5. 刘电芝著. 学习策略研究 [M]. 北京：人民教育出版社，1999.

第九章
学习风格

【内容摘要】

根据学生的个别差异因材施教是教学必须遵循的重要原则，贯彻这一原则的前提是教育者必须先了解和研究学习者存在哪些方面的差异。学习风格即是学生个体差异的重要组成部分。教师只有充分重视和了解学生的学习风格特点，并以此为依据实施教学，才能最大限度地发挥学生的学习潜能，提高教学效果。本章在概述学习风格的涵义、特征的基础上，阐述了学习风格的构成要素，接着对学习风格的核心——认知风格进行介绍，最后讨论了如何根据学生的学习风格因材施教的问题。

【学习目标】

1. 说出学习风格的涵义及其特征。

2. 了解学习风格的构成要素。
3. 知道几种典型的认知风格及其主要特征。
4. 能根据学生不同的认知风格,提出有针对性的教学意见。
5. 了解赖丁的二维认知风格理论以及斯腾伯格的心理自我管理理论。
6. 比较学习风格与能力、个性等其他个别差异的异同。
7. 谈谈你对学习风格在教育教学实践中的意义的认识。
8. 解释适应学习风格差异的教学的涵义。
9. 分析一下自己的认知风格。

【关键词】

学习风格　个别差异　认知风格　因材施教

第一节　学习风格概述

在同一个班级里,教师可能会注意到这样的一些现象:两个学生能力相当,但是其中一个喜欢按照自己的想法做事,而另一个却希望教师给予明确的安排。同样,有的学生在小组活动和讨论课中表现出色,而有的学生则喜欢安静的、独自的学习环境。这种表现在学习方式上的差异,就属于学习风格的差异。

一、学习风格的涵义与特征

（一）学习风格的涵义

学习风格是学习者持续一贯的带有个性特征的学习方式,是学习策略和学习倾向的总和(谭顶良,1995)。这里的学习策略指学习者为了完成学习任务而采用的方法、步骤。学习倾向指学习者的学习情绪、态度、动机、坚持性以及对学习环境、学习内容等方面的偏爱。并非所有的学习策略和学习倾向都属于学习风格范畴,有些学习策略和学习倾向会随学习任务、学习环境的不同而变化,有些则表现出一贯性,成为一种相对稳定的个性特征。那些持续稳定地表现出来的学习策略和学习倾向就构成了学习者具有的学习风格。

(二) 学习风格的特征

从以上描述不难看出,学习风格具有以下三个特点:

1. 独特性。

学习风格在学习者个体神经组织结构及其机能基础上,受特定的家庭、教育和社会文化的影响,通过个体自身长期的学习活动而形成,具有鲜明的特性,故学习风格因人而异。学习风格就其本质而言,即为学习方式,但学习方式这一术语不能标示个体间的差异和个人的独特性,因而采用学习风格这一提法。

2. 稳定性。

学习风格是个体在长期的学习过程中逐渐形成的,一经形成,即具有持久稳定性,很少因学习内容、学习环境的变化而变化。尽管有些研究表明,随着年龄的增长,大多数个体会变得更善于分析、深思熟虑、内向慎重,但各个体学习风格的特点在同龄人中的相对位置基本保持不变,具有较高的稳定性。当然学习风格的稳定性并不表明它不可改变,它在形成的过程中又具有一定程度的可塑性,对于学习方式和学习习惯都在进一步养成中的中小学生来说,尤其如此。认识这一点,可以增强我们对教育工作的信心。

3. 兼有活动和个性两种功能。

具有鲜明个性特征的学习风格与个性特征本身的不同之处在于它对学习活动的直接参与。而能力、气质和性格等个性因素对学习的影响都是间接的,它们都必须通过学习风格这一中介因素作用于学习过程。打上个性烙印的学习风格直接参与学习过程,即使这一过程顺利进行,又使这一过程及其结果接受个性的影响,学习风格的这两种功能始终都是同步作用的。

二、学习风格的构成要素

对学习风格的构成要素,中外研究者从不同的角度进行了分析,形成了不同的观点。我国学者谭顶良在综合这些研究的基础上认为,学习风格可以从生理、心理和社会三个层面进行分析:

学习风格的分类理论

邓恩(Dunn)夫妇将学习风格要素分为五大类:一是环境类,包括对学习环境静闹、光线强弱、温度高低、坐姿正规或随便等的偏爱;二是情绪类,包括动机、学习坚持性、学习责任性等;三是社会类,包括独立学习、结伴学习、喜欢与成人或各种不同的人一起学习等;四是生理类,包括对听觉、视觉等刺激的爱好,学习时吃零食,时间节律等;五是心理类,包括分析与综合、对大脑左右两半球的偏爱、沉思与冲动等。

凯夫(Keefe)把学习风格要素划分成三大类:一是认知风格,包括接受风格、概念化与保持风格等;二是情感风格,包括注意风格、期望与动机风格;三是生理风格,包括男性—女性行为、与健康有关的行为、时间节律、活动性、环境因素等。

奈欣斯(Nations)把学习风格要素分为三大类:一是感觉定向,指对视觉、听觉或动觉的偏好;二是反应风格,包括对单独学习或小组学习、充当参与者或旁观者、依赖他人或自主、支持或质疑的偏好;三是思维模式,指偏爱归纳式或演绎式、深思熟虑或直觉式的思维方式。

> 以上学者分别从多种角度剖析了学习风格的要素，有许多值得借鉴之处，但都存在不足。如邓恩夫妇分类中的环境类和生理类有重叠之嫌；凯夫对要素的分析过宽，且划分逻辑较为混乱；奈欣斯的分类又过于狭窄。

（一）学习风格的生理要素

学习风格的生理要素主要指个体对外界环境中的生理刺激（如声、光、温度等），对一天内的时间节律以及对接受外界信息的不同感觉通道的偏爱。

1. 生理刺激。

在声音方面，学习者对学习的背景声音（或噪音）的偏爱或承受能力是不同的。有的学习者学习时需要绝对的安静，有的能容忍声音的干扰，而有些则喜欢在声音背景（如音乐）下学习。

在光线方面，由于生理结构和功能上的差异，个体对光线的感受性有高有低，导致对光线的明暗要求不等。有的需要光线明亮，有的需要光线柔和。强光会使偏爱弱光的个体情绪紧张，弱光则使偏爱强光的个体提不起精神学习。

在温度方面，不同个体对同样的温度会产生不同的感觉：有的觉得温度适宜，有的则可能觉得太冷或过热。而太冷太热均会影响学生集中注意学习。每个学习者的适宜温度略有差异，有的需要室内温暖，有的需要室内凉爽。

2. 时间节律。

每个个体对一天之中学习时间的偏爱是不同的，不同个体在不同时段的心理状态各不相同，有些人属"猫头鹰"型，长于晚上或深夜学习；有些则属于"百灵鸟"型，在早晨学习效率高。有的人上午易于集中注意，而另一些人则在下午学得更好。

3. 感觉通道。

依据学习者在识记材料时对某种感觉通道的偏重程度,可将其分为视觉型、听觉型与动觉型。

视觉型学习者对视觉刺激敏感,习惯从视觉接受学习材料,例如书籍、图表、景色等。这样的学习者喜欢通过自己看书和记笔记来学习,不适合教师的讲授和灌输。

听觉型学习者偏重听觉刺激,对语言、声响、音乐的接受力和理解力强,他们在学习时甚至喜欢戴着耳机听音乐。当学习外语时,他们喜欢多听多说,不太关心具体单词的写法或者句型结构。

动觉型学习者喜欢接触、操作物体,对自己能够动手参与的认知活动感兴趣。他们更习惯于通过实验、实习演练、角色扮演等方式学习。

4. 大脑单侧化。

这是指左侧或右侧大脑半球何者占优势的问题。右侧脑与直觉、艺术等倾向相联系,其加工方式是视觉的、平行的、整体的、模拟的。左脑则与逻辑和系统思维相联系,其加工方式是言语的、系列的、数字的、几何学的、理性的和逻辑的。每个人的单侧化优势不同,在学习的有关材料上就会有差别。

(二)学习风格的心理要素

学习风格的心理要素包括认知、情感和意动三个方面。认知要素具体表现在认知过程中归类的宽窄、记忆的齐平化与尖锐化、场依存性与场独立性、沉思与冲动、聚合与发散等方面。情感要素具体表现在理性水平的高低、学习兴趣或好奇心的高低、成就动机水平的差异、内控与外控以及焦虑性质与水平的差异等方面。意动要素则表现为学习坚持性的高低、冒险与谨慎等等。

其中，学习风格中的认知要素是对学习影响最大，现有研究最多的层面，故将此部分内容置于下一节中作专门介绍。本节只探讨学习风格的情感和意动要素。

学习风格的情感、意动要素涉及很多方面，这里我们仅论述与学习动机有关的内控性和外控性、正常焦虑与过敏性焦虑以及学习的坚持性。

1. 内控性和外控性。

内控性和外控性涉及人们对影响自己生命与命运的那些力量的看法。具有内部控制特征的学习者相信自己从事的活动（包括学习活动）及其结果是由自己的内部因素决定的，自己的能力和所作的努力能控制事态发展。他们相信奖励依个人的行为而定。具有外部控制特征的学习者则认为自己受命运、运气、机遇和他人的摆布，这些外部复杂且难以预料的力量主宰自己的行为。他们相信奖励不会因自己的活动而出现。当然，在全体人群中，极端的外控者和内控者只是少数，大多数是处于这两个极端之间。

学习者持有的不同控制源主要通过影响学生的成就动机、学生投入任务的精力、学生对待任务的态度和行为方式、学生对奖励的敏感性以及惩罚或分数对他们的意义、学生的责任心和对待教师的态度等一系列变量，从而影响学生的学习。

2. 正常焦虑与过敏性焦虑。

焦虑是指个体对于对自己的自尊心构成潜在威胁的情境所产生的担忧反应或反应倾向。根据性质的不同，可把焦虑分为正常焦虑和过敏性焦虑。正常焦虑是指客观情境对个体自尊心可能构成威胁而引起的焦虑。如，学生面临重要考试而又把握不大时产生的考试焦虑；个人做错了事感到有可能损害自己形象时产生的焦虑等。一般地，在威胁消除时，这种焦虑也就减轻或消失。但需要指出的是，正常焦虑并不是指适当水平的焦虑，它同样可能出现过高或过低的不同水平，这取决于自尊心受到威胁的程度。过敏性焦虑不是因客观情境对自尊心构成威胁而引起，而是由遭到严重伤害的自尊心本身引起的。自尊心受伤害程度越高，过敏性焦虑水平越高。对于某些儿童或学生，由于他们在成长过程中没有得到外界（主要是父母）的内在认可和评价，从而导致缺乏内在的自尊心和价值感，当他们遭受失败和挫折时，就极易引发神经过敏性焦虑。

无论是正常焦虑还是过敏性焦虑，与学习之间的关系都是十分复杂的，其对学习是起促进作用还是起抑制作用，取决于多方面因素，除了学习者原有焦虑水平的差异之外，学习材料的难易程度以及学习者本身的能力水平都会产生影响。

(1) 从学习材料的角度看，当学生面临简单材料的学习时，焦虑对学习都起促进作用。但是当个体面临复杂材料的学习时，过高水平的焦虑则会阻碍学习。对于过敏性焦虑者，当他面临一种新的学习情境，尤其是无现成答案的问题时，往往会产生过分恐慌或焦虑的反应，从而抑制学习，并丧失学习信心。

(2) 从学习能力的角度看，一般来说，随着学生能力水平的逐步提高，焦虑对学习成绩的影响会日益失去其消极作用。可见，焦虑对学习究竟会产生何种影响，主要还是取决于学生已有能力水平的高低。

(3) 就学习情境压力与焦虑的关系来看，一般是低焦虑者在压力大的学习情境下学习效果较好，而高焦虑者则适合压力较低的学习情境。

针对不同焦虑程度的学生，教师宜采用不同压力水平的教学和测验。对于低焦虑程度的学生，适于采用有较大压力的教学措施与测验类型,因为这类学生原有动机激发水平较低,这种教学措施与测验类型可适度提高其动机唤醒水平;对于高焦虑程度的学生,若采用压力较低的教学措施和测验类型,则会降低其动机唤醒度,使之由高趋于适中。因此,在学习中,只要教师了解了不同程度的焦虑对学习的这一不同影响,就可以通过对学习情境的控制使学生处于一种适当的焦虑水平,从而达到有效学习的目的。但对于神经过敏性焦虑来说,由于个体的焦虑水平与情境刺激并不成比例,教师无法使这类个体处于适当的焦虑水平,这就需要教师在日常教学中通过避免挫折和失败来培养或恢复学生的自尊心,以减少或防止神经过敏性焦虑。

3. 学习的高坚持性与低坚持性。

学习的坚持性作为学习风格的意动要素,是指个体为完成学习任务而持续克服困难的能力,通常以学习者每次学习活动持续的时间长短为标志。

在学习过程中,学习者的坚持性的高低表现出较大的个体差异。具有高坚持性的学习者在完成一项较困难的任务时,能够坚持不懈,克服困难,面对挫折不气馁,直至最终完成任务;学习坚持性较差的学习者则松松垮垮,一遇到挫折就灰心退缩,以致不能完成规定的任务。在需要学习者克服困难、战胜挫折、运用意志努力的任务中,两种学习者的成绩具有显著的差异,高坚持性者明显优于低坚持性者。对于后者来说,增强他的学习坚持性是提高学业成绩的一个重要途径。

学习者坚持性的高低受到学习情境、学习任务的吸引程度、学习者的态度、动机水平以及成人榜样等多种因素的影响。此外,教师或家长还可以通过提供积极的反馈来改善学习者的坚持性,尤其是根据学习者的个人目标进行反馈,效果更佳。

(三) 学习风格的社会要素

学习总是在一定的社会环境中进行的，或多或少受到同伴、师长的影响，因而具有社会性。学生在学习的社会性因素方面存在着不同的风格。以下是几种常见的学习风格的社会性要素。

1. 独立学习与结伴学习。

有些学习者喜欢独立学习，与其他人在一起时不易集中注意或注意持续时间短，从而使学习效率下降；有些学习者则相反，喜欢与他人一起学习，在集体的环境中相互激励、互相督促，增进学习效率。为了满足所有学生的不同需要，有经验的教师既会提供小组或合作学习的机会，也会给学生留出独立学习的时间。

2. 竞争与合作。

竞争与合作均是动机激发的主要手段，有些学生更倾向于通过竞争激发学习动机，而有些则偏爱合作学习，觉得在合作的情境中学习更有安全感。

3. 成人支持。

有的学生学习时寻求成人支持，有的只要有人陪伴就好。

第二节 认知风格的理论

认知风格属于学习风格的认知心理要素，是指个体偏爱的组织和加工信息方式，表现在个体对外界信息的感知、注意、思维、记忆和解决问题的方式上。在学习风格的各构成要素中，由于认知风格可以用来很好地解释学生在学习活动中所表现的习惯性的个别差异，心理学家往往特别偏爱对认知风格的研究，使其成为现有研究最为丰富的层面。下面就对认知风格的早期研究成果和近期发展作一介绍。

一、认知风格的分支研究与教学

认知风格的研究,始于20世纪40年代。在认知风格的早期研究中,研究者倾向于以认知的某一具体过程或维度为基点去探讨认知风格问题,研究几乎涉及认知的每一具体过程:知觉、记忆、思维、问题解决,并对教学产生了不同程度的影响。以下介绍几种典型的认知风格及其教学涵义。

(一)认知的知觉风格——场依存型与场独立型

从个体在认知加工中对客观环境提供线索的依赖程度看,个体的认知风格可以区分为场依存型与场独立型。在已经确立的认知风格种类中,这是被研究得最早、最多的一个领域。

1. 概念和特征。

场依存型与场独立型这两个概念来源于威特金(Witkin)对知觉的研究。在第二次世界大战期间,飞行员常因机身在云雾中翻滚而失去方位感,造成飞机失事。为了减少类似事故的发生,在飞行员的选拔和培训时,如何测试应征者对空间方位的知觉判断能力就成为需要探讨的问题。威特金设计了一个转屋测验对个体的知觉过程进行了系统研究。在实验中,被试坐在一个可调整倾斜度的房间中,坐椅可以通过转动把手与房间同向或逆向倾斜,这样就构成类似飞机在空中翻滚的情境。主试要求被试作出上下方位的判断,并说出其身体与标准垂直线的角度。结果发现,有些被试在离垂直线35度的情况下,仍坚持认为自己是完全坐直的;而有些人则能在椅子与倾斜的房间看上去角度明显不正的情况下,仍能使椅子非常接近于垂直状态。威特金用知觉风格的差异解释了这一实验结果。他认为,有些人知觉时较多地受他所得到的外部信息的影响;有些人则较多地受到来自身体内部的线索的影响。他把受环境因素影响大者称之为场依存型，把不受或很少受环境因素影响者称之为场独立型。前者是"外部定向者"，倾向于以外部参照作为信息加工的依据，难以摆脱环境因素的影响。他们的态度和自我知觉更易受周围的人，特别是权威人士的影响和干扰，善于察言观色，注意并记忆言语信息中的社会内容。后者是"内部定向者"，倾向于利用自己内部的参照，不易受外来因素影响和干扰；在认知方面独立于周围的背景，倾向于在更抽象和分析的水平上加工，独立对事物做出判断。

威特金等人又通过框棒测验（RFT）和身体顺应测验（BAT）进一步做了大量研究，结果表明场依存—场独立型认知风格具有以下几个特点：

(1) 场依存型—场独立型认知风格是认知过程变量而不是认知内容变量。它们指向的是认知过程，而不是认知的内容，也就是说，都可以达到对内容的掌握，只是过程不同。

(2) 普遍性。场依存型—场独立型认知风格不仅存在于知觉领域，而且存在于记忆、思维、问题解决以及人格领域。在这些领域，相对场独立型的人表现出较大的独立性和较少受暗示性（相对场依存型的人则相反），对于那些需要找出问题的关键成分并重新组织材料的任务，容易完成。在社会行为上，相对场依存型的人喜欢并善于社交，较容易受他人的影响，社会工作能力较强，他们是社会定向的；相对场独立型的人较不善于社交，较独立自主，对抽象和理论的东西更感兴趣，他们是非社会定向的。

(3) 稳定性。个体在场依存型—场独立型连续体上的相对位置往往是稳定的，不因时间的推移而发生太大的变化。威特金曾经对某大学的 1584 名学生（男女各半）进行了为期 10 年的追踪研究。在入学时对他们进行测验以确定每个学生的认知风格，并一直追踪到他们进入研究院或专业学院毕业直至工作。结果发现，在大学入学初选中、最后的大学选科以及在研究院或专业学院中，相对场独立型的学生往往偏爱需要认知改组技能的、与人无关的学科领域（如各种自然科学），相对场依存型的学生往往倾向于不重视这种技能而重视反映人与人关系的学科领域（如初等教育）。大学入学选科与认知风格不符合的学生，在大学毕业或进入研究院后，往往会转到与其认知风格比较一致的学科领域学习，而学科符合其认知风格的学生，则往往一直留在原来所选择的学科领域。而且，学生在与他们认知风格一致的学科领域中学习能取得较好的成绩。

（4）两极性。能力有其自身的价值，因而是单极的，在能力的一端是高价值，在另一端则没有价值。而场依存型—场独立型连续体这个维度是两极性的。例如，偏于场依存型的人在社会敏感性和社会技能上高，但在认知改组和人格自主上却低。反之，处于这一连续体另外一端的个体即偏于场独立型的人在认知改组技能和人格自主上高，而在社会敏感和社会技能上却低。集聚在场依存型—场独立型连续体两极的特征是反相关的。这个特点也使连续体在价值上是中性的，不能说位于某一端就好，位于另外一端就不好。每端的特征都对环境的某些方面有适应价值。

> **场定向的测量**
>
> 　　心理学家采取了一些方法来测量个体的场定向。这些方法主要有：
>
> 　　身体适应测验：被试坐在一间小型斜屋内，要求他把身体调正，场依存的被试往往把身体调到与斜屋看齐，表明在确定身体位置时，把环境作为主要参照。相对场独立型的被试在调正身体时，则不大考虑屋子的位置，更多地考虑利用从身体内

部来的经验作为主要参照。

棒框测验：被试坐在暗室里，面对一个可调节倾斜度的亮框，框中心安装有一个能转动度数的亮棒，要求被试把亮棒垂直。依存于场的人往往把亮棒调到与亮框看齐，这表明是根据框主轴来判断垂直。而独立于场的被试则往往把亮棒调到接近于垂直，这表明是利用了所感觉到的身体位置。

镶嵌图形测验：要求被试从其他复杂图形中辨认出一个简单的图形。有些人几乎立即能指出这个图形，不会为周围的线条而分散精力；有些人则需花费较长的时间才能辨认出来。如图9—1中有一个人脸，你能很快辨别出来吗？据此可以判定你的场定向。

图9—1 镶嵌图形测验

资料来源：陈琦，刘儒德. 教育心理学 [M]. 北京：高等教育出版社，2005.

2. 与教学的关系。

场依存型—场独立型认知风格与学习有着密切的关系。研究表明，场独立型学习者一般偏爱数学、自然科学，且成绩较好，两者呈显著正相关，他们的学习动机往往以内在动机为主；场依存型学习者一般较偏爱社会科学，他们的学习更多地依赖外在反馈，对人比对物更感兴趣。场独立型学习者善于运用分析的知觉方式，易于给无结构的材料提供结构，因此，他们比较易于适应结构不严密的教学方法；而场依存型学习者则偏爱非分析的、笼统的或整体的知觉方式，他们难以从复杂的情境中区分事物的若干要素或组成部分，喜欢有严密结构的教学，因为他们需要教师提供外来结构，需要教师的明确指导与讲解。场独立型与场依存型学习者在学习上的不同特点见表9—1。

表9—1　场独立型者与场依存型者的学习特点

	场独立型者	场依存型者
学科兴趣	自然科学	社会科学
学科成绩	自然科学成绩好 社会科学成绩差	自然科学成绩差 社会科学成绩好
学习策略	独立自觉学习 由内部动机支配	易受暗示，学习欠主动 由外部动机支配
教学偏好	结构不严密的教学	结构严密的教学

区分场依存型与场独立型认知风格的差异，对因材施教具有重要的意义。教师应注意识别学生的场的定向，一方面发挥不同认知风格学习者的特长，另一方面采取适当的措施弥补其认知风格上的缺陷。例如，教师可指定场独立型学生从事某些要求社会敏感性的任务，也可要求场依存型学生应用分析性技能单独工作。

（二）认知的问题解决风格——沉思型与冲动型

根据个体在信息加工、形成假设和解决问题过程中的速度和准确性，可以把个体的认知风格区分为沉思型和冲动型。

1. 概念和特征。

卡根（Kagan）等曾对认知速度进行过深入研究。他编制了匹配相似图形测验，要求儿童尽快从一组相似图形中找出所要求的图片。结果发现，有的儿童一直有一种迅速确认相同图案的欲望，他们急忙做出选择，犯的错误多些；有的儿童则采取谨慎小心的态度，他们做出的选择比较精确，但速度慢些。由此可以识别出两种不同的认知风格。冲动型学习者在碰到问题时倾向于很快地检验假设，根据问题的部分信息或未对问题做透彻的分析就仓促作出决定，反应速度较快，但容易发生错误。而沉思型学生则倾向于深思熟虑，用充足的时间考虑、审视问题，权衡各种问题解决的方法，然后从中选择一个满足多种条件的最佳方案，因而错误较少。总之，冲动与沉思涉及在不确定的情境中，个人对自己解答的有效性进行思考的程度。研究表明，约30%的学前儿童和小学儿童都属于冲动型，当然，并非所有反应快的学生都属于冲动型，有的可能是由于对任务很熟悉，或者是思维很敏捷的缘故。

研究发现，与冲动型学生相比，沉思型学生表现出更成熟的解决问题策略，更多地提出不同的假设。而且，沉思型学生能够较好地约束自己的动作行为，忍受延迟性满足，比冲动型的学生更能抗拒诱惑。此外，沉思型学生与冲动型学生的差别还在于，沉思型学生往往更容易自发地或在外界要求下对自己的解答作出解释；冲动型学生则很难做到，即使在外界要求下必须作出解释时，他们的回答也往往是不周全、不合逻辑的。

2. 与教学的关系。

认知速度的差异与智力分数无关，但与学校中的学习成绩有关。一般来说，沉思型学生在阅读、再认测验及推理测验中的成绩好于冲动型学生，而且在创造性设计中也表现优秀。相比之下，冲动型学生往往存在着阅读困难，较多表现出学习能力缺失，学习成绩常不及格。这可能与学校测验比较注重对细节的分析，而他们擅长的则是从整体上去分析问题有关。不过，在某些涉及多角度的任务中，冲动型学生则表现较好。

在课堂教学中，教师宜让学生认识到，应当迅速、准确地解决熟悉而又容易的问题，而审慎、认真地对待生疏而又困难的问题。另外，由于冲动型认知风格时常会掩盖学习者解决问题的实际能力，尤其是在那些需要仔细辨别的阅读、推理之类的任务中，使它们不能很好地发挥出来。因此对冲动型儿童的训练具有特别的意义。心理学家着手创造一些训练方法，对他们的不良认知方式进行纠正。研究表明，单纯提醒儿童，要他们慢一些作出反应，对他们并无帮助。但通过教他们具体分析、比较材料的构成成分，注意并分析视觉刺激，对克服他们的冲动型认知行为较为有效。

另一种极具价值的教学技术就是自我指导训练，其具体步骤是让冲动型学生大声说出自己解决问题的过程，进行自我指导，当获得连续成功以后，由大声自我指导变成轻声低语，而后变成默默自语。其实质是让冲动型学生在问题解决过程中通过自我对话来监视自己的思维。例如"现在我们来看……问题是要求三角形的面积……那么求三角形面积的公式是什么呢？……哦，先别忙着求面积，要把题目中的已知条件弄清楚，我最容易犯的毛病是题意还没有弄清楚就急匆匆地答题……"通过让冲动型学生对自己的思维加工保持意识，可以尽量减少其冲动倾向而提高他们解决问题的一般技能水平。

(三) 认知的记忆风格——齐平化型与尖锐化型

根据个体在将信息"吸收"到个人记忆中时表现出的差异，可以把个体的认知风格区分为齐平化型与尖锐化型。

1. 概念和特征。

豪兹蔓和科莱因（Holzman 和 Klein）在 1954 年首先使用齐平化型与尖锐化型来描述个体在记忆加工中的个体差异。他们发现，在完成视觉任务时，某些个体过于简化他们的知觉，而另外一些个体则倾向于以一种复杂的、分化的方式来知觉任务，很少显示出同化。由此可以区分出两种不同的认知风格。具有齐平化风格的个体倾向于将相似的记忆内容混淆起来，倾向于将知觉到的对象，或与先前的经验中得出的相似事件联合起来，被记忆对象的差异往往被丢失，或弄得模糊不清，难以精确回忆。与此相对，具有尖锐化风格的个体倾向于不将记忆中相似的事件进行混淆，甚至可能夸大相似记忆内容之间的较小差异，能觉察出新旧信息的细微不同和变化，从而能精确地回忆。齐平化—尖锐化的风格特性来自于观察，它们在个人身上具有一致性。豪兹蔓发现这种风格在各种知觉信息的场合起作用，包括视觉、听觉和动觉以及对语义信息的知觉。有研究发现对齐平化组的描述遵循"自我指向"的模式，包括从外在对象退却，避免要求自己去主动参与情境，他们对指导和帮助有一种夸张的需要，他们倾向于自我贬抑；具有尖锐化风格的个体，显示出"外在指向"，他们对竞争和自我展示表现出适意性，他们对成就有高度的需要，竭力把自己向前推进，他们对自制有某种高度的需要。

2. 与教学的关系。

齐平化与尖锐化两种记忆倾向，反映了学习者精确地或模糊地记忆并保持所接触的信息的能力。尖锐化风格的学生，最初对新旧学习材料进行了精细分化，并用合理的方式进行了识记，他们比齐平化的学生更易检索并使用已有信息。而齐平化者，不能对新旧材料精确分化，只对材料进行了大致的笼统的记忆。而学生在学校获得成绩的好坏，又与能否精确记忆有紧密的关系。

塞脱斯推弗诺（Santostefano，1985）将齐平化与尖锐化看作一种个体发展现象。他发现齐平化较多的是年幼学生的特征，而尖锐化较多是年长学生的特征。这可能意味着那些仍带有齐平化特征的年长学生，其记忆力没有得到有效的发展，应通过有效的训练加以改进。

（四）认知的逻辑推理风格——整体型与系列型

根据个体在学习以及问题解决过程中所采用的逻辑推理方式，可以区分出整体型和系列型认知风格。

1. 概念和特征。

英国心理学家帕斯克（Pask）曾经让学生对一些想象出来的火星上的动物图片进行分类，并形成自己的分类原则。在学生从事完分类任务后，要学生报告他们是怎样进行这项学习任务的。结果发现，学生在使用的假设类型以及建立分类系统的方式上，都表现出很大的差异。有些学生把精力集中在一步一步的策略上，他们提出的假设一般说来比较简单，每个假设只包括一个属性。就是说，从一个假设到下一个是呈直线的方式进展的。而另一些学生则倾向于使用比较复杂的假设，每个假设同时涉及若干属性。他们是从全盘上考虑如何解决问题的。据此，可以区分出系列型和整体型两种不同风格的学生。系列型学生努力探索具体明确的材料，倾向于考察较少的材料，利用逐步的方法来证实或否定他们的假设；整体型学生倾向于去检验较大的特征或假设，喜欢搜集大量的材料，努力探索某种方式和关系。系列型学生在学习、记忆和概括一组信息方面，常根据简单的关系将信息联系起来，即信息之间呈现的是低系列的关系，因为系列型学生习惯于吸收冗长的系列型的数据，不能容忍不相关的信息；而整体型学习者的表现与此相反，学习、记忆和概括时将信息作为一个整体对待，他们倾向于把握"高层次的关系"。

2. 与教学的关系。

采取整体性策略的学生在从事学习任务时，往往倾向于对整个问题将涉及到的各个子问题的层次结构，以及自己将采取的方式进行预测，而且，他们的视野比较宽，能把一系列子问题组合起来，而不是一碰到问题就立即着手一步一步地解决。采取系列性策略的学生，一般把重点放在解决一系列子问题上。他们在把这些子问题联系在一起时，十分注重其逻辑顺序。由于他们通常都按顺序一步一步地前进，所以，只是在学习过程快结果时，才对所学内容形成一种比较完整的看法。如果他们要使用类比或图解等方法，也是比较谨慎的。

帕斯克发现，这两组学生在学习任务结束时，都能达到同样的理解水平，尽管他们达到这种理解水平时所采取的方式是完全不同的。

如何针对这两类学生进行有效教学呢？帕斯克曾经让两种风格的学生分别学习与其习惯采取的风格匹配或不匹配的学习材料，结果表明，匹配组与不匹配组学生的分数几乎没有任何重叠。这就是说，在匹配条件下学习的学生，都能够回答有关他们学习过的内容的绝大多数问题；而在不匹配条件下学习的学生一般都不及格。这一研究对于教学实践具有重要意义，它表明：教师需要为学生提供一种适合其偏好的学习方式来学习的机会。如果教师采取某种比较极端的教学方法，那么，必然会有一部分学生感到难以适应,从而影响其学习。但这并不意味着教师没有一种途径可以促进所有学生的学习。帕斯克认为,关键是要在教学前先给学生提供一定的信息,使这些信息与学生已有的认知结构相互作用,以激发学生对学习意义的理解。

(五)认知的思维风格——聚合型与发散型

根据个体在解决问题过程中的思维倾向,可以把个体的认知风格区分为聚合型和发散型两种类型。

1. 概念和特征。

由吉尔福特(Guilford)提出的聚合型—发散型认知风格最初被用来区分两类人:一类是在处理具有常规答案的问题时表现出较强的能力,答案可以从给定的条件中推导出来;另一类人在处理具有不同答案可能性的问题时表现出高度的熟练性。聚合思维者在智力测验中的表现要比在开放式测验中好,而发散思维者恰好相反。换一个说法,前一类思维者不擅长辨别没有进行明确区分的信息。和其他的认知风格相对照,聚合发散的思维和心理活动的其他侧面相重合。哈德森(Hudson)发现,发散思维者更具冲动性、广阔性,热情,兴趣较广,可靠性差,女性气质明显,想象力丰富。聚合思维者则倾向于谨慎、情绪冷淡,兴趣不广,可靠性强,想象力不够丰富,男性气质明显。发散型思维者的兴趣超出课程内容,他们喜欢阅读了解流行的事物和艺术,而聚合型的思维者则对汽车、广播、模型制造、爬山野营和自然有兴趣。

2. 与教学的关系。

哈德森发现,那些聚合思维型的学生,偏好形式性的问题和结构化的、需要逻辑思维的任务。相比之下,那些发散思维型的学生,偏好目标更为开放、需要创造性的任务。对常规任务或熟悉的、可预料的并且需要一个正确答案的任务，发散思维者更可能作出消极反应。在学科兴趣方面，大多数聚合型思维者喜欢选择自然科学尤其是物理作为自己的专业或职业；而发散型思维者喜欢选择人文科学尤其是现代文学、现代语言作为自己的专业或职业。哈德森认为，学生表现出来的这种兴趣以及与之相联系的认知能力，与他们接受的早期教育有关。聚合型思维者所做出的反应，可能与他们小时候接受家长的指令太多，情绪上受过压抑有关。

尽管有证据表明发散思维是一种非常宝贵的认知品质，但由于许多发散思维可能与所谓常规的、熟悉的、所期望的乃至"正确的"东西相对立，甚至发生冲突，所以它常常被教师视为令人烦恼的、具有破坏性乃至威胁性的东西。吉塞尔和杰克逊（Getzel 和 Jackson）发现，尽管所有的学生智力水平相当，而且发散思维型学生更具有想像能力和创意，但是教师还是更喜欢低发散思维（如从众、听话）的学生，而不是具有高发散思维水平的学生。因此，对教育工作者来说，也许更为重要的是，要善于识别不同思维倾向的学生，尤其是要充分了解发散思维型学生的个人特征，并给予高度理解和欣赏。

二、认知风格的整体研究与近期发展

近 20 年来，对认知风格的研究又有了新的特点。心理学家普遍认为，在过去的研究中，对认知风格类型的划分太过繁杂，有碍研究的进一步深入。而实际上，这些类目繁多的认知风格类型大多是从某个侧面对几种基本认知风格类型或维度贴上的标签。因此，对所提出的认知风格类型进行分析梳理，探索其内在结构特征的整体研究又成为近年来认知风格研究的一个特色。其中，影响最大的是卡瑞（Curry）的洋葱模型、赖丁（Riding）的二维认知风格理论和斯腾伯格（Sternberg）的心理自我管理理论。

（一）洋葱模型

卡瑞提出，人格、认知风格和行为风格是相互作用、有机结合的。他把这三者的关系形象地比喻为一个"洋葱"。处于最深层的人格类型，是人最稳定、最不易改变的特征，它是个体改造和同化信息的倾向，不直接与环境相互作用，但它是最基本的、相对稳定的人格维度，在观察个体行为时只有通过许多学习材料才能发现。中间层是信息加工风格或认知风格，它受人格因素的制约，受环境影响可以改变，该层比外层稳定，但仍能被学习策略加以修改。它处在基本人格水平的个体差异和学习环境的交叉上，是个体处理信息的加工方式的特征。处于最外层的教学偏好是最不稳定、最易受影响的，它最能展现学习环境、学生的愿望、教师的期望和其他外在特征。卡瑞认为，个体的学习行为首先受到最内层的人格维度的限制，经过中间层的信息加工维度，再通过与外界因素的相互作用，最后才体现在最外层的教学偏好上。

（二）二维认知风格理论

英国心理学家赖丁等人在对前人提出的各种认知风格类型进行综合考察后认为，所有的认知风格都可以从两个维度上加以分析：整体—分析和言语—表象。

整体—分析风格维度与个体在组织信息过程中是倾向于从整体上把握，还是倾向于从各个局部把握相联系；言语—表象风格维度与个体在思维过程表征信息时是倾向于以言语的形式，还是倾向于以表象的形式相联系。这是认知风格的两个家族，赖丁用因素分析方法证实了这一假设。

1. 整体—分析维度。

赖丁等人认为，整体型的人倾向于领会情境的整体，对情境能够有一个整体的看法，重视情境的全部，对部分之间的区分是模糊的或不区分部分；倾向于将信息组织成整体。相反，分析型的人把情境看成是部分的集合，常常集中注意情境的一两个部分而无视其他方面，可能曲解或夸大部分，倾向于把信息组织成轮廓清晰的概念集。

整体型的人其积极一面是他们考虑当前情境时，看到了整体的"图景"，他们对整体有均衡的看法，能够在整体中理解情境；其消极一面是他们将信息划分成有逻辑的部分时有困难，对图形和言语形式的信息去隐蔽能力都较差。分析型的人其积极面是他们能将信息分析成部分，并善于找出相似性和差异性，这使得他们能够快速地进入问题的核心；其消极面是他们不能形成整体的均衡观念，将信息整合成整体时有困难。他们或许注意到了一方面特征而不顾其他，并且以不适当的比例夸大这一特征。按照赖丁的观点，前面所述的五种认知风格均属于整体—分析风格维度（如表9—2所示）。

表9—2 五种认知风格所属的维度

整体	分析
场依存	场独立
冲动型	沉思型
齐平化	尖锐化
整体型	序列型
聚合型	发散型

2. 言语—表象维度。

心理学家佩维奥（Paivio）提出了长时记忆信息如何被加工存储的理论，即双重编码说。认为长时记忆的信息是以视觉表象和言语表征两种形式存储。赖丁以此理论为基础，进一步分析了言语—表象维度在认知过程中的特点。

赖丁认为大多数人能够利用视觉表象和言语表征两种形式，但是，有一些人具有利用视觉或言语其中一种方式的倾向。那些倾向于以视觉表象的形式思维的人被称为表象型的人，倾向于以词的形式思维的人被称为言语型的人。

许多研究表明，言语型的人在言语作业方面做得更好；表象型的人在具体的、描述性和表象性的作业上做得更好。当言语—表象方式与呈现的学习材料不匹配时，获得的成绩往往也较差。赖丁等人还考察了言语—表象方式和内—外向之间的关系，发现言语型的人往往是外向的，表象型的人是内向的。

（三）心理自我管理理论

斯腾伯格在总结前人风格理论的基础上提出了心理自我管理理论，从整合的角度对风格进行研究。该理论把人的思维和国家的管理相类比：认为不同国家有不同的治国方式，不同的人也有自己的一套自我组织和管理的"思维风格"，它体现在一个人学习、生活和工作的方方面面。一个人的自我管理方式是多种思维风格的组合，包括功能、形式、水平、范围和倾向五个方面，共13种具体风格。

心理自我管理功能包括三种不同风格：立法型风格、执法型风格和司法型风格。具体说，立法型风格的人喜欢创造和提出计划，按自己的思想和观点做事，喜欢自己做出决定，不喜欢执行由他人建构好的任务。执法型风格的人喜欢按给定的结构、程序和规则做事,不是特别喜欢创造;他们很高兴去做别人要他们去做的事情,遵循常规。司法型风格的人喜欢分析和判断已有的事物和方法,喜欢对规则和程序进行评价。对大部分人来说,这三种功能中的一种是占主要地位的。

心理自我管理形式包括专制型、等级型、平等竞争型和无政府型。专制型风格的人思想简单,在一段时间内只能处理一件事物或一个方面,做完一件事再做另一件事,处事时不易受到外界的干扰。等级型风格的人可以同时面对多种事物,并把要处理的事物按重要性进行排序,有很好的秩序感,处事有条理。平等竞争型风格的人常常面临多种有冲突的目标,但不能对事物按重要性进行排序,因而不能很好地分配时间、资源等而感到有压力或无所适从。无政府型风格的人会极其灵活地、随心所欲地工作。他们在无结构的、没有清晰程序可遵循的环境下表现最好。

心理自我管理的水平主要有两种:全局型和局部型。全局型风格的人喜欢处理大的、整体的、抽象的事物,忽视细节。他们喜欢概念化的、观念化的任务。局部型风格的人喜欢处理具体的、细节的事物。他们比较实际但看不到全局。

心理自我管理的范围可分为:内倾型和外倾型。内倾型风格的人是任务导向的,他们喜欢独立工作,对人际问题不敏感,喜欢将自己的智能应用到独立于其他人的工作中。外倾型风格的人是人际导向的,喜欢与他人一起做事情或在团体中完成工作。他们对人际问题比较敏感。

心理自我管理的倾向包括保守型和激进型。保守型风格的人喜欢遵从现有的规则和程序,喜欢做熟悉的工作,避免模糊与变化的情境。自由型风格的人喜欢面对不熟悉、不确定的情境,超出现有的规则和程序,对变化的容忍力高。

以上就是斯腾伯格心理自我管理理论中的13种思维风格。斯腾伯格认为，并非每个人只具有其中的一种风格，每个人具有的都是一系列的思维风格。这13种思维风格在每个人身上都有不同程度的体现，只是各种风格的强度不同。而且，人们在某种思维风格上的强度会随着任务和情境而发生变化。

斯腾伯格等人还编制了一系列的思维风格测验进行了操作化的研究。结果发现：第一，学生根据他们的个人特点和学习环境而在他们的思维风格上有所不同。第二，教师在教学中得到证明的思维风格根据他们的个人特点，教学经验以及学校环境而不同。第三，如果学生的思维风格与他们的教师相匹配的话，他们更倾向于在学业上获得好成绩。第四，学生的思维风格对他们的学业成绩有贡献，并且这一贡献超过了通过自我评定和成就测试所评估的能力所解释的贡献。这些研究是很有教育意义的。它启示教师，某些教育和评估方法可能只对某些风格的学生有利，而对其他风格的学生不利。因此，为了迎合更多自我管理风格的学生，在教学中应尽量使用多种多样的方法和活动。表9-3列出了三种思维风格的特点以及为此而设计的教育和评估活动。

表9-3　心理自我管理的三种风格

风格类型	特点	教学涵义
立法型	喜欢创造，指定和计划问题解决的方案，并喜欢以自己的方式来做事情	立法型学生喜欢选择论文或课文的主题，能够自己设计实验，并安排自己的学习时间

执法型	喜欢执行计划,遵循规范,以及从既有答案中做出选择	执法型的学生不喜欢自己确定论文题目或解决方案,倾向从提供的很多论文主题中做出选择,或做多项选择测验
司法型	喜欢评价规则、程序或结果	司法型的学生喜欢对两种事物进行比较或对比,或者分析某种观点,对这样的论文或考试他们很欢迎

资料来源:(美)斯腾伯格著,张厚粲译. 教育心理学 [M]. 北京:轻工业出版社,2003:132.

总的来说,卡瑞、赖丁和斯腾伯格等人的工作,对以往的研究发现进行了系统的整理,提出了认知风格的综合性结构框架,发展了相应的评价工具,对所提理论的结构效度进行了验证,这一系列研究代表着近年来认知风格研究的新进展。

第三节 风格适应与因材施教

学习风格差异是学生个别差异的重要方面,也是客观存在的事实。对学习风格进行研究的一个主要目的,就是帮助教师更深入地认识学生的个性特点,并据此制定相应的教学措施,真正做到因材施教。

一、学习风格在教学实践中的价值

了解学生存在的个别差异是因材施教的前提,过去,对于学生的个别差异,我们考虑得比较多的是能力,学习风格的提出则为我们理解学生的差异提供了一种新的更有开发价值的角度,同时也为教师如何更好地进行因材施教提供了客观依据。

首先，学习风格参与并调控学习活动的进行，对学习进程所起的作用更直接。而能力、气质、性格等其他个别差异对学习的影响都要通过学习风格这一中介才得以实现。从这一点看，教师如果不了解、不重视学生的学习风格，是无法帮助学生充分发挥他们的学习潜力从而提高教学效果的。

其次，学习风格在总体上并无好坏之分，每一种学习风格都有其适应特殊环境的价值，这是它与能力最显著的区别之一。学习风格的这一特性意味着，只要教师能够采取适当的措施适应学生的学习风格，无论哪种风格类型的学习者都能在学习中取得成功。这无疑将大大增强教师和学生双方的信心。

第三，学习风格将心理学中两个割裂的领域——能力和人格统一起来，使我们能够从整体角度对学生进行分析，从而有助于更有效地促进学生的全面发展。在心理学研究中，能力和人格作为个别差异的重要方面，一直受到众多研究者的关注。人作为一个整体，其能力与人格两方面始终是相互联系，密不可分的。观察与分析一个人的时候，也应当将能力与人格结合起来考察。学习风格作为一种将能力与人格结合在一起的整合的概念，恰恰提供了一种可以满足这种需求的中介变量。作为具有个性特征的能力表现方式，学习风格可以较好地预期一个人的兴趣、学科偏好及成绩，并与人的学习行为密切相关，因而为全面分析学生开辟了新的途径。

第四，在某些时候，学习风格也有助于更好地解释学生的成就表现。过去，当教师们思考为什么有的学生学得又快又好，而有的学生学得又慢又差时，总是从能力角度去分析。但是当仅仅以能力作为预测学生学业成就的指标时，教师们却常常发现能力相同的学生也表现出了不同的学业成就。事实上，由于学生的学习风格不同，可能会导致他们不同的兴趣或偏好，使得他们在不同的学科领域中有不同的表现。例如，一个场依存型学习风格的学生，可能会由于他不能将自己与知觉到的环境分离开来而在阅读中遇到障碍。而一个冲动型的学生则可能由于他的马虎、不认真的倾向而导致较低的学业成绩。这些情况都超出了能力所能解决的范围。而对学生进行学习风格的分析则可以更好地理解他们的表现，并使他们得到及时有效的帮助。

二、学习风格与因材施教

学习风格的重要作用决定了教师必须在实际教学中充分重视学生的学习风格特点，并将其作为教学的依据。那么，如何根据学生的学习风格特点进行教学呢？

（一）适应学习风格差异的教学的涵义

任何一种学习风格，既有其优势、长处，也有劣势、不足，既有利于学习的一面，也有妨害学习的一面。教育的最终目的就是要充分发挥其长处，弥补其不足。因此，适应学习风格差异的教学至少应包含两方面的内容：一是采用与学习风格中的长处或学习者偏爱的方式相一致的教学对策；二是针对学习风格中的短处进行有意识弥补的教学策略。前者称为匹配策略，后者称为有意失配策略。匹配策略有利于知识的获得，可使学生学得更快、更多，但却无法弥补他们在学习方式或机能上的不足。有意识的失配策略在开始时可能会在一定程度上影响知识的学习，表现为学习速度慢、数量少，但从长远看，它可以弥补学生学习方式或机能上的不足，促使其心理机能或素质各个方面全面发展。此外，由于学习任务、学习情境千变万化，在某些情境中学习者必须利用自己薄弱的某种学习方式技能才能驾驭学习内容，所以对他们的短处进行弥补是十分必要的。

具体说来，关注学习风格差异的教师必须做到以下几点：

首先，教师必须识别学生的学习风格。学生的学习风格可以借助量表进行测试，也可以通过对学生学习行为的日常观察分析而得到。在缺乏量表的情况下，可主要采用后述方法，关键是教师对学习风格这一概念要有清晰的认识并予以足够的重视，明确它所管辖的范围、因素及其在学习活动中的表现，通过对学生课内外活动的观察及作业分析，辨清各学生学习风格的长处和短处，为教学方法、教学策略的选择与运用提供基本依据。此外，学生本人对自己的学习优势或劣势往往意识不到，这就要求教师给予提醒，并教会他们识别自身学习风格的方法，通过自我识别、自我意识，在教师的帮助之下扬己之长，补己之短。

其次，在课堂教学中，教师必须灵活采用多种教学方式。一方面，由于学习风格具有独特性，不同的学生可能喜欢用不同的方式学习。因此，多种教学方式可以对不同风格的学生均衡地实施匹配策略，使每类学生均有机会按自己偏爱的方式接受教学影响，让他们学得更轻松，体会到更多成功的快乐和喜悦，从而增强学习热情和学习动力。反之，如果教师总是采用某种方式教学（也许，这种方式本身也反映了教师自己的教学风格），则必然会导致教学在部分学生身上的失败。例如，在中小学生中，有相当一部分喜欢通过操作学习，而传统的学校教育则主要通过视觉和听觉刺激方式呈现教学内容，这就使得这一部分学生因长期无法得到匹配教学而成为"差生"。另一方面，多样化的教学方式也使学生有机会对自己学习风格中的短处、劣势进行弥补。当教师的一种教学方式与某些学生的学习风格匹配时，他所采用的其他教学方式自然就与这些学生的学习风格失配，而与另外一些学生匹配。这样，通过均衡的匹配与失配，就能促使各种风格的学生扬长避短，得到全面发展。

最后，在课后学业评价上，教师必须采用多样化的评价方式。能力与风格以复杂的方式相互联系，二者的相互作用决定着个体的表现。一个人在完成与自己的风格相匹配的任务时，会表现出较高的能力；当完成与自己风格不匹配的任务时，则会表现出较低的能力。同样，两个基本能力相当的个体，也会因任务与风格的匹配程度不同而有不同的成就表现。鉴于对能力的单一评价可能因其与风格的相互作用而产生偏差，从而无法对不同风格的学生进行有效的测量并使其得到公正的评价，在教学实践活动中，应尽可能采用多样化的评价方式以适应不同学习风格类型学生的需要，从而得到关于其学业能力的真实可靠的评价。

(二) 适应学习风格差异的教学策略

学习风格表现在生理、心理及社会三方面的要素可以为我们制定相应的教学策略提供依据。下面是根据学生的学习风格制定教学策略的两个典型例子。

1. 依据学习风格的生理要素制定的教学策略。

研究者对不同感觉通道偏好的学习者制定了相应的教学策略，如表 9—4 所示。

表 9—4 视、听、动觉型学习者的学习特征与教学策略

特征与策略 类型	长处	短处	匹配策略	有意失配策略
视觉型	长于快速浏览，接受视觉批示效果好，易看懂图表，书面测验得分高	接受口头指导难，不易分辨听觉刺激	阅读、幻灯（电视、电影）放映、实验演示、榜样示范	做笔记、把学习内容录在磁带上反复播放
听觉型	长于语音辨析，接受口头指导效果好，口头表达能力强，日常表现优于考试结果	书面作业与抄录困难，运动技能差	讲授、讨论、谈话、播音	做笔记、阅读、幻灯放映
动觉型	运动节律感、平衡感好，书写整洁，易操作装配事物	通过视觉、听觉接受信息欠佳，书面测验分数欠佳	做笔记、实验、实习练习、角色扮演	讲授、阅读、放映、播音

资料来源：谭顶良. 学习风格的研究及其在教学实践中的应用. 江苏高教, 1998 (5)：57.

2. 依据学习风格的认知要素制定的教学策略。

以场独立型与场依存型学习风格为例，研究者根据其在阅读学习中的特点提出了相应的教学策略。场独立型学习者善于理解、记忆文章中的具体细节或部分，但往往把握不住文章的主题；场依存型学习者正相反，他们能掌握文章总的框架结构或基本思想，但对文中的具体细节不能分析清楚。所以在教学中，应

着重训练前者的整体综合能力，如要求他们在分析的基础上揭示文章主题；而对后者则应着重训练其对细节的分析，如要求他们理清文章脉络，并帮助他们列出提纲，促进理解、记忆。

但是，也有研究者（Yates，2000年）认为，尽管学习风格的适配性是一个十分重要的问题，但在教育过程中不可能去调整指导计划和课程以适应所有学生的学习风格，在现实教育当中也不可能按照学习风格给学生进行分类教学。不仅如此，从实践的角度来看，学生所表现出来的个体差异也不仅仅是学习风格一种，因此学习风格的个体差异也不可能在教育计划的制定上得到特殊的考虑，那么学习风格对现实教育的启示作用如何实现呢？

研究者认为，针对学习风格，教师的一个重要策略是在教学中充分利用对时间的控制。不同认知风格的学生在解决特定任务时所需时间有差异，比如一个分析型的儿童可能并非不能反应整体，但这需要时间和鼓励，尤其是在编码阶段。每个人获得一定水平的技能所需时间都是不一样的。这是教育心理学的基本原则，对学习风格的教育应用特别有启示。

【主要结论与应用】

1. 学习风格是学习者持续一贯的带有个性特征的学习方式，是学习策略和学习倾向的总和。学习风格具有三个特征：(1) 独特性。(2) 稳定性。(3) 兼有活动和个性两种功能。

2. 谭顶良认为，学习风格可以从生理、心理和社会三个层面进行分析。学习风格的生理要素主要指个体对外界环境中的生理刺激（如声、光、温度等），对一天内的时间节律以及对接受外界信息的不同感觉通道的偏爱。学习风格的心理要素包括认知、情感和意动三个方面。其中，与学习动机有关的内控性和外控性、正常焦虑与过敏性焦虑以及学习的坚持性高低对教学有不同的涵义。学习风格的社会要素指独立学习与结伴学习、竞争与合作以及是否需要成人支持等。

3. 认知风格,是指个体偏爱的组织和加工信息方式,表现在个体对外界信息的感知、注意、思维、记忆和解决问题的方式上。在认知风格的早期研究中,产生了众多的认知风格类型,比较典型的有:根据个体在认知加工中对客观环境提供线索的依赖程度而划分的场依存型与场独立型;根据个体在信息加工、形成假设和解决问题过程中的速度和准确性而划分的沉思型和冲动型;根据个体在将信息"吸收"到个人记忆中时表现出的差异而划分的齐平化型与尖锐化型;根据个体在学习以及问题解决过程中的逻辑推理方式不同而划分的整体型和系列型;根据个体在解决问题过程中的思维倾向而划分的聚合型和发散型。不同的认知风格具有不同的教学涵义。

4. 认知风格的后期研究走向整合,影响较大的有三个理论。一是卡瑞根据人格、认知风格和行为风格的关系提出的"洋葱"模型;二是赖丁的二维理论,认为所有的认知风格都可以从整体—分析和言语—表象两个维度上加以分析;三是斯腾伯格的心理自我管理理论,提出了包括自我管理的功能(立法型风格、执法型风格和司法型风格)、形式(专制型、等级型、平等竞争型和无政府型)、水平(全局型和局部型)、范围(内倾型和外倾型)和倾向(保守型和激进型)五个方面的 13 种思维风格。

5. 学习风格具有重要的教学实践价值,适应学习风格差异的教学至少应包含两方面的内容:一是采用与学习风格中的长处或学习者偏爱的方式相一致的教学对策;二是针对学习风格中的短处进行有意识弥补的教学策略。为此,教师必须:识别学生的学习风格;灵活采用多种教学方式;采用多样化的评价方式。

【学业评价】

一、名词解释

1. 学习风格
2. 认知风格
3. 焦虑
4. 正常焦虑
5. 过敏性焦虑
6. 场独立
7. 场依存
8. 沉思型
9. 冲动型

二、思考题

1. 学习风格的涵义是什么，有何特点？
2. 学习风格由哪些要素构成？
3. 焦虑与学习的关系如何？
4. 认知风格的涵义是什么？
5. 五种认知风格各自的特点是什么，对教学有何意义？
6. 二维认知风格理论把认知风格划分为哪两个维度，其涵义是什么？
7. 心理自我管理理论提出哪些思维风格？
8. 适应学习风格差异的教学的涵义是什么？

三、应用题

深入中小学的某个班级，调查学生是否存在不同的学习风格。若有，请列出不同学习风格的种种表现，并根据所学知识，制定有利于其发展的教学对策。

【学术动态】

1. "学生个体差异"一直是教育和心理领域研究者关注的问题，学习风格作为个体差异的重要方面，在西方已有几十年的研究历史。而国内自新课程提出"关注个体差异"的理念之后，学习风格已经开始吸引更多研究者的注意。他们从理论和实证等不同的角度对学习风格进行探讨，极大地丰富了人们对这一领域的认识和理解。

2. 对学习风格的研究更多的是集中在认知风格上。早期对认知风格的研究多是从具体的研究情境中提出认知风格的类型，导致认知风格的类型类目繁多。近几年来认知风格研究的一个特色，就是对所提出的认知风格类型进行分析梳理，探索其内在的结构特征。其中最具代表性的，就是卡瑞、赖丁和斯腾伯格等人的工作。卡瑞根据人格、认知风格和行为风格的关系提出了一个"洋葱"模型；赖丁对以往的研究发现进行了系统的整理，提出了认知风格的二维理论；斯腾伯格在总结前人的关于风格的理论的基础上提出的心理自我管理理论也很值得关注。他们都对以往的研究发现进行了系统的整理，提出了认知风格的综合性结构框架，发展了相应的评价工具，对所提理论的结构效度进行了验证，这一系列研究代表着近年来认知风格研究的新进展。

3. 在强调个性培养和发展的今天，在教育领域重视个体的认知风格的研究尤其具有意义。关于认知风格在教育领域的应用，目前研究较多的是认知风格和教学风格的适配性问题。有关这方面的研究还拓展到了职业领域，主要是探讨个人的风格与工作的要求一致与否及其影响等问题。

4. 目前关于认知风格的研究存在的主要问题是，过硬的经验数据尤其是纵向追踪数据还不甚丰富，需要进一步积累；在应用领域判别认知风格的方法、程序也有待于进一步完善。

【参考文献】

1. 邵瑞珍. 教育心理学 [M]. 上海：上海教育出版社，1997：260～272.

2. 赖丁，雷纳著，庞维国译. 认知风格与学习策略 [M]. 上海：华东师范大学出版社，2003.

3. 连榕. 现代学习心理辅导 [M]. 福建：福建教育出版社，2001：149～171.

4. 陈琦，刘儒德. 教育心理学 [M]. 北京：高等教育出版社，2005：67～77.

5. 张大均. 教育心理学 [M]. 北京：人民教育出版社，1999：389～391.

6. 陈琦，刘儒德. 当代教育心理学 [M]. 北京：北京师范大学出版社，1997：278～288.

7. 宋广文，李寿欣，伊焱. 学生认知方式及其教育应用的研究与进展 [J]. 华东师范大学学报（教育科学版），2000，(4)：50～57.

8. 杨治良，郭力平. 认知风格的研究进展 [J]. 心理科学，2001，24 (3)：326～329.

9. 王庆，张鸿. 课堂教学中关注学生学习风格差异探析 [J]. 西南师范大学学报（社科版），2006，(3)：142～145.

10. 王婷婷，吴庆麟. 学习风格理论综述及其教育启示 [J]. 宁波大学学报（教科版），2006，(4)：47～50.

11. 沃建中，闻莉，周少贤. 认知风格理论研究的进展 [J]. 心理与行为研究，2004，2 (4)：597～602.

12. 谭顶良. 学习风格的研究及其在教学实践中的应用

[J]. 江苏高教，1998，(5)：56~58.

【拓展阅读文献】

1. 邵瑞珍. 教育心理学 [M]. 上海：上海教育出版社，1997：260~272.

2. 陈琦，刘儒德. 教育心理学 [M]. 北京：高等教育出版社，2005：67~77.

3. 陈琦，刘儒德. 当代教育心理学 [M]. 北京：北京师范大学出版社，1997：278~288.

4. 沃建中，闻莉，周少贤. 认知风格理论研究的进展 [J]. 心理与行为研究，2004，2 (4)：597~602.

第十章 学习迁移

【内容摘要】

学习迁移是教育心理学的重要内容。本章内容的学习有助于提高学习者对学习迁移的理解，进而明确其在教学中的地位和作用。本章首先对学习迁移的概念、分类及作用进行解释，其次分析比较了早期和现代的各种迁移理论。继而分析了学习迁移的条件及教学原则，最后阐述了学习迁移与知识应用之间的关系。

【学习目标】

1. 能说出对学习迁移涵义的理解。
2. 掌握并能举例说明不同类型的学习迁移。
3. 能简单说出学习迁移的测量方法。
4. 分析比较早期的各种学习迁移理论。

5. 理解现代的三种学习迁移理论。
6. 掌握促进学习迁移的条件。
7. 了解学习迁移的教学原则。
8. 根据学习迁移的规律，谈谈如何在教学中促进学习迁移。

【关键词】

学习、学习迁移、认知结构、迁移教学、知识应用

第一节 学习迁移概述

人是活的，书是死的。活人读死书，可以把书读活，死书读活人，可以把人读死。

——郭沫若

一、什么是学习迁移

（一）学习迁移的涵义

学习迁移是指一种学习对另一种学习的影响，即学生获得的知识经验、认知结构、动作技能、学习策略和方法等与新知识、新技能之间所发生的影响。比如，学会了骑自行车有助于学习骑摩托车；掌握了英语，有助于学习法语、德语等另一门外语；数学学得好有助于物理、化学的学习；阅读能力的提高有助于写作能力的形成；学生在生活中养成了爱整洁的习惯，有助于在各科作业上也保持这种习惯；在学校人缘好的学生到社会中人际关系也不错等等。可以说，学习的迁移现象无处不在，它是伴随着学习过程而出现的一件平常却重要的现象。人的知识经验是对客观事物的反映，而客观事物存在着普遍联系和相互制约，因此人的知识、经验也不是彼此割裂、互不相关的，人们在掌握新知识、

技能时总会尽可能与旧知识、技能联系起来，这就发生了迁移。只有通过迁移才能使已有的知识技能得到进一步检验、充实与熟练。学习迁移也是一种对已有知识、经验的应用与巩固过程。因此只要人类学习，就会有学习迁移现象发生。迁移现象不仅存在于知识、技能的学习之中，而且也存在于兴趣、情感、意志、态度、品德等方面的学习中。

(二) 学习迁移的作用

学习迁移一直是教育心理学的核心课题，对这一课题进行研究具有重要的理论意义和实践价值。

首先，学习迁移理论是学习理论的必要组成部分，对其进行研究可以丰富学习理论。作为完善的学习理论，不仅要说明学习是如何引起的，学习过程是如何进行的，还要说明学习结果（知识、技能、行为方式、态度、策略等）在今后的学习中是如何变化和产生影响的。学习迁移不仅关系到已有知识经验的变化和应用，而且它本身又是影响学习的一个重要条件。因此，对学习迁移的实质与规律的揭示，有助于建立完善的学习理论。

其次，学习迁移机制是知识、技能向能力转化的心理机制，它是检验教育目的的重要指标。教育的最终目的是促使学生习得的知识、技能向能力转化，促进学生的全面发展。根据现代心理学对能力的理解，能力的形成一方面依赖于知识、技能的掌握；另一方面也依赖于所掌握知识和技能的类化。在知识技能的掌握过程中，必然存在着先前经验对新学习的影响，即存在着迁移；而知识技能的掌握过程也只有在学习的迁移过程中才能实现。能力的形成和发展是通过知识技能的获得及广泛迁移，从而使这些经验不断整合及类化来实现。通过探讨学习迁移的规律，可为知识、技能向能力转化提供科学的依据。因而，能否发生学习迁移就成为检验教育目的的一个重要指标。

再次,学习迁移的作用在于使习得的经验得以概括化、系统化,它直接影响到问题的解决,并有助于学生认知结构的不断完善。学习的目的不是把经验贮存于大脑之中,而是最终要将所获得的经验应用于实际的各种不同情境中去,以解决现实世界的各种问题。但如何有效地应用这些经验,并能有效地解决问题,这都要通过迁移才能实现。已有经验在应用的过程中,一方面解决了当前的课题,另一方面又使得原有的心理结构更为完善、充实,形成一种稳定的调节机制,广泛有效地调节人的活动,更好地解决现实中的问题。

二、学习迁移的分类

迁移现象在学习中是普遍存在,多种多样的。根据迁移的特点,可以从以下几个不同的角度对迁移进行分类:

(一) 正迁移和负迁移

这是从迁移产生的效果来划分的。正迁移,又称为积极迁移,是指一种学习对另一种学习产生的积极影响或促进作用。如会写铅笔字,就容易学会写钢笔字;先学加法,就容易学会乘法;会骑自行车,就容易学会骑摩托车。因此已有的知识、技能在学习新知识和解决新问题的过程中,能够很好地得到利用,产生"触类旁通"的学习效果时,正迁移就出现了。在教育工作中所说的"为迁移而教",就是指正迁移在教学中的应用。如孔子要求自己的学生要做到"由此以知彼",就是要求学生在学习中要多利用正迁移(积极迁移)。

负迁移,又称为消极迁移,是指一种学习对另一种学习产生的消极影响或阻碍、干扰作用。如在立体几何中搬用平面几何的

"同垂直于一条直线的两直线相互平行"的定律，可能干扰学生的学习效果。在外语学习中，当母语与目的语的某些特点相异时，学习者若借助于母语的一些规则，就会产生负迁移现象。中国学生英语写作中的大量错误就证明了这点。如"Every morning there are so many people do morning exercises in the park.", "There are many people like sports.",将两个句子译成汉语时就不难看出汉语的负面影响："每天早晨公园里有许多人做早操"和"有许多人喜欢运动"。在以上两个英语句中，学生试图将动词 do 和 like 前面的部分作为主语，但却违背了英语的语法规则。[①]

负迁移常在以下两种情境下出现：一是对旧技能、旧习惯改造时的干扰。如一个人学会了一种动作技能，现在需要掌握新的技能，那么旧姿势的趋向总会影响新动作的掌握，增加学习的困难。另一种是新技能虽已掌握，旧技能常出现被干扰现象。负迁移可以通过反复练习而加以排除。一般说如果在掌握新技能时，一开始就注意动作的精确性，注意与旧动作的区别，经过反复练习，达到熟练程度，干扰作用就会大大减少或消除。另外，学习的迁移与干扰并不是绝对的，有时两种技能既有迁移也有干扰。中国人学习日语，一开始汉语对学习日文（含有大量汉字）有正迁移，而随着学习的深入，汉语句子里的词序与日语句子里的词序有些是相反的，就产生了干扰作用。

（二）顺向迁移与逆向迁移

这是从迁移产生的方向来划分的。顺向迁移是指先前学习中

[①] 朱中都. 英语写作中的汉语负迁移 [J]. 解放军外国语学院学报, 1999, 22 (2): 28~30.

所获得的经验对后继学习的影响。当学生面临新的学习情境和问题时，如果利用了原来的知识和技能获得了新知识，解决了新问题，这种迁移就是顺向迁移。用认知派的观点来看，顺向迁移是一种"同化"作用，它是把已有的知识经验运用到同类事物中去，以揭示新事物的意义和作用，从而把新事物纳入到已有的认知结构中去。如在学习了物理概念"平衡"以后，就会对以后所学习的化学平衡、生态平衡、经济平衡等产生影响。日常生活中所说的"举一反三"即是顺向迁移的例子。顺向迁移有助于新知识的理解和掌握，如果教师在教学过程中明确教材中前后、新旧知识间的内在联系，找到旧知识的延伸点和新知识的生长点，就能有效地促进顺向迁移。如制图课为了教基本几何体的投影，制图大纲的安排是先点投影，继而线投影，最后面投影，在此基础上再过渡到基本几何体的投影。这种教材内容的编排是旧知识的延伸，形成新知识的生长点，从而使问题迎刃而解。

逆向迁移是指后继学习对先前学习的影响，即后继学习引起先前学习中所形成的认知结构的变化。用认知派的观点来看，逆向迁移是一种"顺应"作用，它是要把已有知识经验用到新的异类事物中，对已有的知识经验进行重新改组，以形成能包含新事物的新的认知结构的过程。如在学习了动物概念之后，再学习植物、微生物的概念，就会使原有的动物概念发生变化，特别是在动物和植物、微生物的联系与区别上，丰富了动物的概念。逆向迁移有助于对已有知识的巩固和完善，但在教学中，逆向迁移的应用远不如顺向迁移充分。教师只重视对差生补差补缺，结果是延长学习时期，加重学生课业负担。能否利用后续学习的时机，在完成后续教学任务的同时，借助后续学习某些教学环节和具体训练过程解决先前的遗留问题呢？这是完全可能的。因为学生对某一概念、性质、法则、定理的认知、理解、运用本来就不是一次可以完成的，允许有一个多次反复过程，才能达到认识全面，理解深刻，运用自如的程度。并且从认知结构看，学生的旧知识结构和有待形成的新知识结构之间有相关性，有共同要素，因此二者之间具有互补性。

（三）纵向迁移与横向迁移

这是从迁移产生的层次来划分的。纵向迁移，也称为垂直迁移，是指不同抽象概括层次的各种学习之间的相互影响。认知心理学家认为，学习者原有的认知结构中的经验是按照抽象、概括的不同水平而有层次地组织在一起的。从学习内容的逻辑关系来说，有的学习内容的抽象性和概括性较高，这种学习内容在其形成的认知结构中是一种上位结构；有些学习内容的抽象性与概括性较低，其形成的认知结构属于下位结构。以"角"和"直角"这两个概念来讲，其抽象性与概括性就不同，前者抽象性与概括性较高，属于上位概念；后者抽象性与概括性较低，属于下位概念。这两个概念在认知结构中形成两个不同的层次。纵向迁移也就是指上位的较高层次的经验与下位的较低层次的经验之间的相互影响。这类迁移又可分为两种：一是自上而下的迁移，即上位结构向下位结构的迁移。例如，已掌握的"心理学"原理有助于向"教育心理学"知识迁移。二是自下而上的迁移，即下位结构向上位结构的迁移。例如，已经掌握了有关猴子、猩猩、猫、狗、牛、马等知识，有利于向"哺乳动物"概念迁移。在学习中，我们经常有这样的经历：遇到一部分较难的内容，怎么学都觉得没有学透，但是由于时间的原因，只能往下学习新的更难的内容。出人意料的是，学完了更难的内容回头一看，豁然开朗。原来没学透的内容现在变得一点都不难了，这就是不同层次的学习间所产生的一种纵向迁移。

横向迁移，又称为水平迁移，是指处于同一抽象概括层次的学习间的相互影响。此时，学习内容间的逻辑关系是并列的，抽象性和概括性程度相当。例如，数学课上学习了三角方程式后能够促进物理课学习计算斜面上下滑物体的加速度；有关写钢笔字的经验可以向写毛笔字迁移等。横向迁移是以对一个事物的思考转到与之相似或相关事物的思考，学生的知识是在同一个水平层次上进行迁移。教学中除了在纵向遵循由一般到具体，不断分化的原则以外，教师还应从横向加强学习内容之间的联系，引导学生探索学习内容之间的异同，培养学生综合分析问题、解决问题的能力。通过横向比较，不仅拓宽了学生的思维范围，而且把相关知识一线相连，促进学生形成良好的认知结构，也可以减少思维定势的干扰。加涅非常强调纵向迁移与横向迁移的分类，他认为，个体通过学习所要形成的心理结构是一个网络化的结构，要解决其上下左右的沟通与联系，必须通过纵向迁移与横向迁移才能实现。

(四) 特殊迁移与普遍迁移

这是从迁移的内容来划分的。特殊迁移，也称为特殊成分的迁移，是指具体知识或动作技能的迁移。在这种迁移过程中，学习者原有经验的组成要素及其结构没有发生变化，即抽象的结构没有变化，只是将一种学习中习得经验的组成要素重新组合并移用于另一种学习之中。例如，在跳水比赛的各个项目中，其基本动作都是一样的：弹跳、空翻、入水等。如果运动员在某一项目中将这些基本动作熟练掌握，那么他在学习新的跳水项目时，就可以把这些基本动作加以不同组合，新的学习内容就能迅速掌握。在这里仅是把旧的动作经验成分组合于新的动作序列中，而原有经验成分并没有发生变化。新手与老手在学习一个项目时的差别，在于他们对各个基本动作的熟练掌握程度以及组合的程度。艺术体操的各种编排，国家颁布的几套广播体操的基本动作都是如此。再如小学生在学完加减乘除以后，在四则混合运算的学习中，就可以把已有经验加以重新组合来解决问题，而在后者的学习中并没有增加新的心智动作。

普遍迁移，也称为非特殊成分的迁移，是指一种学习中所习得的一般原理、原则和态度对另一种具体内容学习的影响，即将原理、原则和概念具体化，运用到具体的事例中。布鲁纳非常强调这种迁移。他认为，普遍迁移是"教育过程的核心"，"原理和态度的迁移在本质上，一开始是学习一个普遍的观念，而不是学习技能，然后这个普遍的观念可以用作认识……后继问题的基础，这些后继问题是开始所掌握的观念的特例"。如果将习得的这些原理、态度应用于以后的各种学习情境中，则后继学习将会变得较为省力、有效。也就是说，所掌握的知识、技能和态度越基本，则对于新情况、新问题的适应性就越广。例如，学习金属热胀冷缩原理后，很容易掌握各种金属的一般特征；掌握了有理数的计算，直接影响到其他各种运算的学习。

除了上述的几种划分外，还可以从迁移发生的领域把迁移划分成知识的迁移、动作技能的迁移、习惯的迁移、态度的迁移等。如掌握了加、减法的学生，容易学好乘法运算，这就是一种知识的迁移；学会在走路中掌握身体平衡的孩子，会将这种保持身体平衡从移动的技能运用到跑步中去，这就是一种技能的迁移；而一个受到了老师不公正对待的孩子，一提到学习就很厌烦，甚至连游戏也不想参加，这就是一种情感和态度的迁移。

通过从不同的角度来分析迁移的种类，可以帮助我们拓宽对迁移的认识，从整体上把握迁移。同时，迁移的种类不同，对其教学要求的条件也不一样，因此了解迁移的分类也有利于促进对不同类型迁移规律的研究。这样，才能在教育工作中充分认识并灵活应用迁移规律，以提高教学成效。

三、学习迁移的测量

（一）学习迁移的实验设计

根据迁移的定义，由于一种学习对另一种学习的影响导致了学习者的作业发生了某种变化，这种变化即是我们要测量的迁移。要确定先后两项学习之间是否出现迁移及迁移数量的多少，必须进行适当的迁移实验设计和测量。有关这方面的实验设计，主要采用首尾测验法和相继练习法两种。

1. 首尾测验法。

这种方法又称为起始测验和最终测验法，是迁移实验最早使用的方法。它的做法是：如要研究学习 A 对学习 B 有无迁移的问题，可以在起始时测验被试学习 B 的效果，中间插入学习 A，最终再次测验学习 B 的效果。比较起始和最终两次测验的结果，看是否有进步（或退步），以此确定学习 A 对学习 B 的迁移作用。但这种做法存在一个问题，由于技能是经过学习而形成的，起始测验 B 本身就是一种练习，它会对最终测验 B 产生影响。因此被试在最终测验 B 时所表现出来的变化，很难说清是中间插入的学习 A 的影响，还是起始测验 B 所产生的练习的影响。因此需要有个控制组作比较。控制组只做学习 B 的起始测验和最终测验，中间不插入学习 A，即按下列的设计安排。

实验组：做 B 的起始测验……学习 A……做 B 的最终测验。

控制组：做 B 的起始测验…………………做 B 的最终测验。

这样实验组和控制组都有起始测验 B 的影响，通过两组最终测验的比较，就可以得出实验组的学习 A 对 B 的迁移作用了。

比较只有在相等的起点基础上才能进行，所以实验组和控制组的被试应该力求相等。为此，可以先不分组，让所有的被试都进行学习 B 的测验，然后按照测验结果，根据成绩把他们分成相等的两个组，一组为实验组，一组为控制组，这样起点就相等了。

如果选用的 A 和 B 两种学习难易程度相等，也可以不用控制组，实验按下列设计进行：

学习 A……做 B 的最终测验（A 和 B 是两种相等的学习）

由于 A 和 B 是相等的学习，被试所做 A 的第一次学习结果，就代替对 B 的起始测验。用它来和 B 的最终测验比较，就可以看出 A 对 B 的迁移作用了。但是，选择两种相等的学习比较困难，其范围也是有限的，因为所谓两种相等的学习，一般是很相似的，如两种迷津、两种替代测验、两种卡片分类等等，不太容易匹配。

2. 相继练习法。

首尾测验法应用广泛，但其缺点也很明显，即学习在起始测验中经过了少许的几次练习，但在考查其迁移效果的最终测验时它仍然处于掌握学习 B 的早期阶段。这样，它就把迁移的研究只能局限于学习过程的一个个别阶段，因而受到非议。为了给从一种学习到另一种学习的迁移提供充分的机会，就必须把最终测验改变为对学习 B 的一系列练习。这就产生了另一类实验设计——相继练习法。相继练习法是让被试先学习"A"，相继再学习"B"，以观察其迁移作用。这种方法按条件不同可以有三种设计：

第一种设计，如果学习 A 和学习 B 难易相等，只要了解相继练习 B 是否更容易学习就可以确定迁移的作用了。这种设计程序是：

学习 A……学习 B（A 和 B 是两种相等的学习）

这种设计只适用于 A 和 B 难易相等的情况，因此在实验课题的选择方面有很大的局限性。

第二种设计是选择相等的被试，分为实验组和控制组，按照下列程序进行。

实验组：学习 A……学习 B
控制组：　　　　学习 B　　两组被试相等

这样比较两组学习 B 的结果，就可以测出 A 对 B 的迁移作用了。这种设计不受 A 和 B 两种学习的难易程度是否相等的限制，可以扩大研究的范围。但是它还需以两组相等被试为条件。

第三种设计适用于学习 A 与学习 B 难易不相等及两组的被试也不相等的情况。第一组被试先学习 A，后学习 B。第二组被试先学习 B，后学习 A。把两组的学习结果作聚合处理，即把两组先学的结果相加得 C，后学的结果相加得 D，比较 C 和 D 就可以确定迁移的作用。如以学习达到同一水平所需的时间为指标，则 $C<D$ 为正迁移，$C>D$ 为负迁移，$C=D$ 为无迁移。

实验组：学习 A……学习 B
控制组：学习 B……学习 A　　把 A 和 B 的材料聚合处理

（二）学习迁移效果的测量

学习迁移的效果测量不仅能说明迁移效果的存在，而且还能够衡量迁移效果的大小，以便从数量上比较不同的迁移情况。常用的测量方法如下：

1. 百分量表法。

百分量表法以百分数来表示迁移的大小。如果迁移效果等于0,就意味着前一个学习 A 对于后一个学习 B 没有任何帮助;如果迁移效果为100%,则表明前一个学习 A 对于后一个学习 B 的帮助非常之大,以致完全掌握了这一课题,不需要再增加任何其他的练习。

应用百分量表法,需要有一个与实验组(T)相对应的控制组(C)。控制组不作任何准备地掌握后一个学习,直至达到最终的水平。他们原有的成绩是 0,通过练习所达到的水平是100%。当实验组具备了一些事前的训练或经验,然后再着手进行后一个学习。分别测得控制组的原有分数、通过训练得到的最终分数,以及实验组开始学习后一个学习时的测验分数,代入下式:

迁移效果的百分比=(T 组分数-C 组原有分数)/(C 组最终分数-C 组原有分数)×100%

就可得到迁移效果的百分比。

2. 节省法。

节省法是求出前一个学习使后一个学习中节省了多少次练习的方法。其具体做法是:让控制组(C)事先没有准备地学习后一个课题,在一定次数的练习中达到一定的练习水平。实验组(T)在进行了对前一个课题的学习以后,开始第二个学习,也达到与控制组相等的训练水平。如果 C 组在后一个学习中用了20 次练习,而 T 组只用了 12 次练习,那么,迁移效果就用 20次中节省了 8 次来衡量,或者说40%。迁移效果的计算公式是:

迁移效果的百分比=(C 组的练习次数-T 组的练习次数)/C 组的练习次数×100%

第二节 学习迁移的理论

自从有了学习活动以来,学习迁移的现象就一直为人们所关注,但从理论上对迁移进行系统的解释和研究却仅仅始于18世纪中叶。这之后,不同的研究者从不同的理论基础和哲学基础出发对迁移发生的原因、过程以及影响因素等进行研究和解释,形成了众多的有关迁移的理论和解释。

一、早期的学习迁移理论

(一) 形式训练说

最古老的迁移理论应首推"形式训练说",它在开辟学习迁移理论研究的先河方面,具有重大的历史价值。形式训练说是以官能心理学为理论基础的。官能心理学认为人的心智是由许多不同的官能组成的,这些官能包括注意、意志、记忆、知觉、想象、推断、判断等,每一种官能都是一个独立的实体,分别从事不同的活动。如利用记忆官能进行记忆和回忆,利用思维官能从事思维活动。由于对各种官能施加的训练不同,各种官能及其组成的活动会有不同的强弱,也就是各种官能可以像训练肌肉一样通过练习增加力量(能力),记忆的官能通过记忆的训练而得到增强,推理和想象的官能则通过推理和想象的训练得以增强。

在此基础上,形式训练说认为,迁移就是官能得到训练而发展的结果,也就是说,迁移是要经过一个"形式训练"的过程才能产生。这一理论认为,若两种学习涉及到相同的官能,则前次学习会使该官能的能力得到增强,并对后来也涉及到该官能的学习产生促进作用,从而表现出迁移效果。不仅如此,由于心智是由许多不同的官能组成的整体，一种成分的改进会加强其他的各种官能，可见，从形式训练的观点来看，迁移是通过对组成心智的各种官能的训练，以提高各种能力如注意力、记忆力、推理力、想象力等而实现的，而且迁移的产生将是自动的。

形式训练说把训练和改进心智的各种官能作为教学的最重要目标。它认为，学习的内容不甚重要，重要的是学习的东西的难度和训练价值，学习要收到最大的迁移效果，就应该经历一个"痛苦的"过程。在它看来，某些学科可能具有训练某一或某些官能的价值，如难记的古典语法（如拉丁语等）、深奥的数学及自然科学中的难题，这些内容能够训练记忆、推理和判断等心理官能，一旦新的官能在这些学习中得到训练，就可以迁移到其他类似问题的解决中。因此学校应该重视古典语法和数学的教学，而不必重视实用的英语、法语的学习或其他实用知识的学习。因为学习的具体内容是会忘记的，其作用是有限的，而只有通过这种形式的训练而达到的官能发展才是永久的，才能迁移到其他的知识学习上去，会终生受用。

一些受官能心理学影响的教育学家认为，学校教材的选择上不必重视其实用价值，只应重视它们对心理官能训练所具备的形式。如果某种教材所代表的学校活动属于记忆形式，则不管它的内容如何，它就具备训练记忆官能的价值。同样，如果某种教材具有推理活动的形式，那它就有助于训练推理的官能。依此类推，所有的官能都可以通过某种形式的学科而加以训练。

形式训练说的观点曾在欧美盛行了二百多年之久，至今在国内外仍有一定的影响。但是"心"的各种官能是否可以分别训练，使之提高，从而自动地迁移到一切活动中去呢？教学的主要目标是不是训练心智的各种官能呢？形式训练说对这些问题的回答虽然十分肯定，但它的鼓吹者和信奉者并没有拿出经得起科学检验的证据。早期的以及近现代的心理实验研究都对这一学说提出了挑战。詹姆斯1890年的记忆实验是对形式训练说的初次挑战。他做的是关于诗歌的记忆迁移实验，想了解记忆一个作家的材料是否能促进对另一作家材料的记忆。但其结论与形式训练说相悖，即记忆能力并未因形式训练而得到改善，记忆能力的迁移也不是无条件的、自动的。另外，桑代克1913年的实验发现，训练可以迁移到类似的学习活动中，对不相似的学习活动却无迁移现象，如学习拉丁文能促进对有拉丁字根的英文的学习，却不能促进对有盎格鲁－萨克森字根的英文的学习。其他人的研究结果也显示对某种材料做的观察、记忆或思维的训练，对于某种特殊材料的感知、记忆或思维有显著的促进，而对于其他的材料则促进甚微，而且对某些材料甚至有负迁移作用。

这些早期的关于迁移的实验研究虽然略显粗糙，不能作为定论。但为此后的严密的实验研究开辟了道路。形式训练学说关于迁移的解释是从唯心主义的观点出发的，缺乏足够的实验依据，因而必将被更进步的学说所代替。但形式训练学说对学校教学课程的确立、教材选择的影响直到目前仍未完全消除。

（二）相同要素说

在对形式训练说进行批驳的基础上，桑代克以刺激—反应的联结理论为基础，提出了学习迁移的相同要素说，认为"只有当两种心理机能具有共同成分作为因素时，一种心理机能的改进才能引起另一种心理机能的改进"。① 也就是说，只有当学习情境与迁移情境具有共同成分时，一种学习才能对另一种学习产生影响，即产生学习迁移。当然，桑代克所谓的相同要素或共同成分，指的只是共同的刺激—反应的联结而已。

桑代克在1901年所做的"形状知觉"实验是相同要素说的经典实验。他以大学生为被试，训练他们判断各种形状、大小的图形面积。被试先接受预测，估计了127个矩形、三角形、圆形和不规则图形的面积，使他们判断形状面积的能力达到一定水平。然后，用90个$10cm^2$～$100cm^2$大小的平行四边形，让被试进行判断面积训练。最后被试接受两个测验：第一个测验是要求被试判断13个与训练图形相似的长方形面积；第二个测验是要求被试判断27个三角形、圆形和不规则图形的面积，这27个图形在预测中使用过。研究结果表明：通过平行四边形的判断训练，被试对矩形面积的判断成绩提高了，而对三角形、圆形等不规则图形面积的判断成绩却没有提高。

后来，桑代克进一步做了长度和重量的估计实验。如让被试估计1英寸～1.5英寸的线段，经过练习，取得相当的进步。但要求他们对6英寸～12英寸的线段进行估计时，其估计能力并不因为先前的训练而有所改进。在记忆和注意方面，桑代克也做过类似的实验。桑代克在这些实验中发现，经过练习，被试的成绩取得明显提高，这些训练可以迁移到类似的活动中去，不过迁

---

① Thorndike, E. &Woodworth, R. (1901). *The Influence of Improvement in One Mental Function upon the Efficiency of Other Functions*. In Wayne Lennis (ed.) Readings in the History of Psychology, Ceppleton-Centary-Caogts Inc. 1949, 389～398.

移的成绩远不如直接训练的成绩。在知觉、注意和记忆方面的训练,并未迁移到不相似的活动中去。桑代克认为,迁移效应的产生,是由于练习所用的特殊方法、观念或有用的习惯被带到最终测验中。

桑代克的实验结果证明形式训练说的迁移理论显然与实际情况不相符。他的实验结果证明,特殊的训练确实存在着一定的迁移,但是,这只是特殊经验的事实、技能、方法乃至态度的迁移,他的训练并不能提高一般的观察力、记忆力、注意力等。为此,桑代克提出了迁移的相同要素说。他认为,只有当两种训练机能具有相同的要素时,一种机能的变化才能促进另一种机能的习得,也就是说,只有当两种学习在某些方面有相同之处时,才有可能进行迁移。并且,相同情境相同的因素越多,迁移的可能性就越大。后来,伍德沃斯将桑代克的相同要素说修改成为共同成分说,意指只有当学习情境和迁移测验情境存在共同成分时,一种学习才能影响另一种学习,即产生迁移。例如,在活动 A_{12345} 和活动 B_{45678} 之间,因为有共同成分 4 和 5,所以它们才会有迁移出现。

> 桑代克在 1924 年和 1927 年做了两次规模很大的实验,比较了不同学生(共研究了 8564+5000 名学生)选修不同科目后的智商的变化情况。如果学习前智商相当的学生选修了不同的科目,就可以通过比较其学习后智商的变化来了解不同科目对学生智商的迁移情况。如在一年内甲、乙、丙三个班学生的修课情况如下表:

表 10-1　三个班学生的修课情况

学生	几何	拉丁语	公民课	戏曲	化学	簿记	法语
甲	无	有	有	有	有	有	无
乙	有	有	有	有	有	无	无
丙	有	无	有	有	有	无	有

桑代克认为，如果大量学生选修类似的课程，就可以测量经过整个学期的学习智商变化的情况，并确定各种课程的一般迁移效应。如：比较甲班和乙班的智商可以确定几何和簿记两门课的一般迁移效应，因为两班所修的科目中，其他各项都相同，只有几何和簿记课不同。比较乙班和丙班的智商测量分数则可以确定拉丁语和法语学习中的一般迁移效应。利用这一方法，桑代克发现除了两个测验中共同要求的知觉能力和动作行为等要素外，任何学科对一般智力都没有大的迁移效应。但他发现在学习时，智力高的学生在这一年里学得的知识最多，智力测验成绩也最高，不论他们选什么课在智力方面都能得到最大的收获。桑代克的迁移实验研究启示人们，要提高教学效果，如果忽视学生对知识、技能、学习方法等的掌握，而一味追求提高其观察力、记忆力、注意力，那只是一种天真的幻想。

（资料来源：陈琦，刘儒德主编. 当代教育心理学 [M]. 北京：北京师范大学出版社. 1997，109）

桑代克的相同要素说解释了迁移现象中的一些事实，对迁移理论作出了重要贡献。并且，对当时的教育界也起过积极的作用，使学校脱离了形式训练说的影响，在课程设置上开始重视应用学科，教学内容也开始与实际应用相结合。但是，相同要素说事实上是从联结主义的观点出发的，所谓相同要素也就是相同联结，那么学习的迁移不过是相同联结的转移而已，根据这种观点，人们在特殊情境中需要的每一种知识、技能、概念或观念，一定要作为一种特殊的刺激—反应的联结来学习，这样，迁移的范围就大为缩小了。根据相同要素说，在两种没有相同要素或共同成分的过程之间，两个完全不相似的刺激—反应联结之间，不可能产生迁移，这会使人们对迁移产生悲观态度。因此这种未能充分考虑学习者的内在训练的观点，仍然具有一定的局限性，用来解释动物学习和人的机械学习有一定的正确性，但用来解释有意义学习就很困难了。

(三) 概括说

桑代克的理论把注意力集中在先期与后期的学习活动所共有的那些因素上，而心理学家贾德的理论则不同。贾德并不否认两种学习活动之间存在的共同成分对迁移的影响，但也不同意像相同要素说那样将共同成分看做是迁移产生的决定性条件。他认为，两种活动之间存在共同成分只是产生迁移的必要前提，而迁移产生的关键在于学习者能够概括出两组活动之间的共同原理。而且，概括化的知识是迁移的本质，知识的概括化水平越高，迁移的范围和可能性越大。所以，贾德的迁移理论称为"概括说"。

贾德在1908年所做的"水下击靶"实验是概括说的经典实验。该实验以小学五、六年级的学生为被试，根据教师的评定把他们分为能力相等的甲、乙两组，训练他们射击水中的靶子。其中甲组在练习射击之前让他们充分学习了水的光学折射原理，乙组则不学习该原理。在开始射击练习时，靶子置于水下12英寸处，结果教过和未教过折射原理的学生成绩基本相同。这说明在开始的测验中，理论对于练习似乎没有起作用，因为所有的学生必须学会运用镖枪，理论的说明并不能代替实地的练习；但当情景改变后，把靶子置于水下4英寸时，两组的差异便明显表现出来，没有给予折射原理说明的乙组学生表现出极大的混乱，他们射击水下 12 英寸靶的练习，不能帮助改进射击水下 4 英寸靶的练习，错误持续发生。而学习过折射原理的甲组同学迅速适应了水下 4 英寸的条件，不论在速度上还是在准确度上，都大大超过了乙组同学。贾德认为这是由于甲组被试在第一次射击中将折射原理概括化，并运用到特殊情境中去了，他在解释实验结果时说："理论曾把有关的全部经验——水外的、深水的和浅水的经验——组成整个的思想体系……学生在理论知识的背景上，理解了实际情况以后，就能利用概括了的经验，去迅速地解决需要按实际情况作出分析和调整的新问题。"[1]

概括说这一理论解释了原理、原则等概念化知识在迁移中的作用，已涉及较高级的认知领域中的迁移问题，为迁移理论的发展作出了重要的贡献。但概括化经验只是影响迁移成功与否的条件之一，并不是迁移的全部。

根据概括化理论，在课堂中讲授教材时，最主要的是鼓励学生对基本概念、基本原理进行概括，而同样的教材内容，由于教学方法不同，会使教学结果大相径庭，学生的迁移效果也不尽相同。但应看到，原则的概括有着较大的年龄差异，年幼的学生要形成原则的概括就不容易，因为通过概括化而产生迁移的前提是学会原理、原则，这与学习材料的性质以及学生的能力等因素密切相关。原则概括化的能力会随着年龄的增长而提高，但在每一年龄阶段上，有意识地培养概括能力的教学会有助于学生概括能

---

[1] Judd, C. H. (1908). *The Relation of Special Training to General Intelligence*. In Willrock, M. C. Learning and Instruction. American Educational Research Association, 1977, 239~249.

力的提高和积极迁移的发生。同时，应注意到在对知识进行概括时常会出现两种错误，一种是过度概括化，即夸大了两种学习情境之间的相同的原则，忽略了差异，在学习中表现为把已学到的原则生搬硬套到新知识的学习中；一种是错误的概括化造成对学习的机械的定势，从而导致负迁移的产生。

> 后来，亨得瑞克森等人1941年在贾德"水下击靶"实验的基础上，进行了更为严格的控制实验。他们把被试分成三组而不是两组：第一组不加任何的原理指导；第二组被试学习折射原理，知道水、陆之间物体的位置有折光差异，目标不在眼睛所见的位置；第三组则进一步加以指导，给他们解释水越深目标所在位置离眼睛所见的位置越远。第一次实验时靶在水深6英寸处，第二次靶在水深2英寸处。其实验结果如下：
>
> **表10—2　水下击靶迁移实验中水深和练习次数与迁移程度**
>
> | 被试分组 | 击中靶所需的练习次数 | | 迁移的进步（%） |
> |---|---|---|---|
> | | 水深6英寸 | 水深2英寸 | |
> | 机械学习 | 9.10 | 6.03 | 34 |
> | 了解折射原理 | 8.50 | 5.37 | 37 |
> | 了解折射原理和深浅比例 | 7.73 | 4.63 | 40 |
>
> 这一结果表明，在学习射击时，由于第二、三组被试了解原理，成绩优于第一组的机械练习；而第三组的成绩优于第二组更说明问题解决的学习与应用于新情境中的迁移，在了解原理原则与其实际应用情境的关系时效果会更好。他们不仅进一步证实贾德的理论，而且指出，概括化不是一个自动的过程，它与教学方法有密不可分的关系，如果教学方法上注意如何概括，如何思维，就会增加正迁移出现的可能性。
>
> （资料来源：陈琦，刘儒德主编. 当代教育心理学 [M]. 北京：北京师范大学出版社. 1997，110）

(四) 关系说

在迁移概括说的基础上，格式塔心理学家们通过研究，对迁移理论做了进一步发展，他们认为，迁移的发生不在于两个学习情境之间具有多少共同因素或学习者掌握了多少原则，而在于学习者能否突然发现两种学习情境之间的关系，这才是实现迁移的根本条件。也就是说，迁移的产生主要是对两次学习情境中原理、原则之间关系的"顿悟"，所迁移的不是两个情境的共同成分，而是两个情境中共同的关系。在他们看来，水下击靶实验中迁移的原因不在于了解光的折射的概括化原理，而在于了解靶的位置、水的深度、射击的方法以及光的折射原理之间的关系。因此关系说强调个体的作用，认为只有学习者发现两个事物之间的关系，才能产生迁移，个体对关系的"顿悟"是获得迁移的真正本质。

苛勒1929年的"小鸡（或幼儿）觅食"实验是关系说的经典实验。他用小鸡和一个三岁小孩为被试，训练他们在两张颜色深浅不同的纸上找食物吃。这两张纸一张是浅灰色，另一张是深灰色，食物总是放在深灰色的纸上。先让被试对深灰色纸和浅灰色纸形成分化性条件反射，即对深灰色纸产生食物条件反射，对浅灰色纸不产生食物条件反射，小鸡需400～600次练习，小孩需45次练习能形成这种条件反射。然后，用一张比原来的两张纸颜色都深的黑灰色纸来代替那张浅灰色纸，以此来观察小鸡是到过去总放着食物的那张深灰色纸上觅食，还是到新放的黑灰色纸上觅食。如果被试到过去总放着食物的那张纸上觅食，就证明迁移是因两种情境中存在相同要素产生的；如果被试到两张纸中颜色较深的一张纸上觅食，那就证明迁移的产生不是由于相同要素的存在，而是因为事物间相同关系的存在。结果，小鸡对新纸的反应为70％，对原来深灰色纸的反应为30％；而小孩100％对两张纸中颜色较深的那张纸产生反应。这表明，被试的反应并不是根据刺激物的绝对性质做出的，即迁移的产生并不是因为相同要素的存在，而是因为他们顿悟了事物之间的关系。也就是说，在第一个情境中获得了选择颜色较深的地方觅食经验的小鸡，在第二个情境中迁移的是颜色相对关系的经验。苛勒认为，个体越能发现事物之间的关系，则越能加以概括和推广，迁移的产生也就越普遍，而对事物间的关系的发现是建立在对事物理解后的顿悟基础上的。对事物的理解力越强，概括的可能性越大，越容易顿悟事物间的关系。据此，格式塔心理学家们提出了迁移的"关系说"。

关系说又被称为转换说。斯彭斯1936年把辨别一对新刺激（如一对不同颜色的图片）的迁移称为转换，他进一步解释说辨别或转移是由于原来阳性和阴性刺激引起的兴奋或抑制泛化的结果。这种转换理论已得到其他一些实验者的实验支持。但这些实验同时发现了转换的一些特点或条件，如，训练时的刺激与测验时的刺激差别越大，转换越不容易发生；用语言来表达刺激之间关系的能力越高则越易发生转换，即语言对转移有调节作用；此外，智力年龄较高的儿童在转换方面要超过那些智力年龄较低的儿童，等等。

苛勒提出的迁移的关系理论与斯彭斯的转换理论类似，常被合称为"关系-转换理论"。这一理论与相同要素说等其他迁移理论并非全然矛盾、毫不相容，如果把苛勒实验中的"两个图片中颜色较深的一个"作为两个实验任务中的相同要素的话，则两种理论对实验的解释并不矛盾。

从以上几种理论的分析可看出，从桑代克开始通过实验提出的各种迁移理论的差异只是表面上的冲突，只是因为各自研究或强调的方面不同。如桑代克提出的相同要素说侧重的是学习的刺激物或学习材料方面的特性；而贾德的概括化理论强调的则是学习主体对学习材料的加工，是学习者对学习材料中知识经验的概括，以及对两种学习情景中类似的原理、原则的概括；关系转换理论所强调的对两种学习情景中关系的顿悟，也可视为学习者从两种学习材料中概括出了两者的关系这一复杂的"要素"或"原理"，从一定意义上，可认为是对概括化理论的发展。此外，桑代克1934年的一项实验表明，被试的智力越高，学习中的迁移越大，这一结论与贾德的概括化理论相符合，因为学生对原理原则的概括能力本身就是智力的一部分，这与格式塔心理学的关系转换理论也有不谋而合之处，因为对情景之间的关系的顿悟和理解与学习者的智力高低是密切相关的。

二、现代的学习迁移理论

（一）认知结构迁移理论

认知结构迁移理论是现代认知学派用来解释学习迁移的理论。该理论的主要代表人物是奥苏伯尔。奥苏伯尔对认知结构及其影响新的学习（迁移）的主要变量，以及如何操作认知结构变量来影响新的学习的技术进行过长期的理论和实践方面的研究，在其有意义接受学习理论（同化理论）的基础上提出了下列关于学习迁移的观点。

1. 迁移的产生。

奥苏伯尔认为，所谓认知结构就是学生头脑内的知识结构。广义地说，它是学生已有的观念的全部内容及其组织；狭义地说，它是学生在某一学科的特殊知识领域内的观念的全部内容及其组织。奥苏伯尔认为,学生原有的认知结构是实现学习迁移的最关键因素。当学生已有的认知结构对新知识的学习发生影响时,迁移就产生了。

对于有意义学习与迁移的关系,奥苏伯尔认为,一切新的有意义学习都是在原有学习的基础上产生的,因此,一切有意义学习必然包括学习迁移,而原有的学习对新知识学习的影响是通过学习者原有认知结构的作用实现的。

奥苏伯尔还对课堂学习中的迁移问题提出了自己的见解。他认为,在一般的课堂学习中,并不存在孤立的课题 A 和课题 B 的学习。学习 A 是学习 B 的准备和前提,对于 B 也不是孤立地学习,而是在同 A 相联系中学习。因此,学校课堂学习中的学习迁移,比实验室条件下的学习迁移所指的范围更加广阔。无论在哪种形式的课堂学习中,凡有已经形成的认知结构影响新的认知功能的地方,都有学习迁移现象存在。而且迁移的效果主要不是指提高了运用一般原理于特殊事例的能力,即所谓派生类属学习能力,而是指提高了相关类属学习、总括学习和并列学习的能力。

2. 影响迁移的因素。

奥苏伯尔提出了影响新的学习与保持的三个认知结构变量。通过操纵与改变这三个认知结构变量可以促进新的学习与迁移。

(1) 原有知识的可利用性。

原有知识的可利用性是指在学习新的任务前,学习者原有认识结构中是否具有可以用来同化新知识的适当观念。根据有意义接受学习理论,原有知识与新学习的知识具有三种不同的关系,即上位、下位和并列的关系。奥苏伯尔认为,如果原有认知结构中有可以利用的上位的、概括程度高和包容范围广的知识,则新的学习将以下位学习的形式出现。下位学习一般比上位学习和并列结合学习容易进行。因此，学生良好的认知结构的第一个重要特征是他掌握的知识的概括水平和包容范围。概括程度越高和包容范围越广的知识，越有助于同化新的知识，也就越有助于迁移。如果在学习新知识时，学生认知结构中缺乏这样的上位观念，教师就可以从外部给学生的认知结构中嵌入一个这样的观念，使之起吸收与同化新知识的作用，这样从外部嵌入的观念被称为"先行组织者"。

> 先行组织者
>
> 　　所谓先行组织者就是先于学习任务本身呈现的一种引导性材料。它要比学习任务本身有较高的抽象、概括和综合水平，并能清晰地与认知结构中原有的观念和新的学习任务相联系。也就是说，先行组织者能充当新旧知识联系的"知识桥梁"。"先行组织者"可分为两类，一类是"陈述性组织者"，其目的在于同新的学习产生一种上位关系，为新的学习提供一个适当的类属关系。另一类叫"比较性组织者"，它的目的是增强新旧知识间的可辨别性，它一般是以比较新材料和已有认知结构中相似材料间的异同的形式呈现的。奥苏伯尔（1960）做了一项实验，比较两组被试在学习有关钢的性质的材料时的成绩。实验组在学习新材料前，学习了一个"陈述性组织者"，其中强调金属与合金的异同，各自的利弊和冶炼合金的理由。控制组被试在学习有关钢的性质的材料之前，先学习了一个关于炼钢和炼铁方法的历史说明材料。虽然这个材料可以提高被试的学习兴趣，但没有提供作为理解钢的性质的观念框架。结果两组在学习钢的性质的材料之后，其学习成绩差异显著（见表10—3）：

表10—3 "陈述性组织者"对学习成绩的影响

组别	先学习的材料类别	平均成绩
实验组	"陈述性组织者"	16.7
控制组	历史介绍	14.1

该研究表明,"先行组织者"通过加强认知结构的可利用性变量,促进了知识学习的迁移。对言语分析能力较低的学习者,其效果尤为明显,因为这些学习者自身不能发展一种适当的图式将新旧材料关联起来。

(2) 原有知识的巩固性。

原有知识的巩固性是指同化新知识的、起固定作用的原有知识的稳定性和清晰性。原有知识越巩固,越易促进新的学习。倘若在利用原有知识同化新知识时,原有知识本身不巩固,则不但不会产生积极的作用(正迁移),反而可能会出现干扰(负迁移)。例如,奥苏伯尔及其合作者在1961年研究了原有知识的巩固性对新学习的影响。研究中让被试学习基督教知识,经过测验将被试的成绩分成中上水平和中下水平,然后将这些被试分成三个等组:第一组在学习佛教材料前,先学习一个比较性组织者(它指出佛教和基督教的异同);第二组在学习佛教材料前先学习一个陈述性组织者(它仅介绍一些佛教观念,其抽象水平与要学习的材料相同);第三组在学习佛教材料前,先学习一个有关佛教历史和传记的材料。在实验后的第三天和第十天进行保持测验。结果表明,不论哪一组,凡原先的基督教知识掌握较好的被试,在学习佛教知识后的第三天和第十天的保持成绩均较优。

表 10—4　起固定作用的观念的巩固性和清晰性
对后继学习的保持分数的影响

时间	原先的基督教知识掌握水平	第一组 比较性组织者	第二组 陈述性组织者	第三组 历史材料
第三天	中上	23.59	22.50	23.42
	中下	20.50	17.32	16.52
第十天	中上	21.79	22.27	20.87
	中下	19.21	17.02	14.40

注：表中数字为保持分数。

(3) 新旧知识的可辨别性。

新旧知识的可辨别性是指在学习新任务前，学习者原有知识与要学习的新知识之间的异同是否能清晰分辨。可辨别性是建立在原有知识的巩固性基础之上的。如果一个学生的原有知识是按一定的结构、分层次严密地组织好的，则他在遇到新的学习任务时，不仅能迅速在原有的认知结构中找到新知识的固定点，而且也易于辨别新旧知识的异同。

新旧知识可辨别性案例

在物理学中讲到雷达是利用无线电波反射对远距离物体的侦察和定位的原理时，教师可利用学生已知的回声的知识同化新知识。学生必须意识到声波和无线电波之间有相似之处。意识到相似之处，原有知识可以同化新知识，但是又必须区分两者的不同之处。知道不同之处，新的知识才可以作为独立的知识保存下来。教师可以设计比较性组织者对新旧知识的异同加以比较，如可以设计如下组织者对雷达与回声的相同点进行比较。

雷达的动作包括五个阶段：

①传播——发送出雷达脉冲;②反射——脉冲击中遥远物体并返回;③接收——反射来的脉冲返回原处;④测量——测出传播和接收之间的时差;⑤换算——将时间量转换为距离的度量。

回波的运行阶段:

①你在山谷大喊一声——相当于脉冲发出;②声波从悬崖返回——如同脉冲击中远处物体并返回;③你听到同你的声音一样的回声——如同脉冲的接收;④在发出喊声与听到回声之间有一很短的时差——相当于时间的测量;⑤距离越远听到回声需要等待的时间越长。

不同点:雷达通过无线电波工作,回声传播的是声波,前者比后者传播快得多,每秒达186000英里,且达到很远的地方。

(资料来源:皮连生主编. 教育心理学 [M]. 上海:上海教育出版社. 2004,281)

(二) 产生式迁移理论

一般认为,现代认知学派的认知结构理论能够比较好地解释知识学习中的迁移现象,但却不能解释技能、情感、态度学习中的迁移现象。因此,关于学习迁移问题的研究还须继续深入。产生式迁移理论是由信息加工心理学家辛格莱和安德森1989年提出来的。这一理论适用于解释基本技能的迁移。

1. 迁移的产生。

产生式迁移理论认为,迁移之所以产生,主要是由于先前的学习或问题解决中个体所学会的产生式规则与目标问题解决所需要的产生式规则有一定的重叠。在他们看来,每一个产生式都包含了一个用于识辨情景特征模式的条件表征和一个当条件被激活时用来构建信息模式的活动表征,活动的产生需要对条件的激活。产生式的形成首先必须使规则以陈述性知识的形式编入学习者原有的命题知识网络，并经过一系列练习才能转化而成。

产生式迁移理论事实上是桑代克相同要素说的现代解释。在桑代克时代，心理学没有找到适当的形式来表征人的技能，以致错误地用外部的刺激—反应联结来表征人的技能，所以不能反映技能学习的本质。信息加工心理学家用产生式和产生式系统表征人的技能，这样就抓住了迁移的心理实质。所以导致先后两项技能学习产生迁移的原因，不应该用它们共有的刺激—反应联结的数量来解释，而应该用它们之间共有的产生式数量来解释。辛格莱与安德森将产生式作为学习任务之间的共同元素，使产生式迁移理论既能容纳原有的概括化理论，又能容纳认知结构的迁移理论。

2. 迁移的实验。

安德森等设计了许多实验来验证这一迁移理论。如他们在1989年用不同计算机文本编辑程序的学习，证实了他们的迁移理论。实验中的被试为打字熟练的秘书人员，他们能理解文本编辑的含义。被试分三组：A组在学习编辑程序（被称为EMACS编辑器）之前，先根据已经做好标记的文本练习打字；B组先练习一种编辑程序，后练习EMACS编辑器；C组为控制组，从第一天起至最后一天（即第六天）一直学习EMACS编辑器。学习成绩以每天尝试按键数量为指标，因为被试按键越多，说明他们出现错误需要重新按键数越多（因为被试打字熟练，其错误不可能是打字造成的）。错误的下降说明掌握文本编辑技能水平提高。控制组每天练习3小时EMACS编辑器，前4天成绩显著进步，至第5天和第6天维持在相对稳定水平。A组先练习打字，共4天，每天3小时，第5天和第6天EMACS编辑器的成绩同控制组第1天和第2天的成绩相似，打字对编辑学习未产生迁移。B

组前 4 天练习一种文本编辑程序，每天练习 3 小时，在第 5 天和第 6 天练习 EMACS 编辑器时，成绩明显好于 A 组。这说明第一种文本的练习对第二种文本学习产生了显著迁移。

安德森认为，在打字和文本编辑之间没有共同的产生式，而在两种文本编辑之间有许多共同的产生式，这是导致两组迁移效果不同的重要原因。为了进一步证实重叠的产生式导致迁移这一思想，安德森又仔细比较了两种行编辑器和一种全屏编辑器之间的学习迁移情形。被试先学习 A 种行编辑器，再学习 B 种行编辑器，结果节省时间 95％。先学习行编辑器，再学习全屏编辑器，结果节省时间 60％。

通过多项研究的结果，安德森等人对迁移问题得出了如下结论：(1) 迁移量的大小与正负，主要依赖于两任务的共有成分量，而这种共有成分量是以产生式系统来考察的。如果两个情境有共同的产生式，或两情境有产生式的交叉、重叠，就可以产生迁移。(2) 表征和练习程度是迁移产生的主要决定因素。不同领域的迁移各不相同，按其共有的符号成分的数量而不同。(3) 迁移量也依赖于学习或迁移时注意的指向所在。教学中应该更加注重对标志已有技能有关的线索的训练。

3. 迁移的类别。

根据产生式的形成过程，产生式迁移理论将迁移划分为四种：

(1) 程序性知识—程序性知识迁移：它指训练阶段所获得的产生式能直接用于完成迁移任务时的迁移。

(2) 陈述性知识—程序性知识迁移：它指训练阶段所获得的陈述性知识结构有助于迁移阶段产生式的获取。任何技能的学习总是从陈述性阶段开始的，然后进入程序性阶段。所以每一技能的学习都反映这种迁移。

(3) 陈述性知识—陈述性知识迁移：它指已有的陈述性知识结构促进或阻碍了新的陈述性知识的获取。这一课题在心理学界一直都受到广泛的研究，如早期的语言与联想迁移研究以及奥苏伯尔的认知结构迁移研究。

(4) 程序性知识—陈述性知识迁移：它指获得的认知技能促进了陈述性知识的获得。

(三) 建构主义迁移理论

关注学生在学校里的学习，使学习更加贴近外部世界的真实情境，现已成为当代学习理论的一个潮流。20世纪90年代前，在西方的教育心理学中，以皮亚杰、布鲁纳、奥苏伯尔等为代表的重视认知结构的学习论和以加涅为代表的信息加工学习论一直占据着重要位置。尽管认知主义学习论比行为主义学习论加深了对学习的认识，强调学习的内部心理过程以及内部的心理表征，这是一个巨大的进步。但是，认知主义在研究学习时还是采取行为主义者的立场（特别是信息加工学习论），强调学习中的客观性的一面，而忽略了其主观性；而且他们研究的都是经过简单化的学习，与真实的生活情境存在一定的差距，忽视了学习的复杂性、建构性、社会性和情境性等特征。因此，"在建构主义看来学习迁移实际上就是知识在新条件下的重新建构，这种建构同时涉及知识的意义与应用范围两个不可分割的方面，而知识的应用范围总是与一定的物体、内容、活动以及社会情境联系在一起的"。

建构主义对学习的过程、知识的表征以及应用等进行了重新理解。对这些问题的理解有两个共同的特征：一是十分重视学习者在学习过程中主观能动性；二是特别强调情境的作用。在建构主义看来，学习迁移的关键特征是：

(1) 先前的经验对迁移而言是必要的，并要达到相当的熟悉程度（是理解性的学习程度，而非仅靠记忆事实）。学习的迁移可以看作是在原有知识上的建构。这种原有的知识不仅包括学习者带到课堂上的个体学习，学习者经过各个发展阶段所获得的一般经验，而且还包括学习者作为社会角色（与种族、阶层、性别和文化有关）而习得的知识。因此，学生是带着社会角色和日常生活经验的知识，而不仅仅是先前的学习经验进入到课堂的。学生的这一知识既可能促进学生的学习，也可能产生阻碍作用。

(2) 过度情境化的知识并不利于迁移，学习者对不同情境中共同的深层抽象表征有助于促进迁移。在建构主义看来，学习者对知识的理解总是伴随知识使用的范围和条件，如在策略学习中，学习者不只是学到了一个策略，而且还获得了每个策略具体的应用条件，但过度强调情境的知识并不利于迁移的发生。因此，学习与情境之间的关系于迁移而言始终是一对有待解决的矛盾。已有研究表明，学习与情境之间的关系取决于知识是如何获得的。在复合而非单一情境中，学习者通过在深层意义上抽象出共同的概念特征而形成富有弹性的知识表征可以提高迁移能力。如阅读了《将军攻占要塞》短文后，在解答"医生医治患有恶性肿瘤病人"的问题中，只有能在深层意义上抽象出这两个问题所隐含的共同概念特征的学生才表现出良好的学习迁移。

(3) 迁移是个主动的、动态的过程，而不是某一类学习经验的被动产物。学习者在已有知识经验与问题之间生成联系，识别、抽象和匹配源问题与目标问题之间共同或类似的内在联系，都离不开学习者的主动建构。在不同的复合情境中发现其背后所隐含深层意义上的共同概念特征并形成富有弹性的知识表征，更是离不开学习者的主动建构。

第三节 迁移教学与知识应用

一、促进学习迁移的条件

在现代信息社会中,知识信息大量涌现,而且更新很快,这就要求学生的学习能够做到举一反三、闻一知十。然而,迁移的发生不是自动的,它还需要具备一定的条件。根据以上迁移理论,我们在此进一步明确有关条件,以更好地促进学生所学知识的迁移。

（一）学习材料之间的相同因素

根据桑代克的相同要素说,两种学习材料或对象在客观上具有某些共同点是实现迁移的必要条件。两种材料之间存在的共同因素越多,越容易发生学习迁移。共同因素对学习迁移的影响可以从不同的角度来进行研究,现代心理学倾向于从学习对象的构成成分来分析。他们把学习对象的构成成分区分为结构成分和表面成分两大类。所谓结构成分是指学习任务中与最终所要达到的目标或结果有关的成分;而表面成分是指学习任务中与最终目标的获得无关的成分。如果两个任务具有共同的结构成分,则会产生正迁移;结构成分不同则不能促进正迁移,甚至会产生负迁移。但不管是表面的还是结构的相似性,都将增加学习者对两个任务的相似程度的知觉,而知觉的相似性决定迁移量的多少,两种情境的结构相似性则决定迁移的正或负。

（二）已有经验的概括水平

根据贾德的概括化理论,知识经验的概括水平是影响知识迁移的重要因素之一。已有知识经验概括越高，越容易向具体情境迁移，效果也越好。诺维克曾以专家和新手作为被试对学习情境的结构相似性和表面相似性进行了深入的研究。结果发现，当先前学习与后来学习具有结构相似性而表面不相似时，专家比新手更易产生正迁移。而当两种学习仅具有表面相似性而结构特征不同时，新手比专家更容易产生负迁移。这是因为新手一般根据外显的表面特征来形成表象，忽视了抽象的结构特征。而专家能在抽象的结构水平上注意到问题之间的相似性，较少受到表面特征的干扰。这说明，已有经验的概括水平越高，则越容易产生正迁移。

(三) 学习定势

定势也称为心向，它是指先于一定活动而指向活动对象的一种动力准备状态。具有利用已有知识去学习新知识的心理准备状态比没有这种准备状态更有利于已有知识对新学习的迁移。里德曾经让被试学习无意义音节，结果发现事先被告知用有意义的概念去学习的被试学习效果要好得多。学习定势是一种特殊的心理准备状态，是由先前学习引起的，对以后的学习活动能产生影响的心理准备状态，对学习具有定向作用。定势既可以成为积极迁移的心理背景，又可以成为消极迁移的心理背景。关键在于学习者能否具体地分析当前的学习情境，从中找出哪些是可以利用已有知识和策略来学习和解决的，哪些需要打破已经形成的反应定势灵活处理创造性地进行解决。

(四) 认知结构

现代认知理论强调认知结构在迁移过程中的作用。认知结构是由人们过去对外界事物进行感知、概括的一般方式或经验所组成的观念结构。它的清晰性和稳定性直接关系到新知识学习的效果。认知心理学的研究表明,信息能否提取在很大程度上依赖于信息在记忆中是如何组织的,合理组织的信息易于提取,也易于迁移。此外,要产生迁移,原有的认知结构必须能够被有效地激活、提取。这就要求在建构经验结构时,应该强调这些经验的适用性条件,以便以后在适当的情境中能够充分利用、迁移有关经验。同时,还可以提供适当的机会让学习者在真实的情境中应用所学的经验。

二、促进学习迁移的教学原则

当今教育界流行着"为迁移而教"的口号,但要真正做到"为迁移而教"却不是一件轻而易举的事情,它要求教师在掌握有关学习迁移的理论及其影响因素的基础上,充分应用迁移规律,积极促进学生的学习迁移。

(一) 合理确定教学目标

教学目标是一切教学工作的出发点和最终归宿,一切教学工作都是为了教学目标服务的。因此,确立系统、明确而具体的教学目标是促进学习迁移的重要前提。由于任何学习都是在原有学习基础上的连续、分步构建的过程,而最终形成的心理结构也是具有一定层次关系的网络结构,因此,某一单元或某一堂课的教学目标的确立必须从所要构建的心理结构的整体出发来考虑。同时,教学目标的表述应明确而具体,不能含糊笼统,应让学生能够确切把握其涵义。这样,学生对于与学习目标有关的知识易于形成联想,有利于迁移的发生。

(二) 科学精选教学材料

确立了合理的教学目标,就要精选教学材料以实现教学目标。在教学过程中,教师并不是把一门学科的所有内容都一步步教给学生，学生也不是毫无选择地学习所有内容，这不仅是不可能的，也是没有必要的。要想使学生在有限的时间内掌握大量的有用的经验，教学内容就必须精选。精选的标准就是迁移规律，即选择那些具有广泛迁移价值的科学成果作为教材的基本内容。所谓具有广泛迁移价值的内容，就是学科的基本概念、基本原理、基本法则、基本方法、基本态度等。基本概念、基本原理等基础知识，已经把有关的经验全部概括化，比个别经验和事实更具普遍性，具有实现迁移的可能性。所以一个人掌握的基础知识和基本技能越多，就越容易掌握新的知识和技能。为什么有的学生只会用现象解释现象？只会重复老师上课时讲的旧例子？为什么他们不能用原理解释新的具体事例？就是因为对基础知识掌握、理解不巩固造成的，只有掌握和理解了基础知识，才能更深刻地认识事物的本质，才会形成较好的概括力。

当然，在选择这些基础知识作为教材内容的同时，还必须包括基本的、典型的事实材料，脱离事实材料空谈概念、原理，则概念、原理也是空洞的，是无源之水，无本之木，当然也无法迁移。大量的实验都证明，在讲授概念、原理等基本知识的同时，配以具有典型代表性的事例，并阐明概念、原理的适用条件，有助于迁移的产生。

精选教材要随科学技术发展而不断变化和更新。虽然学科的基本概念、基本原理具有较高的稳定性，但随着科学技术的迅猛发展，原来作为学科基本内容的教材可能会失去其原有的作用。所以，应及时注意科学新成果的出现，以新的更重要的、迁移范围更广的原理、原则来代替。因此，在精选教材时，要注意其时代性，吐故纳新，不断取舍，使之既符合科学发展的水平，又具有广泛的迁移价值。

（三）合理编排教学内容

精选的教材只有通过合理的编排，才能充分发挥其迁移的效能，学习与教学才能省时省力。否则迁移效果小，甚至会阻碍迁移的产生。怎样才能合理编排教学内容呢？从迁移的角度来看，其标准就是使教材达到结构化、一体化和网络化。

结构化是指教材内容的各构成要素具有科学的、合理的逻辑联系，能体现事物的各种内在关系，如上下、并列、交叉等关系。只有结构化的教材，才能在教学中促进学生重构教材结构，进而构建合理的心理结构。

一体化是指教材内容的各构成要素能整合为具有内在联系的有机整体。只有一体化的教材，才能通过同化、顺应与重组的相互作用，不断构建心理结构。为此，既要防止教材中各要素之间的相互割裂、支离破碎，又要防止相互干扰或机械重复。

网络化是一体化的引申，指教材各要素之间上下左右、纵横交叉的联系要沟通，要突出各种基本经验的联结点、联结线，这既有助于了解原有学习中存在的断裂带及断裂点，也有助于预测以后学习的发展带、发展点，为迁移的产生提供直接的支撑。

结构化、一体化和网络化是一致的，其关键是建立教材内容之间的上下、左右、纵横交叉的联系。通过对教材内容进行系统、有序的分类、整理与概括，可以将繁琐、无序、孤立的信息转化为简明、有序、相互联系的内容结构。而有组织的合理的教材结构又可以促进学生对教材内容的深层次的加工与理解，有助于学生构建合理的知识结构、使学生的学习达到融会贯通。

（四）有效设计教学程序

合理编排的教学内容是通过合理的教学程序得以体现、实施的，教学程序是使有效的教材发挥功效的最直接的环节。教学程序可以从两个方面考虑：一是宏观方面，即对学习的先后顺序的整体安排；二是微观方面，即具体的每一节课的安排。无论是宏观的整体的教学规划还是微观的每一节课的教学活动，都应体现迁移规律，都应该把各门学科中的具有最大迁移价值的基本内容的学习置于首要地位。处理好这种教学与学习的程序是非常必要的，否则教学效率受到影响，学生学起来感到吃力，不易把握所学内容的内在联系，这直接影响着认知结构的构建，同样也影响到迁移。

在宏观上，教学中应将基本的知识、技能和态度作为教学的主干结构，并依此进行教学。因为基本的知识、技能、态度等都具有适应面广、包容性大、概括性高、派生性强等特点，作为主干教材，可以最大限度地发挥其效用。在安排这些基本内容的教学顺序时，应该既考虑到学科知识本身的内在逻辑联系，即知识序，又要考虑到学生的心理发展顺序及其可接受性，即学生的认知序。综合兼顾知识序与认知序，从整体上来科学、有效地安排教学程序。

在微观上，应合理组织每一堂课的教学内容，合理安排教学顺序。依据从已知到未知、从简单到复杂、从具体到抽象等顺序来沟通新旧经验、建构经验结构。在激发学习动机、引入新内容、揭示重点难点、反馈等诸环节上都应精心设计，以利于学生真正理解、掌握所学习的内容，并能将所掌握的内容进行适当的迁移。同时也要注意各堂课所教内容之间的衔接，沟通知识经验之间的有机联系，促使学生的学习既能达到纲举目张，又可以"牵一发而动全身"，激活有关经验，避免惰性，建立合理的经验结构。教师应帮助学生对所学的内容进行整理、提炼，将前后知识加以构建和融会贯通，真正提高学生学习的质量。

(五) 教会学生学会学习

"授人以鱼供一饭之需，授人以渔则终生受用无穷"。这句话启示我们，学习不只是要让学生掌握一门学科或几门学科的具体知识与技能，而且还要让学生学会如何去学习。学习方法可以说是促进有效学习的手段、措施，是培养学生迁移能力，使学生学会学习的前提条件。"工欲善其事，必先利其器"。掌握学习方法不仅可以促进对所学内容的理解，而且可以改善学生的迁移能力，因为学习方法中包含了非常重要的信息，如在什么条件下迁移、如何迁移所学的内容、迁移的有效性等等，这些信息可以提高迁移的意识性，防止经验的惰性化。如果说某一学科的具体内容的迁移属于特殊迁移的话，则学习方法的迁移属于普遍迁移，具有广泛的迁移性，加之学习方法本身又包含了有效迁移的信息，所以，掌握学习方法无疑是提高迁移能力的有效途径。

由此可见，教师在教学中要重视引导学生对各种问题进行深入地分析综合、比较、抽象概括，帮助学生掌握认识问题之间的关系，寻找新旧知识或课题的共同特点，归纳知识经验的原理、法则、定理、规律的一般方法，发展学生分析问题和概括问题的能力，必须重视对学习方法的学习，以促进更有效的迁移。由于大部分学生都不能自发地产生一些有效的学习方法，因此更需要教师的指导与教授。这意味着教学中仅教给学生组织良好的信息是不够的，还必须教授必要的学习方法。传统教学的主要弊端就是忽视学习方法的教授，这就使学生的学习能力的培养难以落实到实处。授之以鱼，不如授之以渔，教授必要的学习方法，可以从根本上改善迁移能力，提高学习与教学的效率。

三、知识应用与学习迁移

(一) 知识应用的概念

知识的应用就是把学到的知识应用于作业和解决有关问题,这个过程就是把理性知识具体化的过程。例如,运用理化的概念、定理、定律去解答有关具体问题;运用逻辑知识去写说明文和议论文;运用数学知识去做某些作业等。知识的应用是知识掌握的最后一个环节,它与知识的获得、知识的保持紧密相连,共同构成知识学习过程。它既以前两者为前提,又是检验知识掌握与否以及掌握程度的手段。

知识的应用形式可分为课堂应用和实际应用两种。

课堂应用在学校教学中是十分普遍的。如课堂提问、讨论、课堂练习、作业等都是常见的课堂应用。通过这些应用使学生进一步理解所学的知识内容,增强保持效果,并使学生做到举一反三。

实际应用主要是指将所学知识用于解决实际问题,使理论知识与实际相联系。这既可以培养学生的动手能力,又可以激发学生的学习兴趣。通过知识的实际应用,赋予知识以生命力,使学生与社会生活直接接触,从而开阔视野,增长见识。

(二) 知识应用与学习迁移

知识应用既是检验学生对知识理解和保持的一种手段,也是使学生加深理解和巩固知识的重要方式。知识应用的具体过程因课题的性质与难度而有所不同,但一般都包含课题的类化和知识的具体化等环节。课题的类化是学生通过思维把握具体课题内容的实质,找到它与相应知识的关联,从而把当前的课题纳入已有知识系统;知识具体化即把已学概念原理法则运用于解决问题求取答案。

课题的类化和知识的具体化,实际上是一个知识迁移的过程。知识的应用是把概括性的理论具体化,如完成作业与解决实际问题等。经过具体化过程中复杂的智力活动,实现了理论向有关具体事物的迁移。例如在作业过程中,命题时存在思维技能的迁移;重现有关知识时,存在记忆技能的迁移;在课题类化中存在归类技能的迁移;在验算时存在元认知技能的迁移。总之,在应用过程中都有迁移现象,理论性知识如果不能迁移到具体情境中去,就不能实现应用。因此,在现代认知心理学中,知识的应用和知识的迁移属于同一性质的问题,或者说,人们正是通过知识的应用来实现知识的迁移的。

知识的应用何以能够促进知识的迁移,这是心理学家们十分关心的问题。现代认知心理学认为知识的应用可以提高认知结构的可利用性、可辨别性,以及清晰性与稳定性。这一方面可以使人们已有的陈述性知识得到优化,使人们的已有知识经验在头脑中得到很好的储存,在人们要解决有关问题时,保证能够及时地提取,来回答有关的问题。另一方面,它还有助于所掌握的陈述性知识向程序性知识的转化,人们通过练习可以使有关知识进一步得到熟练,从而形成有关的技能,这就实现了陈述性知识向程序性知识的转化,这样,人们在遇到有关问题时,就能够根据有关条件顺利地得出某种结论,使问题迎刃而解,此乃"熟能生巧"的道理。毫无疑问,知识的应用和知识的迁移是有着密切关联的,知识的应用可促进迁移的发生及其效果,而充分利用迁移学说揭示的规律去提高学生应用以解决问题的能力,也是教学中教师必须重视的问题。

知识的应用与学习迁移既有联系也有区别,它们的区别表现在，知识应用是指用已有知识和理论去解决具体问题，而学习迁移则是指已有知识技能对新知识技能学习所产生的影响，涉及的面要宽一些。负迁移就不是知识的应用，由此可见二者是不同的。

【主要结论与应用】

1. 学习迁移是指一种学习对另一种学习的影响。从不同的角度可以对迁移进行不同的划分，从迁移产生的效果可分为正迁移和负迁移，从迁移产生的方向可分为顺向迁移与逆向迁移，从迁移产生的层次可分为纵向迁移和横向迁移，从迁移的内容可分为特殊迁移和普遍迁移。对学习迁移的测量主要有两种方法：首尾测验法和相继练习法，而对其迁移效果的测量也包括两种方法：百分量表法和节省法。

2. 历史上不同的心理学家对学习迁移做出了不同的解释。早期的学习迁移理论包括形式训练说、相同要素说、概括说和关系说。形式训练说认为，通过训练导致学习者的记忆、想象、思维等官能改善，从而导致学习迁移出现。相同要素说强调学习任务中共同成分的重要性，而概括说强调学习者发现学习任务中共同原理的重要性。在概括说的基础上，关系说进一步认为，学习者发现两种学习情境之间的关系才是迁移的根本条件。

3. 20世纪60年代后，迁移理论有了许多新发展。比较有影响的是奥苏伯尔的认知结构迁移理论，安德森的产生式迁移理论以及建构主义迁移理论。认知结构迁移理论强调认知结构在迁移中的作用，比较适合解释有意义的陈述性知识学习迁移；产生式迁移理论强调两种学习之间产生式规则的重叠，适合解释技能的学习迁移；而建构主义迁移理论强调迁移的本质是知识的重建，是知识在新条件下的应用。

4. 促进学习迁移的条件有四个：学习材料之间的相同因素，已有经验的概括水平，学习定势和认知结构。促进学习迁移的教学原则包括合理确定教学目标，科学精选教学材料，合理编排教学内容，有效设计教学程序，教会学生学会学习。教师在教学中必须依据迁移的实质、过程与机制、影响迁移的条件等迁移理论，充分发挥迁移的作用，提高教学成效。

5. 知识的应用与学习迁移既有联系也有区别，它们的联系表现在知识的应用是学习迁移的重要条件，而区别表现在学习迁移的涉及面更宽一些。

【学业评价】

一、名词解释

学习迁移、正迁移、负迁移、顺向迁移、逆向迁移、纵向迁移、横向迁移、特殊迁移、普遍迁移、学习定势、官能心理学、形式训练说、概括说、关系说

二、思考题

1. 如何理解学习迁移的作用？

2. 学习迁移可以分为哪些类型？研究迁移分类对教学有何帮助？

3. 试比较形式训练说、相同要素说、概括说和关系说对学习迁移现象的解释。

4. 现代迁移理论是如何看待学习迁移的？据此应如何促进学习迁移的发生？

5. 根据各种迁移理论如何理解促进学习迁移的条件。

6. 如何理解促进学习迁移的几项教学原则？

7. 知识应用与学习迁移之间存在着怎样的关系？

三、应用题

1. 根据本章介绍的迁移实验模式，设计一个实验，比较两种教学方法的迁移效果。

2. 结合你的教学实习，谈谈在实际的教学过程中，应如何促进学习的迁移。

【学术动态】

1. 迁移研究与学校教育存在着极为重要的关系。当前我国以课程改革为中心，出现了名目繁多的教学改革，其理想都是培养学生良好的心理素质，即良好的个性品质和应用所学知识的能力。这些教学改革措施必须经过学习迁移测验的检验以后才能真正确定其有效性。

2. 现代认知心理学的一个特点是强调认知策略和元认知在学习和问题解决中的作用，由此认知策略的迁移愈来愈受到研究者的重视。认知策略虽也属程序性知识，但它与一般智力技能是有所不同的。学习者的元认知水平直接影响着认知策略的迁移。元认知是指学习者对认知过程的自我意识、监控和调节。根据元认知迁移理论，认知策略的成功迁移是指问题解决者能够确定新问题的要求，选择已获得的适用于新问题的特殊或一般技能，并能在解决新问题时监控它们的应用。许多研究表明，教给学生认知策略，发展学生元认知能力能有效提高学生的学习成绩和自我学习能力，使学生真正学会学习。但是对于如何教给学生认知策略，如何提高学生的元认知能力等问题仍无一致看法，尚需心理学家进一步深入研究。

3. 迁移研究的范围和领域在不断扩大，不仅局限于知识学习，还涉及到态度学习、品德形成和动作技能的获得等方面。而在影响迁移的因素探讨中，心理学家主要从学习情境和学习主体两方面入手，并且获得了许多有用的结论。如情境因素有两种材料是否具有相似性，在主体因素方面了解到学习者的智力因素和认知结构在迁移中的作用。但对学习者的动机、情绪等非智力因素在迁移中如何发挥作用，智力因素和非智力因素如何相互影响，主体因素和情境因素之间又是如何相互作用等问题仍需进一步研究，以使我们更好地了解迁移发生的条件和规律。

【参考文献】

1. 邵瑞珍主编. 教育心理学（M）. 上海：上海教育出版社，1997.
2. 陈琦，刘儒德主编. 教育心理学（M）. 北京：高等教育出版社，2005.
3. 张大均主编. 教育心理学（M）. 北京：人民教育出版社，1999.
4. 陈琦，刘儒德主编. 当代教育心理学（M）. 北京：北京师范大学出版社，1997.
5. 皮连生主编. 教育心理学（M）. 上海：上海教育出版社，2004.
6. 龚少英. 学习迁移研究的历史与发展［J］. 内蒙古师大学报（哲社版），2001，4.
7. 杨卫星，张梅玲. 迁移研究的发展与趋势［J］. 心理学动态，2000，（1）：46～52.

【拓展阅读文献】

1. 谢贤扬著. 创造性思维训练（M）. 武汉：武汉大学出版社，2000：109～117.
2. 皮连生主编. 教育心理学（M）. 上海：上海教育出版社，2004：261～293.
3. 陈琦，刘儒德主编. 教育心理学（M）. 北京：高等教育出版社，2005：106～119.

4. 张军富. 加强迁移教学，完善学生认知结构 [J]. 教育实践与研究（中学版），2007，(2B)：46～47.

图书在版编目（CIP）数据

发展与教育心理学/连榕、李宏英等编著. —福州：福建教育出版社，2007.9（2011.6 重印）
教师教育课程系列教材
ISBN 978-7-5334-4823-3

Ⅰ.发… Ⅱ.连… Ⅲ.①发展心理学－师资培训－教材 ②教育心理学－师资培训－教材 Ⅳ.B844 G44

中国版本图书馆 CIP 数据核字（2007）第 146469 号

教师教育课程系列教材
发展与教育心理学
连 榕 李宏英等编著

出版发行	福建教育出版社
	（福州梦山路 27 号 邮编：350001 电话：0591-83706771 83733693
	传真：83726980 网址：www.fep.com.cn）
出版人	黄 旭
发行热线	83752790
印 刷	闽侯青圃印刷厂印刷
	（闽侯青口镇 邮编：350119）
开 本	850 毫米×1168 毫米 1/32
印 张	15
字 数	350 千
插 页	2
版 次	2011 年 6 月第 2 版 2011 年 6 月第 1 次印刷
印 数	11 201—13 250
书 号	ISBN 978-7-5334-4823-3
定 价	33.00 元

如发现本书印装质量问题，影响阅读，
请向本社出版科（电话：0591-83726019）调换。